# 建筑工程项目管理与施工技术创新研究

徐桂霄　岳　峻　陈元哲　著

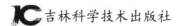吉林科学技术出版社

图书在版编目（CIP）数据

建筑工程项目管理与施工技术创新研究 / 徐桂霄，
岳峻，陈元哲著. -- 长春：吉林科学技术出版社，2023.6
ISBN 978-7-5744-0651-3

Ⅰ．①建… Ⅱ．①徐… ②岳… ③陈… Ⅲ．①建筑工
程－工程项目管理－研究②建筑施工－技术－研究 Ⅳ．
TU712.1②TU74

中国国家版本馆 CIP 数据核字(2023)第 136525 号

## 建筑工程项目管理与施工技术创新研究

著　　　　徐桂霄　岳　峻　陈元哲
出 版 人　宛　霞
责任编辑　安雅宁
封面设计　正思工作室
制　　版　林忠平
幅面尺寸　185mm×260mm
开　　本　16
字　　数　350 千字
印　　张　15.5
印　　数　1–1500 册
版　　次　2023年6月第1版
印　　次　2024年2月第1次印刷

出　　版　吉林科学技术出版社
发　　行　吉林科学技术出版社
地　　址　长春市福祉大路5788号
邮　　编　130118
发行部电话/传真　0431-81629529 81629530 81629531
　　　　　　　　　　81629532 81629533 81629534
储运部电话　0431-86059116
编辑部电话　0431-81629518
印　　刷　三河市嵩川印刷有限公司

书　　号　ISBN 978-7-5744-0651-3
定　　价　96.00元

# 前　言

　　随着我国经济的快速发展，建筑业逐渐成为我国的一大产业，地位日趋重要。建筑施工技术是影响施工水平和工程质量的关键因素，随着社会现代化的不断迈进，施工技术的应用也得到了改进，先进设备的投入运用，新工艺新技术也层出不穷。在施工技术广泛应用的同时，安全施工管理永远是值得注意的一个问题。在施工过程中做好安全施工防护措施是提高施工安全水平和构建文明施工场地的重要保证之一，从而提高全社会的生产力水平，有利于促进社会经济的发展，是构建和谐社会的需要。在施工过程中，我们积极做好安全管理工作，以建筑施工安全技术与防护对策为支持，提高工人的安全生产意识和安全操作技术，严禁"三违"现象，采取各种措施消除安全隐患，势必会消除或减少安全事故的发生，不论从保障老百姓的生命和财产安全的角度来看，还是建筑行业的良性发展来看，都有着不可忽略的意义。

# 编委会

# 目　录

# 第一章　建设工程项目的组织与管理

建设工程项目有两个非常重要的部分——组织与管理，这两个部分关系着工程项目能否取得成功。那么，本章就关于建设工程项目的组织与管理来做具体论述。

## 第一节　建设工程项目管理的目标和任务

### 一、建设工程项目管理的类型

每个建设项目都需要投入巨大的人力、物力和财力等社会资源进行建设，并经历着项目的策划、决策立项、场址选择、勘察设计、建设准备和施工安装活动等环节，最后才能提供生产或使用，也就是说它有自身的产生、形成和发展过程。这个构成的各个环节相互联系、相互制约，受到建设条件的影响。

建设工程项目管理的内涵是：自项目开始至实施期；"项目策划"指的是目标控制前的一系列筹划和准备工作；"费用目标"对业主而言是投资目标，对施工方而言是成本目标。项目决策期管理工作的主要任务是确定项目的定义，而项目实施期管理的主要任务是通过管理使往日的目标得以实现。

按建设工程生产组织的特点，一个项目往往由许多参与单位承担不同的建设任务，而各参与单位的工作性质、工作任务和利益不同，因此就形成了不同类型的项目管理。由于业主方是建设工程项目生产过程的总集成者——人力资源、物质资源和知识的集成，业主方也是建设工程项目生产过程的总组织者，因此对于一个建设工程项目而言，虽然有代表不同利益方的项目管理，但是，业主方的项目管理是管理的核心。

1.按管理层次划分

按项目管理层次可分为宏观项目管理和微观项目管理。

宏观项目管理是指政府作为主体对项目活动进行的管理。这种管理一般不是以某一具体的项目为对象，而是以某一类开发或某一地区的项目为对象；其目标也不是项目的微观效益，而是国家或地区的整体综合效益。项目宏观管理的手段是行政、法律、经济手段并存，主要包括：项目相关产业法规政策的制定，项目的财、税、金融法规政策，项目资源要素市场的调控，项目程序及规范的制定与实施，项目过程的监督检查等。微观项目管理是指项目业主或其他参与主体对项目活动的管理。项目的参与主体，一般主要包括业主，作为项目的发起人、投资人和风险责任人；项目任务的承接主体，指通过承包或其他责任形式承接项目全部或部分任务的主体；项目物资供应主体，指为项目提供各种资源（如资金、材料设备、劳务等）的主体。

微观项目管理，是项目参与者为了各自的利益而以某一具体项目为对象进行的管理，其手段主要是各种微观的法律机制和项目管理技术。一般意义上的项目管理，即指微观项目管理。

2.按管理范围和内涵不同划分

按工程项目管理范围和内涵不同分为广义项目管理和狭义项目管理。

广义项目管理包括从项目投资意向到项目建议书、可行性研究、建设准备、设计、施工、竣工验收、项目后评估全过程的管理。

狭义项目管理指从项目正式立项开始，即从项目可行性研究报告批准后到项目竣工验收、项目后评估全过程的管理。

3.按管理主体不同划分

一项工程的建设，涉及不同管理主体，如项目业主、项目使用者、科研单位、设计单位、施工单位、生产厂商、监理单位等。从管理立体看，各实施单位在各阶段的任务、目的、内容不同，也就构成了项目管理的不同类型，概括起来大致有以下几种项目管理。

（1）业主方项目管理。业主方项目管理是指由项目业主或委托人对项目建设全过程的监督与管理。按项目法人责任制的规定，新上项目的项目建议书被批准后，由投资方派代表，组建项目法人筹备组，具体负责项目法人的筹建工作，待项目可行性研究报告批准后，正式成立项目法人，由项目法人对项目的策划、资金筹措、建设实施生产经营、债务偿还、资产的增值保值，实行全过程负责，依照国家有关规定对建设项目的建设资金、建设工期、工程质量、生产安全等进行严格管理。

项目法人可聘任项目总经理或其他高级管理人员，由项目总经理组织编制项目初步设计文件，组织设计、施工、材料设备采购的招标工作，组织工程建设实施，负责控制工程投资、工期和质量，对项目建设各参与单位的业务进行监督和管理。项目总经理可由项目董事会成员兼任或由董事会聘任。

项目总经理及其管理班子具有丰富的项目管理经验，具备承担所任职工作的条件。从性质上讲是代替项目法人，履行项目管理职权的。因此，项目法人和项目经理对项目建设活动组织管理构成了建设单位的项目管理，这是一种习惯称谓。其实项目投资也可能是合资。

项目业主是由投资方派代表组成的，从项目筹建到生产经营并承担投资风险的项目管理班子。

值得一提的是，现今习惯将建设单位的项目管理简称建设项目管理。这里的建设项目既包括传统意义上的建设项目（即在一个主体设计范围内，经济上独立核算、行政上具有独立组织形式的建设单位），也包括原有建设单位新建的单项工程。

（2）监理方的项目管理。较长时间以来，我国工程建设项目组织方式一直采用工程指挥部制或建设单位自营自管制。由于工程项目的一次性特征，这种管理组织方式往往有很大的局限性，首先在技术和管理方面缺乏配套的力量和项目管理经验，即使配套了项目管理班子，在无连续建设任务时，也是不经济的。因此，结合我国国情并参照国外工程项目管理方式，在全国范围，提出工程项目建设监理制。从1988年7月开始进行建设监理试点，现已全面纳入法制化轨道。社会监理单位是依法成立的、独立的、智力密集型经济实体，接受业主的委托，采取经济、技术、组织、合同等措施，对项目建设过程及参与各方的行为进行监督、协调的控制，以保证项目按规定的工期、投资、质量目标顺利建成。社会监理是对工程项目建设过程实施的监督管理，类似于国外CM项目管理模式，属咨询监理方的项目管理。

（3）承包方项目管理。作为承包方，采用的承包方式不同，项目管理的含义也不同。施工总承包方和分包方的项目管理都属于施工方的项目管理。建设项目总承包有多种形式，如设计和施工任务综合的承包，设计、采购和施工任务综合的承包（简称EPC承包）等，它们的项目管理都属于建设项目总承包方的项目管理。

## 二、业主方项目管理的目标和任务

业主方项目管理是站在投资主体的立场上对工程建设项目进行综合性管理，以实现投资者的目标。项目管理的主体是业主，管理的客体是项目从提出设想到项目竣工、交付使用全过程所涉及的全部工作，管理的目标是采用一定的组织形式，采取各种措施和方法，对工程建设项目所涉及的所有工作进行计划、组织、协调、控制，以达到工程建设项目的质量要求，以及工期和费用要求，尽量提高投资效益。

业主方的项目管理工作涉及项目实施阶段的全过程，即在设计前的准备阶段、设计阶段、施工阶段、动用前准备阶段和保修期，各阶段的工作任务包括安全管理、投资控制、进度控制、质量控制、合同管理、信息管理、组织和协调。

业主方项目管理服务于业主的利益，其项目管理的目标包括项目的投资目标、进度目标和质量目标。其中投资目标指的是项目的总投资目标。进度目标指的是项目动用的时间目标，也即项目交付使用的时间目标，如工厂建成可以投入生产、道路建成可以通车、旅馆可以开业的时间目标等。项目的质量目标不仅涉及施工的质量，还包括设计质量、材料质量、设备质量和影响项目运行或运营的环境质量等。质量目标包括满足相应的技术规范和技术标准的规定，以及满足业主方相应的质量要求。

业主要与不同的参与方分别签订相应的经济合同，要负责从可行性研究开始，直到工程竣工交付使用的全过程管理，是整个，工程建设项目管理的中心。因此，必须运用系统工程的观念、理论和方法进行管理。业主在实施阶段的主要任务是组织协调、合同管理、投资控制、质量控制、进度控制、信息管理。为了保证管理目标的实现，业主对工程建设项目的管理应包括以下职能：

1.决策职能。由于工程建设项目的建设过程是一个系统工程，因此每一建设阶段的启动都要依靠决策。

2.计划职能。围绕工程建设项目建设的全过程和总目标，将实施过程的全部活动都纳入计划轨道，用动态的计划系统协调和控制整个工程建设项目，保证建设活动协调有序地实现预期目标。只有执行计划职能，才能使各项工作可以预见和能够控制。

3.组织职能。业主的组织职能既包括在内部建立工程建设项目管理的组织机构，又包括在外部选择可靠的设计单位与承包单位，实施工程建设项目不同阶段、不同内容的建设任务。

4.协调职能。由于工程建设项目实施的各个阶段在相关的层次、相关的部门之间，存在大量的结合部，构成了复杂的关系和矛盾，应通过协调职能进行沟通，排除不必要的干扰，确保系统的正常运行。

5.控制职能。工程建设项目主要目标的实现是以控制职能为主要手段，不断通过决策、计划、协调、信息反馈等手段，采用科学的管理方法确保目标的实现。目标有总体目标，也有分项目标，各分项目标组成一个体系。因此，对目标的控制也必须是系统的、连续的。

业主对工程建设项目管理的主要任务就是要对投资、进度和质量进行控制。

项目的投资目标、进度目标和质量目标之间既有矛盾的一面，也有统一的一面，它们之间的关系是对立统一的关系。要加快进度往往需要增加投资，要提高质量往往也需要增加投资，过度缩短进度会影响质量目标的实现，这都表现了目标之间关系矛盾的一面。但通过有效的管理，在不增加投资的前提下，也可缩短工期和提高工程质量，这反映了关系统一的一面。

建设工程项目的全寿命周期包括项目的决策阶段、实施阶段和使用阶段。项目的实施阶段包括设计前的准备阶段、设计阶段、施工阶段、动用前准备阶段和保修阶段。招投标工作分散在设计前的准备阶段、设计阶段和施工阶段中进行，因此可以不单独列为招投标阶段。

业主方项目管理服务于业主的利益，其项目管理的目标包括项目的投资目标和进度。

### 三、设计方项目管理的目标和任务

设计单位受业主委托承担工程项目的设计任务，以设计合同所界定的工作目标及其责任义务作为该项工程设计管理的对象、内容和条件，通常简称设计项目管理。设计项目管理的工作内容是履行工程设计合同和实现设计单位经营方针目标。

设计方项目管理是由设计单位对自身参与的工程项目设计阶段的工作进行管理。因此，项目管理的主体是设计单位，管理的客体是工程设计项目的范围。大多数情况下是在项目的设计阶段。但业主根据自身的需要可以将工程设计项目的范围往前、后延伸，如延伸到前期的可行性研究阶段或后期的施工阶段，甚至竣工、交付使用阶段。一般来说，工程设计项目管理包括以下工作：设计投标、签订设计合同、开展设计工作、施工阶段的设计协调工作等。工程设计项目的管理职能同样是进行质量控制、进度控制和费用控制，按合同的要求完成设计任务，并获得相应报酬。

设计方作为项目建设的一个参与方，其项目管理主要服务于项目的整体利益和设计方本身的利益。其项目管理的目标包括设计的成本目标、设计的进度目标和设计质量目标，以及项目的投资目标。项目的投资目标能否实现与设计工作密切相关。

设计方的项目管理工作主要在设计阶段进行，但它也涉及设计前的准备阶段、施工阶段、动用前准备阶段和保修期。

设计方项目管理的任务包括：与设计工作有关的安全管理；设计成本控制以及与设计工作有关的工程造价控制；设计进度控制；设计质量控制；设计合同管理；设计信息管理；与设计工作有关的组织和协调。

# 第二节 建设工程项目的组织

## 一、传统的项目组织机构的基本形式

1.直线式项目组织机构

特点：没有职能部门，企业最高领导层的决策和指令通过中层、基层领导纵向一根直线式地传达给第一线的职工，每个人只接受其上级的指令，并对其上级负责。

缺点：所有业务集于各级主管人员，领导者负担过重，同时其权力也过大，易产生官僚主义。

2.职能式项目组织机构

职能式项目组织机构是专业分工发展的结果，最早由泰勒提出。

特点：强调职能专业化的作用，经理与现场没有直接关系，而是由各职能部门的负责人或专家去指挥现场与职工。

缺点：过于分散权力，有碍于命令的统一性，容易形成多头领导，也易产生职能的重复或遗漏。

3.直线职能式项目组织机构直线职能式项目组织机构力图取以上二者的优点，避开以上二者的缺点。既能保持直线式命令系统的统一性和一贯性，又能采纳职能式专业分工的优点。

特点：各职能部门与施工现场均受到公司领导的直接领导。各职能部门对各施工现场起指导、监督、参谋作用。

## 二、建设项目组织管理体制

1.传统的组织管理体制

（1）建设单位自管方式

即基建部门负责制（基建科）——中、小项目。

建设单位自管方式是我国多年来常用的建设方式，它是由建设单位自己设置基建机构，负责支配建设资金，办理规划手续及准备场地、委托设计、采购器材，招标施工、验收工程等全部工作，有的还自己组织设计、施工队伍，直接进行设计施工。

（2）工程指挥部管理方式即企业指挥部负责制——各方人员组成，适合大、中型项目。

在计划经济体制下，我国过去一些大型工程项目和重点工程项目多采用这种方式。指挥部通常由政府主管部门指令各有关方面派代表组成。

2.改革的必然性及趋势

（1）改革的必然性

1）是工程项目建设社会化、大生产化和专业化的客观要求。

2）是市场经济发展的必然产物。

3）是适应经济管理体制改革的需要。

（2）改革的趋势

1）在工程项目管理机构上，要求其必须形成一个相对独立的经济实体，并且有法人资格。

2）在管理机制上，要以经济手段为主，行政手段为辅，以竞争机制和法律机制为工程项目各方提供充分的动力和法律保证。

3）使工程项目有责、权、利相统一的主管责任制。

4）甲、乙双方项目经理实施沟通。

5）人员素质的知识结构合理，专业知识和管理知识并存。

（3）科学地建立项目组织管理体系

1）总承包管理方式

总承包管理方式，是业主将建设项目的全部设计和施工任务发包给一家具有总承包资质的承包商。这类承包商可能是具备很强的设计、采购、施工、科研等综合服务能力的综合建筑企业，也可能是由设计单位、施工企业组成的工程承包联合体。我国把这种管理组织形式叫作"全过程承包"或"工程项目总承包"。

2）工程项目管理承包方式

建设单位将整个工程项目的全部工作，包括可行性研究、场地准备、规划、勘察设计、材料供应、设备采购、施工监理及工程验收等全部任务，都委托给工程项目管理专业公司去做。工程项目管理专业公司派出项目经理，再进行招标或组织有关专业公司共同完成整个建设项目。

3）三角管理方式

这是常用的一种建设管理方式，是把业主、承包商和工程师三者相互制约、互相依赖的关系形象地用三角形关系来表述。其中，由建设单位分别与承包单位和咨询公司签订合同，由咨询公司代表建设单位对承包单位进行管理。

4）BOT方式

BOT方式是Build-Operate-Transfer的缩写，可直称"建设-经营-转让方式"，或称为投资方式，有时也被称为"公共工程特许权"。BOT方式是20世纪80年代中期由已故土耳其总理奥扎尔提出的，其初衷是通过公共工程项目私有化解决政府资金不足问题，取得了成功，随之形成以投资方式特殊为特征的BOT方式。通常所说的BOT至少包括以下三种方式：

①标准BOT，即建设-经营-转让方式。私人财团或国外财团愿意自己融资，建设某项基础设施，并在东道国政府授予的特许经营期内经营该公共设施，以经营收入抵偿建设投资，并取得一定收益，经营期满后将该设施转让给东道国政府。

②BOOT，即建设-拥有-经营-转让方式。BOT与BOOT的区别在于：BOOT在特许期内既拥有经营权也拥有所有权，此外，BOOT的特许期比BOT长一些。

③BOO，即建设-拥有-经营方式。该方式特许承建商根据政府的特许权，建设并拥有某项公共基础设施，但不将该设施移交给东道国政府。以上三种方式可统称为BOT方式，也可称为广义的BOT方式。BOT方式对政府、承包商、财团均有好处，现如今在发展中国家得到广泛应用，我国引进外资用于能源、交通运输基础设施建设。BOT方式说明，投资方式的改变，带动了项目管理方式的改变。BOT方式是一种从开发管理到物业管理的全过程的项目管理。

### 三、施工项目管理组织形式

1.组织形式

组织结构的类型，是指一个组织以什么样的结构方式去处理管理层次、管理跨度、部门设置和上下级关系。项目组织机构形式是管理层次、管理跨度、管理部门和管理职责的不同结合。项目组织的形式应根据工程项目的特点、工程项目承包模式、业主委托的任务以及单位自身情况而定。常用的组织形式一般有以下四种：工作队制、部门控制式、矩阵制、事业部制。

（1）我国推行的施工项目管理与国际惯例通称的项目管理一致项目的责任人履行合同；实行两层优化的结合方式；项目进行独立的经济核算。但必须进行企业管理体制和配套改革。

（2）对施工项目组织形式的选择要求做到以下几个方面：

1）适应施工项目的一次性特点，使项目的资源配置需求可以进行动态的优化组合，能够连续、均衡地施工。

2）有利于施工项目管理依据企业的正确战略决策及决策的实施能力，适应环境，提高综合效益。

3）有利于强化对内、对外的合同管理。

4）组织形式要为项目经理的指挥和项目经理部的管理创造条件。

5）根据项目规模、项目与企业本部距离及项目经理的管理能力确定组织形式，使层次简化、分权明确、指挥灵便。

2.工作队制

（1）工作队制的特征

项目组织成员与原部门脱离；职能人员由项目经理指挥，独立性大；原部门不能随意干预其工作或调回人员；项目管理组织与项目同寿命。

适用范围：大型项目、工期要求紧迫的项目，要求多工种、多部门密切配合的项目。

要求：项目经理素质高，指挥能力强。

（2）工作队制的优点

有利于培养一专多能的人才并充分发挥其作用；各专业人员集中在现场办公，办事效率高，解决问题快；项目经理权力集中，决策及时，指挥灵便；项目与企业的结合部关系弱化，易于协调关系。

（3）工作队制的缺点

配合不熟悉，难免配合不力；忙闲不均，可能影响积极性的发挥，同时人才浪费现象严重。

3.部门控制式

部门控制式项目管理组织形式是按照职能原则建立的项目组织。

特征：不打乱企业现行的建制，由被委托的部门（施工队）领导。

适用范围：适用于小型的、专业性较强的不需涉及众多部门的施工项目。

（1）部门控制式项目管理组织形式的优点

人才作用发挥较充分，人事关系容易协调；从接受任务到组织运转启动时间短；职责明确，职能专一，关系简单；项目经理无须专门培训便容易进入状态。

（2）部门控制式项目管理组织形式的缺点

不能适应大型项目管理需要；不利于精简机构。

4.矩阵制

矩阵制组织是在传统的直线职能制的基础上加上横向领导系统，两者构成矩阵结构，项目经理对施工全过程负责，矩阵中每个职能人员都受双重领导。即"矩阵组织，动态管理，目标控制，节点考核"，但部门的控制力大于项目的控制力。部门负责人有权根据不同项目的需要和忙闲程度，在项目之间调配部门人员。一个专业人员可能同时为几个项目服务，特殊人才可充分发挥作用，大大提高人才效率。矩阵制是我国推行项目管理最理想、最典型的组织形式，它适用于大型复杂的项目或多个同时进行的项目。

（1）矩阵制项目管理组织形式的特征

专业职能部门是永久性的，项目组织是临时性的；双重领导，一个专业人员可能同时为几个项目服务，提高人才效率，精简人员，组织弹性大；项目经理有权控制、使用职能人员；没有人员包袱。

（2）矩阵制项目管理组织形式的优缺点

优点：一个专业人员可能同时为几个项目服务，特殊人才可充分发挥作用，大大提高人才效率；缺点：配合生疏，结合松散；难以优化工作顺序。

（3）矩阵制项目管理组织形式的适用范围

一个企业同时承担多个需要进行项目管理工程的企业；适用于大型、复杂的施工项目。

5.事业部制

（1）事业部制项目管理组织形式的特征

1）各事业部具有自己特有的产品或市场。根据企业的经营方针和基本决策进行管理，对企业承担经济责任，而对其他部门是独立的。

2）各事业部有一切必要的权限，是独立的分权组织，实行独立核算。主要思想是集中决策，分散经营，所以事业部制又称为"分权的联邦制"。

（2）事业部制项目管理组织形式的优缺点

1）优点：当企业向大型化、智能化发展并实行作业层和经营管理层分离时，事业部制组织可以提高项目应变能力，积极调动各方积极性。

2）缺点：事业部组织相对来说比较分散，协调难度较大，应通过制度加以约束。

（3）事业部制项目管理组织形式的适用范围

企业承揽工程类型多或工程任务所在地区分散或经营范围多样化时，有利于提高管理效率。需要注意的是，一个地区只有一个项目，没有后续工程时，不宜设立事业部。事业部与地区市场同寿命，地区没有项目时，该事业部应当撤销。

# 第三节　建设工程项目综合管理

1. 文件管理的主要工作内容

（1）项目经理部文件管理工作的责任部门为办公室。

（2）文件包括：本项目管理文件和资料；相关各级、各部门发放的文件；项目经理部内部制定的各项规章制度；发至各作业队的管理文件、工程会议纪要等。

（3）填制文件收发登记、借阅登记等台账，对文件的签收、发放、交办等程序进行控制，及时做好文件与资料的归档管理。

（4）对收到的外来文件按规定进行签收登记后，及时送领导批示并负责送交有关人员、部门办理。

（5）文件如需转发、复印和上报各类资料、文件，必须经领导同意，同时做好文件复印、发放记录并存档，由责任部门确定发放范围。

（6）文件需外借时，应经项目经理书面批准后填写文件借阅登记，方可借阅，并在规定期限内归还。

（7）对涉及经济、技术等方面的机密文件、资料要严格按照建设公司有关保密规定执行。

2. 印鉴管理的主要工作内容

（1）项目经理部行政章管理工作责任部门为办公室，财务章管理责任部门为计财部。

（2）项目经理部印章的刻制、使用及收管必须严格按照建设公司的规定执行，由项目经理负责领取和交回。

（3）必须指定原则性强、认真负责的同志专人管理。

（4）作业队对外进行联系如使用项目经理部的介绍信、证明等，须持有作业队介绍信并留底，注明事宜，经项目经理批准后，方可使用项目经理部印章。

（5）须对用印进行登记，建立用印登记台账，台账应包括用印事由、时间、批准人、经办人等内容。

3. 档案资料管理的主要工作内容

（1）项目经理部档案资料管理工作的责任部门为办公室。

（2）工程档案资料收集管理的内容

1）工程竣工图。

2）随机技术资料：设备的出厂合格证、装箱单、开箱记录、说明书、设备图纸等。

3）监理及业主（总包方）资料：监理实施细则；监理所发文件、指令、信函、通知、会议纪要；工程计量单和工程款支付证书；监理月报；索赔文件资料；竣工结算审核意见书；项目施工阶段各类专题报告；业主（总包方）发出的相关文件资料。

4）工程建设过程中形成的全部技术文字资料

①一类文字资料：图纸会审纪要；业务联系单及除代替图、新增图以外的附图；变更通知单及除代替图、新增图以外的附图；材料代用单；设备处理委托单；其他形式的变更资料。

②二类文字材料：交工验收资料清单；交工验收证书、实物交接清单、随机技术资料清单；施工委托书及其补充材料；工程合同（协议书）；技术交底，经审定的施工组织设计或施工方案；开工报告、竣工报告、工程质量评定证书；工程地质资料；水文及气象资料；土、岩试验及基础处理、回填压实、验收、打桩、场地平整等记录；施工、安装记录及施工大事记、质量检查评定资料和质量事故处理方案、报告；各种建筑材料及构件等合格证、配合比、质量鉴定及试验报告；各种功能测试、校核试验的试验记录；工程的预、决算资料。

③三类文字材料：地形及施工控制测量记录；构筑物测量记录；各种工程的测量记录。

（3）项目经理部移交到建设公司档案科的竣工资料内容：中标通知、工程承包合同、开工报告、施工组织设计、施工技术总结、交工竣工验收资料、质量评定等级证书、项目安全评价资料、项目预决算资料、审计报告、工程回访、用户意见。

（4）项目经理部向建设公司档案科移交竣工资料的时间为工程项目结束后，项目绩效考核前。

（5）项目经理部按照建设公司档案科的要求内容装订成册后交一套完整的资料。

（6）项目经理部的会计凭证、账簿、报表专项交建设公司档案科保存。

（7）项目经理部应随时做好资料的收集和归档工作，专人负责，建立登记台账，如需转发、借阅，复印时，应经项目经理同意后方可办理，并做好记录。

4.人事管理的主要工作内容

（1）项目经理部人事管理工作责任部门为办公室。

（2）项目经理部原则上职能部门设立"三部一室"，即计财部、工程部、物资部、办公室。组织机构设立与各部门人员的情况应上报项目管理处备案。

（3）项目经理部成立后，项目经理根据项目施工管理需要严格按照以下要求定编人员，提出项目经理部管理人员配备意见，填写《项目经理部机构设置和项目管理人员配备申请表》，根据配备表中的人员名单填写《项目经理部调入工作人员资格审定表》，并上报建设公司人力资源部，经审批后按照建设公司有关规定办理相关手续。

按工程项目类别确定项目经理部人员编制，根据工程实际需要实行人员动态管理：A类项目经理部定员25人以下（含25人，下同）；B类项目经理部定员15人以下；C类项目经理部定员12人以下；D类项目经理部定员10人以下；E类项目经理部定员10人以下；F类项目经理部定员10人以下。

（4）项目经理部的各类管理人员均实行岗位聘用制，除项目副经理、总工程师、财务负责人由公司聘任之外，其他人员均由项目经理聘用，聘期原则上以工程项目的工期为限，项目结束后解聘。

（5）由项目经理聘用的管理人员，根据工作需要，项目经理有权解聘或退回不能胜任本岗位工作的管理人员。如出现部门负责人或重要岗位上人员变动，应及时将情况向项目管理处上报。

（6）工程中期与工程结束时（或1年），由项目经理牵头、项目经理部办公室组织各作业队以及相关人员对项目经理部工作人员的德、能、勤、绩进行考评，根据考评结果填写《项目经理部工作人员能力鉴定表》，并上报建设公司人力资源部和项目管理处备案。

（7）项目经理部管理岗位外聘人员管理

1）项目经理部根据需要和被聘人条件，填写《项目经理部管理岗位外聘人员聘用审批表》，上报建设公司人力资源部审核批准后，由项目经理部为其办理聘用手续，并签订《目经理部管理岗位外聘人员聘用协议》。

2）外聘人员聘用协议书应包括下列内容：聘用的岗位、责任及工作内容；聘用的期限；聘用期间的待遇；双方认为需要规定的其他事项。

5.办公用品管理

（1）项目经理部办公用品管理工作的责任部门为办公室。

（2）项目经理部购进纳入固定资产管理的办公用品（如计算机、复印机、摄像机、照相机、手机等）时，必须先向建设公司书面请示，经领导签字同意后方可购买。

（3）建立物品使用台账，对办公用品进行专人使用，专人管理，确保办公用品的使用年限，编制《项目经理部办公用品清单表》，对办公用品进行使用登记，对损坏、丢失办公用品的领按比例或全价赔偿。

（4）项目经理部购置办公桌椅等设施时，应严格控制采购价格和标准，禁止购买超标准或非办公用品、器械。

（5）项目经理部解体时应将所购办公用品进行清理、鉴定，填写《项目经理部资产实物交接清单表》，向建设公司有关部门办理交接。

6.施工现场水电管理的主要工作内容

（1）项目经理部应有专人负责施工用水、用电的线路布置、管理、维护。

（2）各作业队用水、用电需搭接分管和二次线时，必须向项目经理部提出申请，经批准后方可接线，装表计量、损耗分摊、按月结算。

（3）作业队的用电线路、配电设施要符合规范和质量要求。管线的架设和走向要服从现场施工总体规划的要求，防止随意性。

（4）作业队和个人不得私接电炉，注意用电安全。

（5）加强现场施工用水的管理，严禁长流水、长明灯，减少浪费。

7.职工社会保险管理的主要工作内容

（1）项目经理部必须根据建设公司社会保障部的要求按时足额上交由企业缴纳部分的职工社会保险费用，不得滞后或拖欠。

（2）社会保险费用系指建设公司现行缴纳的养老保险金、失业保险金、医疗保险金、工伤保险金。

（3）社会保险费用缴纳的具体办法按建设公司相关文件执行。

# 第四节　建设工程项目物资管理

## 一、建设工程项目物资管理的基本要求

物资供应管理即计划、采购、储存、供应、消耗定额管理、现场材料管理、余料处理和材料核销工作，项目经理部要建立健全材料供应管理体系。项目经理部物资部应做到采购有计划，努力降低采购成本，领用消耗有定额，保证物流、信息流畅通。项目经理部应组织有关人员依据合同、施工图纸、详图等编制材料用量预算计划。工程中需用的主材（如钢材、水泥、电缆等）及其他需求量大的材料采购均应实行招标或邀请招标（即议标）采购。由项目经理任组长，材料、造价、财务、技术负责人组成材料采购竞价招标领导小组，物资部负责实施。主材、辅材的采购业务由物资部负责实施。采购过程中必须坚持比质、比价、比服务，公开、公平、公正原则。参与招标或邀标的供应商必须三家以上。业主（总包方）采购的工程设备进场组织协调由物资部负责。物资部应对业务工作各环节的基础资料进行统计分析，改进管理。

物资验收及保管的内容如下：

1.材料的验收。材料进场必须履行交接验收手续，材料员以到货资料为依据进行材料的验收。验收的内容与订购合同（协议）相一致，包括验品种、验规格、验质量、验数量的"四验"制度及提供合格证明文件等。

资料验证应与到货产品同步进行，验证资料应包括生产厂家的材质证明（包括厂名、品种、出厂日期、出厂编号、试验数据）和出厂合格证，无验证资料不得进行验收。要求复检的材料要有取样送检证明报告。新材料未经试验鉴定，不得用于工程中。

直达现场的材料由项目经理部材料员牵头作业队材料员或保管员进行验收，并填好《物资验收入库单》。在材料验收中发现短缺、残次、损坏、变质及无合格证的材料，不得接收，同时要及时通知厂家或供应商妥善处理。散装地材的计量应以过磅为准，如没有过磅条件，由材料员组织保管员共同确定车型，测量容积，确定实物量。

2.材料的保管。材料验收入库后，应及时填写入库单（填写内容有名称、来源、

规格、材质、计量单位、数量、单价、金额、运输车号等），由材料员、保管员共同签字确认。

3.建立和登记《材料收发存台账》，并做好标识，注明来源、规格型号、材质、数量，必须做到账与物相一致。

4.材料采购后交由作业队负责管理。作业队材料的管理应有利于材料的进出和存放，符合防火、防雨、防盗、防风、防变质的要求。易燃易爆的材料应专门存放、专人负责保管，并有严格的防火、防爆措施。

5.材料要做到日清、月结、定期盘点，盘点要有记录，盈亏有报告，做到账物相符并按月编制《（）月材料供应情况统计表》。项目经理部材料账目调整必须按权限规定经过审批，不得擅自涂改。

6.物资盘库方法

（1）定期盘点：每年年末或工程竣工后，对库房和现场材料进行全面彻底盘点，做到有账有物，把数量、规格、质量、主要用途搞清楚。

（2）统一安排检查的项目和范围，防止重查和漏查。

（3）统一盘点表格、用具，确定盘点截止日期、报表日期。

（4）安排盘点人员，检查出入库材料手续和日期。

## 二、材料使用及现场的管理

1.材料使用管理

为加强作业队材料使用的管理，达到降低消耗的目的，项目部供应的材料都要实行限额领料。

（1）限额领料依据的主要方法

通用的材料定额；预算部门提供的材料预算；施工单位提供的施工任务书和工程量；技术部门提供技术措施及各种配料表。

（2）限额领料单的签发

1）材料员根据施工部门编制的施工任务书和施工图纸，按单位工程或分部工程签发《限额领料单》。作业队分次领用时，做好分次领用记录并签字，但总量不得超过限额量。

2）在材料领发过程中，双方办理领发料（出库）手续，填写《领料单》，注明用料单位，材料名称、规格、数量及领用日期，双方需签字认证。

3）建立材料使用台账，记录使用和节约（超耗）状况。单项工程完工后如有材料节超，须由作业队、造价员、材料员共同分析原因，写出文字性说明并由项目经理部存档。

4）如遇工程变更或调整作业队工作量，须调整限额领料单时，应由作业队以书面形式上报项目经理部，由项目经理部预算员填写补充限额领料单，材料员再根据补充限额领料单发料。限额领料单一式三份，要注明工程部位、领用作业队、材料名称、规格、材质、数量、单位、金额等，作业队与材料员各一份，一份留底。单项工程结束后，作业队应办理剩余材料退料手续。

（3）材料现场管理

项目经理部要在施工现场设立现场仓库和材料堆场，可指定作业队负责材料保管和值班保卫工作。要严格材料发料手续。现场材料的供应，要按工程用料计划、持有审批的领料单进行，无领料单或白条子不得发料。直发现场的材料物资也必须办理入库手续和领料手续。现场材料码放要整齐、安全并做好标识。材料员对质量记录的填写必须内容真实、完整、准确，便于识别、查询。

（4）材料核销与余料处理

材料消耗核算，必须以实际消耗为准，计财部在计算采购入库量和限额领用量之后，根据实物盘点库存量，进行实际消耗核销。工程结束后，项目经理部必须进行预算材料消耗量与实际材料耗用量对比分析，找出节约（超耗）原因，并对施工作业队材料使用情况进行书面说明。材料消耗量严格按照定额规定进行核销。项目经理部要加强现场管理，杜绝材料的损失、浪费。工程结束后，各作业队对现场的余料、废旧材边角料进行处理时应填报《物资处理审批表》，经项目经理认可签字后方可处理。不得将材料成品直接作价处理。材料员要经常组织有关人员把可二次利用的边角余料清理出来，不准作为废钢铁出售，力求达到物尽其用。材料供应完毕后，项目经理部必须填报《合格供方名单确认表》上报设备物资分公司、项目管理处。

## 三、业主（总包方）提供设备的管理

物资部设备员负责业主（总包方）提供设备的协调管理。参与合同评审、施工图会审，掌握设备供货情况，负责与业主（总包方）协商设备供应方面的工作，根据施工进度网络计划，编排或确认分包单位编制的设备进场计划。参加接受现场发出的设计修改通知单，及时向有关部门转交，并对其中的设备问题解决情况进行跟踪检查，督促落实。参加工程例会及有关专题会议，沟通信息，掌握工程进展情况、设备安装要求、设备进场时间、设备质量问题等，协同运输部门安排重大设备出、入库计划，协助对大型设备出库沿线道路及现场卸车、存放条件的查看落实。组织、监督、指导、协调分包单位对业主设备的验证工作，负责与业主（总包方）联系，商定在设备验证过程中发现的缺陷、缺件、不合格等问题的处理方案。监督并定期检查作业队设备到货验证后是否按有关规定进行标识、储存和防护，对设备的验证资料、移交清单等技术资料是否按要求整理、归档。划分作业队之间的设备分交、设备费用、出库费、缺陷处理费的收取、结算，工程设备的统计、汇总、归档。

# 第五节　建设工程项目管理规划的内容和编制方法

## 一、建设工程项目管理规划的概念

1. 建设工程项目管理规划（国际上常用的术语为：Project Brief，Project Implementation Plan，Project Management Plan）是指导项目管理工作的纲领性文件，它从总体上和宏观上对如下几个方面进行分析和描述：为什么要进行项目管理（Why）；项目管理需要做什么工作（What）；怎样进行项目管理（How）；谁做项目管理的哪方面的工作（who）；什么时候做哪些项目管理工作（When）；项目的总投资（Cost）；项目的总进度（Time）。

2. 建设工程项目管理规划涉及项目整个实施阶段，它属于业主方项目管理的范畴。如果采用建设项目总承包的模式，业主方也可以委托建设项目总承包方编制建设工程项目管理规划，因为建设项目总承包的工作涉及项目整个实施阶段。

3. 建设项目的其他参与单位，如设计单位、施工单位和供货单位等，为进行其项目管理也需要编制项目管理规划，但它只涉及项目实施的一个方面，并体现一个方面的利益，可称为设计方项目管理规划、施工方项目管理规划和供货方项目管理规划。

## 二、建设工程项目管理规划的内容

1. 建设工程项目管理规划一般包括如下内容：项目概述；项目的目标分析和论证；项目管理的组织；项目采购和合同结构分析；投资控制的方法和手段；进度控制的方法和手段；质量控制的方法和手段；安全、健康与环境管理的策略；信息管理的方法和手段；技术路线和关键技术的分析；设计过程的管理；施工过程的管理；风险管理的策略等。

2. 建设工程项目管理规划内容涉及的范围和深度，在理论上和工程实践中并没有统一的规定，应视项目的特点而定。

## 三、建设工程项目管理规划的编制方法

建设工程项目管理规划的编制应由项目经理负责，并邀请项目管理班子的主要人员参加。由于项目实施过程中主客观条件的变化是绝对的，不变则是相对的；在项目进展过程中平衡是暂时的，不平衡则是永恒的。因此，建设工程项目管理规划必须随着情况的变化而进行动态调整。

1. 施工组织设计的编制原则

在编制施工组织设计时，宜考虑以下原则：重视工程的组织对施工的作用；提高施工的工业化程度；重视管理创新和技术创新；重视工程施工的目标控制；积极采用

国内外先进的施工技术；充分利用时间和空间，合理安排施工顺序，提高施工的连续性和均衡性；合理部署施工现场，实现文明施工。

2.施工组织总设计和单位工程施工组织设计的编制依据

（1）施工组织总设计的编制依据

主要包括：计划文件；设计文件；合同文件；建设地区基础资料；有关的标准、规范和法律；类似建设工程项目的资料和经验。

（2）单位工程施工组织设计的编制依据

主要包括：建设单位的意图和要求，如工期、质量、预算要求等；工程的施工图纸及标准图；施工总组织设计对本单位工程的工期、质量和成本的控制要求；资源配置情况；建筑环境、场地条件及地质、气象资料，如工程地质勘测报告、地形图和测量控制等；有关的标准、规范和法律；有关技术新成果和类似建设工程项目的资料和经验。

3.施工组织总设计的编制程序

施工组织总设计的编制通常采用如下程序：收集和熟悉编制施工组织总设计所需的有关资料和图纸，进行项目特点和施工条件的调查研究；计算主要工种工程的工程量；确定施工的总体部署；拟订施工方案；编制施工总进度计划；编制资源需求量计划；编制施工准备正作计划；施工总平面图设计；计算主要技术经济指标。

# 第六节　建设工程项目目标的动态控制

## 一、项目目标控制的动态控制原理

1.由于项目实施过程中主客观条件的变化是绝对的，不变则是相对的；在项目进展过程中平衡是暂时的，不平衡则是永恒的。因此，在项目实施过程中必须随着情况的变化进行项目目标的动态控制。项目目标的动态控制是项目管理最基本的方法论。

2.项目目标动态控制的工作程序如下：

第一步，项目目标动态控制的准备工作：将项目的目标进行分解，以确定用于目标控制的计划值。

第二步，在项目实施过程中项目目标的动态控制：收集项目目标的实际值，如实际投资、实际进度等；定期（如每两周或每月）进行项目目标的计划值和实际值的比较；通过项目目标的计划值和实际值的比较，如有偏差，则采取纠偏措施进行纠偏。

第三步，如有必要，则进行项目目标的调整，目标调整后再回到第一步。

3.由于在项目目标动态控制时要进行大量的数据处理，当项目的规模比较大，数据处理的量就相当可观，采用计算机辅助的手段有助于项目目标动态控制的数据处理。

4.项目目标动态控制的纠偏措施主要包括组织措施、管理措施、经济措施、技术措施等。

## 二、应用动态控制原理控制进度的方法

1.项目进度目标的分解

从项目开始到项目实施过程中，逐步地由宏观到微观、由粗到细编制深度不同的总进度纲要、总进度规划、总进度计划、各子系统和各子项目进度计划等。

通过总进度和总进度规划的编制，分析和论证项目进度目标实现的可能性，并对项目金福目标进行分解，确定里程碑事件的进度目标。里程碑事件的进度目标可作为进度控制的重要依据。

2.进度的计划值和实际值的比较

以里程碑事件的进度目标标值或再细化的进度目标值作为进度的计划值。进度的实际值指的是相对于里程碑事件或再细化的分项工作的实际进度。进度的计划值和实际值的比较是定量的数据比较。

3.进度纠偏的措施

（1）组织措施，如：调整项目组织结构、任务分工、管理职能分工、工作流程组织和项目管理班子人员等。

（2）管理措施，如：分析由于管理的原因而影响进度的问题，并采取相应的措施；调整进度管理的方法和手段，改变施工管理和强化合同管理等。

（3）经济措施，如：及时解决工程款支付和落实加快工程进度所需的资金等。

（4）技术措施，如：改进施工方法和改变施工机具等。

## 三、应用动态控制原理控制投资的方法

1.项目投资目标的分解

通过编制投资规划、工程概算和预算，分析和论证项目投资目标实现的可能性，并对项目投资目标进行分解。

2.投资的计划值和实际值的比较

投资控制包括设计过程的投资控制和施工过程的投资控制，其中前者更为重要在设计过程中投资的计划值和实际值的比较，即工程概算与投资规划的比较，以及工程预算与概算的比较。

在施工过程中投资的计划值和实际值的比较包括：工程合同价与工程概算的比较；工程合同价与工程预算的比较；工程款支付与工程概算的比较；工程款支付与工程预算的比较；工程款支付与工程合同价的比较；工程决算与工程概算工程预算和工程合同价的比较。

由上可知，投资的计划值和实际值是相对的，如：相对于工程预算而言，工程概

算是投资的计划值；相对于工程合同价，则工程概算和工程预算都可作为投资的计划值等。

3.投资控制的纠偏措施

（1）组织措施，如：调整项目组织结构、任务分工、管理职能分工、工作流程组织和项目管理班子人员等。

（2）管理措施，如：采取限额设计的方法，调整投资控制的方法和手段，采用价值工程的方法等。

（3）经济措施，如：制定节约投资的奖励措施等

（4）技术措施，如：调整或修改设计，优化施工方法等。

# 第七节 施工组织设计的内容和编制方法

## 一、施工组织设计的分类

1.根据编制对象划分

施工组织设计根据编制对象的不同可分为三类，即施工组织总设计、单位工程施工组织设计和分部分项工程施工组织设计。

（1）施工组织总设计

施工组织总设计是以一个建设项目或建筑群为编制对象，用以指导其建设全过程各项施工活动的技术、经济、组织、协调和控制的综合性文件。它是指导整个建设项目施工的战略性文件，内容全面概括，涉及范围广泛。一般是在初步设计或技术设计批准后，由总承包单位会同建设、设计和各分包单位共同编制的，是施工单位编制年度施工计划和单位工程施工组织设计、进行施工准备的依据。

（2）单位工程施工设计组织

单位工程施工组织设计是以一个单位工程为编制对象，用来指导其施工全过程各项活动的技术经济、组织、协调和控制的局部性、指导性文件。它是施工单位施工组织总设计和年度施工计划的具体化，是单位工程编制季度、月计划和分部分项工程施工设计的依据。

单位工程施工组织设计依据建筑工程规模、施工条件、技术复杂程度不同，在编制内容的广度和深度上一般可划分为两种类型：单位工程施工组织设计和简单的单位工程施工组织设计（或施工方案）。

单位工程工组织设计：编制内容全面，一般用于重点的、规模大、技术复杂或采用新技术的建设项目。

简单的单位程施工组织设计（或施工方案）：编制内容较简单，通常只包括"一案一图一表"，即编制施工方案、施工现场平面布置图、施工进度表。

（3）分布分项工程施工组织设计

以技术复杂、施工难度大且规模较大的分部分项工程为编制对象，用来指导其施工过程各项活动的技术经济、组织、协调的具体化文件。一般由项目专业技术负责人编制，内容上包括施工方案、各施工工序的进度计划及质量保证措施。它是直接指导专业工程现场施工和编制月、旬作业计划的依据。

对于一些大型工业厂房或公共建筑物，在编制单位工程施工组织设计之后，常需编制某主要分部分项工程施工组织设计。如土建中复杂的地基基础工程、钢结构或预制构件的吊装工程、高级装修工程等。

2.根据阶段的不同划分

施工组织设计根据阶段的不同，可分为两类：一类是投标前编制的施工组织设计（简称标前设计）；另类是签订工程承包合同后编制的施工组织设计（简称标后设计）。

（1）标前设计：在建筑工程投标前由经营管理层编制的用于指导工程投标与签订施工合同的规划性的控制性技术经济文件，以确保建筑工程中标、追求企业经济效益为目标。

（2）标后设计：在建筑工程签订施工合同后由项目技术负责人编制的用于指导工全过程各项活动的技术经济、组织、协调和控制的指导性文件，以实现质量、工期、成本三大目标，追求企业经济效益最大化为目标。

## 二、施工组织设计的内容

1.工程概况

主要包括建筑工程的工程性质、规模、地点、工程特点、工期、施工条件、自然环境、地质水文等情况。

2.施工方案

主要包括各分部分项工程的施工顺序、主要的施工方法、新工艺新方法的运用、质量保证措施等内容。

3.施工进度计划

主要包括各分部分项工程根据工期目标制订的横道图计划或网络图计划。在有限的资源和施工条件下，如何通过计划调整来实现工期最小化、利润最大化的目标。是制订各项资源需要量计划的依据。

4.施工平面图

主要包括机械、材料、加工场、道路、临时设施、水源电源在施工现场的布置情况。是施工组织设计在空间上的安排。确保科学合理地安全文明施工。

5.施工准备工作及各项资源需要量计划主要包括施工准备计划、劳动力、机械设备、主要材料、主要构件和半成品构件的需要量计划。

6.主要技术经济指标

主要包括工期指标、质量指标、安全文明指标、降低成本指标、实物量消耗指标等。用以评价施工的组织管理及技术经济水平。

### 三、施工组织设计的编制方法与要求

1.施工组织设计的编制方法

熟悉施工图纸，进行现场踏勘，搜集有关资料；根据施工图纸计算工程量，进行工料分析；选择施工方案和施工方法。确定质量保证措施；编制施工进度计划；编制资源需要量计划；确定临时设施和临时管线，绘制施工现场平面图；技术经济指标的对比分析。

2.施工组织设计的编制要求

（1）根据工期目标要求，统筹安排，抓住重点。重点工程项目和一般工程项目统筹兼顾，优先安排重点工程的人力、物力和财力，保证工程按时或提前交工。

（2）合理安排施工流程。施工流程的安排既要考虑空间顺序，又要考虑工种顺序。空间顺序解决施工流向问题，工种顺序解决时间上的搭接问题。在遵循施工客观规律的要求下，必须合理地安排施工和顺序，避免不必要的重复工作，加快施工速度，缩短工期。

（3）科学合理地安排施工方案，尽量采用国内外先进施工技术。编制施工方案时，结合工程特点和施工水平，使施工技术的先进性、实用性和经济性相结合，提高劳动生产率，保证施工质量，提高施工速度，降低工程成本。

（4）科学安排施工进度，尽量采用流水施工和网络计划或横道图计划。编制施工进度计划时，结合工程特点和施工技术水平，采用流水施工组织施工，采用网络计划或横道图计划安排进度计划，保证施工连续均衡地进行。

（5）合理布置施工现场平面图，节约施工用地。尽量利用原有建筑物作为临时设施，减少占用施工用地。合理安排运输道路和场地，减少二次搬运，提高施工现场的利用率。

（6）坚持质量和安全同时抓的原则。贯彻质量第一的方针，严格执行施工验收规范和质量检验评定标准，同时建立健全安全文明生产的管理制度，保证安全施工。

# 第八节　建设工程风险管理

## 一、风险管理概述

### （一）风险的定义与相关概念

1.风险的定义

所谓风险，是指某一事件的发生所产生损失后果的不确定性。

（1）内涵

定义一：风险就是与出现损失有关的不确定性。

定义二：风险就是在给定情况下和特定的时间内，可能出现结果之间的差异。

由上述风险定义可知，风险具备两个条件：一是不确定性，二是产生损失后果，否则就不能称为风险。因此，肯定发生损失后果的事件不是风险，没有损失后果的不确定性事件也不是风险，必须与人们的行为相联系，否则就不是风险，而是危险。

（2）特征

风险存在的客观性和普遍性；单一具体风险发生的偶然性和大量风险发生的必然性；风险的多样性和多层次性；风险的可变性。

2.相关概念

（1）风险因素：产生或增加损失概率和损失程度的条件或因素。

（2）风险事件：造成损失的偶发事件，是损失的载体。

（3）损失：非故意、非计划、非预期的经济价值的减少。

（4）损失机会：指损失出现的概率。

1）客观概率：是某事物在长时间发生的频率。

2）主观概率：是人们对某事件发生的可能性的一种判断或估计（主观概率随意性大，受个人的经验、学识、专业乃至兴趣、好恶的影响）。

3.风险与损失概率之间的关系

损失概率是风险事件出现的频率或可能性，而风险则是风险事件出现后的损失大小。

4.风险因素、风险事件、损失与风险之间的关系

风险因素引起风险事件，风险事件导致风险损失，风险损失大于预期的损失部分就是风险。

**（二）风险分类**

风险可以根据不同角度进行分类，常见的风险分类方式有：

1.按风险的后果分类

（1）纯风险。只会造成损失而绝无收益的可能的风险。例如，自然灾害一旦发生将会导致重大损失，甚至人员伤亡；如果不发生，只是不造成损失而已，但不会带来额外的收益。此外，政治、社会方面的风险一般都表现为纯风险（出现的概率大，长期存在并有一定的规律性）。

（2）投机风险。可能带来损失，也可能带来收益的风险。例如，一项重大投资活动可能因为决策错误或因遇到不测事件而使投资者蒙受灾难性的损失；但如果决策正确，经营有方或赶上大好机遇，则会给投资人带来巨大收益。投机风险具有巨大的诱惑力，如博彩（出现的概率小，规律性差）。

2.按风险产生的原因分类

按风险产生的原因分政治风险、社会风险、经济风险、自然风险、技术风险等。中经济风险界定可能有一定差异，例如，有人把金融风险作为独立的异类风险来考虑。

3.按风险的影响范围分类

按风险影响范围的大小可将风险分为基本风险和特殊风险。

（1）基本风险。即作用于整个社会、大多数人群的风险，具有普遍性。如战争、自然灾害、通货膨胀等。其特点是影响的范围大，且后果严重。

（2）特殊风险。是指作用于某特定单体或人群（如企业、个人）的风险，不具有普遍性，例如偷盗、房屋失火、交通事故等，其特点是影响范围小，对整个社会的影响小。

4.建设工程风险与风险管理

（1）建设工程风险的概念

所谓建设工程风险就是在建设工程中存在的不确定因素以及可能导致结果出现差异的可能性。

（2）建设工程风险的特点

对建设工程风险的认识主要是以下三点：

1）建设工程风险大。一般将建设工程风险因素分为政治、社会、经济、自然和技术等。明确这一点，就要从思想上重视建设工程风险的概率大、范围广，采取有力措施进行主动的预防和控制。

2）参与工程建设的各方均有风险，但是各方的风险不尽相同。例如，发生通货膨胀风险事件，在可以调价合同条件下，对业主来说是相当大的风险，而对承包方来说则风险较小；但如果是固定总价合同条件下，对业主就不是风险，对承包商来说就是相当大的风险。因此，要对各种风险进行有效的预测，分析各种风险发生的可能性。

3）建设工程风险在决策阶段主要表现为投机风险，而实施阶段则主要表现为纯风险。

在一项建设工程任务中，投资的资金是极大的（包含土地的使用资金），建设工程参与的部门有设计、施工、监理、设备与材料供应部门，还有政府的管理部门。从四川的彩虹桥事件到韩国的三丰百货大楼倒塌等都反映了建筑工程风险的长久存在。

**（三）风险管理过程**

风险管理就是一个识别、确定和度量风险，并指定、选择和实施风险处理方案的过程。风险管理是一个系统的完整的过程，一般也是一个循环过程。风险管理过程包括风险识别、风险评价、风险决策、决策的实施、实施情况的检查五个方面的内容。

1.风险识别。即通过一定的方式，系统而全面地分辨出影响目标实现的风险事件，并进行归类处理的过程，必要时还需对风险事件的后果作定性分析和估计。

2.风险评价。风险评价是将建设工程风险事件发生的可能性和损失后果进行定量化的过程。风险评价的结果主要在于确定各种风险事件发生的概率及其对建设工程目标的严重影响程度，如投资增加的数额、工期延误的时间等。

3.风险决策。是选择确定建设工程风险事件最佳对策组合的过程。通常有风险回避、损失控制、风险自留和风险转移四种措施。

4.决策的实施。即制订计划并付诸实施的过程。例如，制订预防计划、灾难计划、应急计划等；又如，在决定购买工程保险时，要选择保险公司，确定恰当的保险范围、赔额、保险费等等。这些都是实施风险对策决策的重要内容。

5.检查。即跟踪了解风险决策的执行情况，根据变化的情况及时调整对策并评价各项风险对策的执行效果。除此之外，还需要检查是否有被遗漏的工程风险或者发现了新的工程风险，也就是进行新一轮的风险识别，开始新的风险管理过程。

## 二、建设工程风险识别

1.风险识别的特点和原则

风险识别有以下几个特点：

（1）个别性。任何风险都有与其他风险不同之处，没有两个风险是完全一致的。不同类型建设工程的风险多不相同，而同一建设工程如果建造地点不同，其风险也不同；即使是建造地点确定的建设工程，如果由不同的承包商建造，其风险也不同。因此，虽然不同建设工程风险有不少共同之处，但一定存在不同之处，在风险识别时尤其要注意这些不同之处，突出其风险识别的个别性。

（2）主观性。风险识别都是由人来完成的，由于个人的专业知识水平（包括风险管理方面的知识）、实践经验等方面的差异，同一风险由不同的人识别的结果就会有较大的差异。风险本身是客观存在的，但风险识别是主观行为。在风险识别时，要尽可能减少主观性对风险识别结果的影响。要做到这一点，关键在于提高风险识别的水平。

（3）复杂性。建设工程所涉及的风险因素和风险事件均很多，而且关系复杂、相互影响，使风险识别具有很强的复杂性。因此，建设工程风险识别对风险管理人员要求很高，并且需要准确、详细的依据，尤其是定量分析的资料和数据。

（4）不确定性。这一特点可以说是主观性和复杂性的结果。在实践中，可能因为风险识别的结果与实际不符而造成损失，这往往是由于风险识别结论错误导致风险对策决策错误而造成的。由风险的定义可知，风险识别本身也是风险。因而避免和减少风险识别的风险也是风险管理的内容。

2.风险识别的原则

（1）在风险识别过程中应遵循以下原则：

1）由粗及细，由细及粗。由粗及细是指对风险因素进行全面分析，并通过多种途径对工程风险进行分解，逐渐细化，以获得对工程风险的广泛认识，从而得到工程初始风险清单。而由细及粗是指从工程初始风险清单的众多风险中，根据同类建设工程的经验以及工程风险，作为主要风险，即作为风险评价以及风险对策决策的主要对象。

2）严格界定风险内涵并考虑风险因素之间的相关性。对各种风险的内涵要严格加以界定，不要出现重复和交叉现象。另外，还要尽可能考虑各种风险因素之间的相关性，如主次关系、因果关系、互斥关系、负相关关系等。应当说，在风险识别阶段考虑风险因素之间的相关性有一定的难度，但至少要做到严格界定风险内涵。

3）先怀疑，后排除。对于所遇到的问题都要考虑其是否存在不确定性，不要轻易否定可排除某些风险，要通过认真的分析进行确认或排除。

4）排除与确认并重。对于肯定可以排除和肯定可以确认的风险应尽早予以排除和确认。对于一时既不能排除又不能确认的风险再做进一步的分析，予以排除或确认。最后，对于肯定不能排除但又不能肯定予以确认的风险按确认考虑。

5）必要时，可做实验论证。对于某些按常规方式难以判定其是否存在，也难以确定其对建设工程目标影响程度的风险，尤其是技术方面的风险，必要时可做实验论证，如抗震实验、风洞实验等。这样做的结论可靠，但要以付出费用为代价。对于证据不足风险的分析，可以采用试验辅助的方法。

（2）风险识别过程

建设工程自身及其外部环境的复杂性，给人们全面、系统地识别工程风险带来了许多具体的困难，同时也要求明确建设工程风险识别的过程。

由于建设工程风险识别的方法与风险管理理论中提出的一般的风险识别方法有所不同，因而其风险识别的过程也有所不同。建设工程的风险识别往往是通过对经验数据的分析、风险调查、专家咨询以及实验论证等方式，在对建设工程风险进行多维分解的过程中，认识工程风险，建立工程风险清单。

建设工程风险识别的过程：风险识别的结果是建立建设工程风险清单。在建设工程风险识别过程中，核心工作是"建设工程风险分解"和"识别建设工程风险因素、风险事件及后果"。

3.风险识别的方法

除了采用风险管理理论中风险识别的基本方法外，对建设工程风险的识别，还可以根据其自身特点，采用相应的方法。综合起来，建设工程风险识别的方法有：专家调查法、财务报表法、流程图法、初始清单法、经验数据法和风险调查法。以下简要介绍风险识别的一般方法。

（1）专家调查法

这种方法又有两种方式：一种是召集有关专家开会，让专家各抒己见，起到集思广益的作用；另一种是采用问卷式调查。采用专家调查法时，所提出的问题应具有指导性和代表性，并具有一定的深度，还应尽可能具体。专家所涉及的面应尽可能广泛些，有一定的代表性。对专家发表的意见要由风险管理人员加以归纳分类、整理分析，有时可能要排除个别专家的个别意见。

（2）财务报表法

财务报表有助于确定一个特定企业或特定的建设工程可能遭受哪些损失以及在何种情况下遭受这些损失。通过分析资产负债表、现金流量表、营业报表及有关补充资料，可以识别企业当前的所有资产、责任及人身损失风险。将这些报表与财务预测、预算结合起来，可以发现企业或建设工程未来的风险。

采用财务报表法进行风险识别，要对财务报表中所列的各项会计科目做深入的分析研究，并提出分析研究报告，以确定可能产生的损失，还应通过一些实地调查以及其他信息资料来补充财务记录。由于工程财务报表与企业财务报表不尽相同，因而需要结合工程财务报表的特点来识别建设工程风险。

（3）流程图法

将一项特定的生产或经营活动按步骤或阶段顺序以若干个模块形式组成一个流程图系列，在每个模块中都标出各种潜在的风险因素事件，从而给决策者一个清晰的总体印象。一般来说，对流程图中各步骤或阶段的划分比较容易，关键在于找出各步骤或各阶段不同的风险因素或风险事件。建设工程实施的各个阶段是确定的，关键在于对各阶段风险因素或风险事件的识别。由于流程图的篇幅限制，采用这种方法所得到的风险识别结果较粗。

（4）初始清单法

如果对每一个建设工程风险的识别都从头做起，至少有三方面缺陷：一是耗费时间和精力，风险识别工作的效率低；二是由于风险识别的主观性，可能导致风险识别的随意性，其结果缺乏规范性；三是风险识别成果资料不便积累，对今后的风险识别工作缺乏指导作用。

因此，为了避免以上缺陷，有必要建立初始风险清单。

建立建设工程的初始风险清单常规途径是采用保险公司或风险管理学会（或协会）公布的潜在损失一览表，即任何企业或工程都可能发生的所有损失一览表。以此为基础，风险管理人员再结合本企业或某项工程所面临的潜在损失对一览表中的损失予以具体化，从而建立特定工程的风险一览表。

通过适当的风险分解方式来识别风险是建立建设工程初始风险清单的有效途径。对于大型、复杂的建设工程，首先将其按单项工程、单位工程分解，再对各单项工程、单位工程分别从时间维、目标维和因素维进行分解，可以较容易地识别出建设工程主要的、常见的建设工程风险。

建设工程初始风险清单只是为了便于人们比较全面地认识风险的存在，分清各种风险的来源，便于风险管理，而不至于遗漏重要的工程风险。但这并不是风险识别的最终结论。

在初始风险清单建立后，还需要结合特定建设工程具体情况进一步识别风险，从而对初始风险清单做一些必要的补充和修正。为此，需要参照同类建设工程风险的经验数据或针对具体建设工程的特点进行风险调查，使风险识别的依据更加全面。

（5）经验数据法

经验数据法也称为统计资料法，即根据已建各类建设工程与风险有关的统计资料来识别拟建建设工程的风险。不同的风险管理主体都应有自己关于建设工程风险的经验数据或统计资料。在工程建设领域，可能有工程风险经验数据或统计资料的风险管理主体包括咨询公司（含设计单位）、承包商以及长期有工程项目的业主（如房地产开发商）。由于这些不同的风险管理主体角度不同、数据或资料来源不同，其各自的初始风险清单一般多少有些差异。但是，建设工程风险本身是客观事实，有客观的规律性，当经验数据或统计资料足够多时，这种差异性就会大大减小。风险识别只是对建设工程风险的初步认识，是一种定性分析，因此，这种基于经验数据或统计资料的初始风险清单可以满足对建设工程风险识别的需要。

（6）风险调查法

由风险识别的个别性可知，两个不同建设工程不可能有完全一致的工程风险。因此，在建设工程风险识别的过程中，花费人力、物力、财力进行风险调查是必不可少的，这既是一项非常重要的工作，也是建设工程风险识别的重要方法。

风险调查应当从分析具体建设工程的特点入手，一方面对通过其他方法已识别出的风险（如初始风险清单所列出的风险）进行鉴别和确认；另一方面，通过风险调查有可能发现此前尚未识别出的重要的工程风险。

通常，风险调查可以从组织、技术、自然及环境、经济、合同等方面，分析拟建建设工程的特点以及相应的潜在风险。

风险调查并不是一次性的。由于风险管理是一个系统的、完整的循环过程，因而风险调查也应该在建设工程实施全过程中不断地进行，这样才能了解不断变化的条件对工程风险状态的影响。当然，随着工程实施的进展，不确定性因素越来越少，风险调查的内容亦将相应减少，风险调查的重点有可能不同。

建设工程风险的识别一般综合采用两种或多种风险识别方法。不论采用何种风险识别方法组合，都必须包含风险调查法。从某种意义上讲，前五种风险识别方法的主要作用在于建立初始风险清单，而风险调查法的作用则在于建立最终的风险清单。

### 三、建设工程风险评价

系统而全面地识别建设工程风险只是风险管理的第一步，对认识到的工程风险还要做进一步地分析，也就是风险评价。风险评价可以采用定性和定量两大类方法。定性风险评价方法有专家打分法、层次分析法等，其作用在于区分出不同风险的相对严重程度以及根据预先确定的可接受的风险水平（风险度）作出相应的决策。从广义上讲，定量风险评价方法也有许多种，如敏感性分析、盈亏平衡分析、决策树、随机网络等。但是，这些方法大多有较为确定的适用范围，如敏感性分析用于项目财务评价，随机网络用于进度计划。

1.风险评价的作用

（1）更准确地认识风险

风险识别的作用仅仅在于找出建设工程可能面临的风险因素和风险事件，其对风险的认识还是相当肤浅的。通过定量方法进行风险评价，可以定量地确定建设工程各种风险因素和风险事件发生的概率大小或概率分布，及其发生后对建设工程目标影响的严重度或损失严重程度。其中，损失严重程度又可以从两个不同的方面来反映：一方面是不同风险的相对严重程度，据此可以区分主要风险和次要风险；另一方面是各种风险的绝对严重程度，据此可以了解各种风险所造成的损失后果。

（2）保证目标规划的合理性和计划的可行性

建设工程数据库中的数据都是历史数据，是包含了各种风险作用于建设工程实施全过程的实际结果。但是，建设工程数据库中通常没有具体反映工程风险的信息，充其量只有关于重大工程风险的简单说明。也就是说，建设工程数据库只能反映各种风险综合作用的后果，而不能反映各种风险各自作用的后果。由于建设工程风险的个别性，只有对特定建设工程的风险进行定量评价，才能正确反映各种风险对建设工程目标的不同影响，才能使目标规划的结果更合理、更可靠，使在此基础上制定的计划具有现实可行性。

（3）合理选择风险对策，形成最佳风险对策组合

如前所述，不同风险对策的适用对象各不相同。风险对策的适用性需从效果和代价两个方面考虑。风险对策的效果表现在降低风险发生概率和降低损失严重程度的幅度，有些风险对策（如损失控制）在这一点上较难准确量度。风险对策一般都要付出一定的代价，如采取损失控制时的措施费，投保工程险时的保险费等，这些代价一般都可准确量度。而定量风险评价的结果是各种风险的发生概率及其损失严重程度。因此，在选择风险对策时，应将不同风险对策的适用性与不同风险的后果结合起来考虑，对不同的风险选择最适宜的风险对策，从而形成最佳的风险对策组合。

2.风险损失的衡量

风险损失的衡量就是定量确定风险损失值的大小。建设工程风险损失包括以下方面：

（1）投资风险

投资风险导致的损失可以直接用货币形式来表现，即法规、价格、汇率和利率等的变化或资金使用安排不当等风险事件引起的实际投资超出计划投资的数额。

（2）进度风险

进度风险导致的损失由以下部分组成：

1）货币的时间价值。进度风险的发生可能会对现金流动造成影响，引起经济损失。

2）为赶进度所需的额外费用。包括加班的人工费、机械使用费和管理费等一切因追赶进度所发生的非计划费用。

3）延期投入使用的收入损失。这方面损失的计算相当复杂，不仅仅是延误期间内的收入损失，还可能由于产品投入市场过迟而失去商机，从而大大降低市场份额，因而这方面的损失有时是相当巨大的。

（3）质量风险

质量风险导致的损失包括事故引起的直接经济损失，以及修复和补救等措施发生的费用以及第三者责任损失等，可分为以下几个方面：建筑物、构筑物或其他结构倒塌所造成的直接经济损失；复位纠偏、加固补强等补救措施和返工的费用；造成的工期延误的损失；永久性缺陷对于建设工程使用造成的损失；第三者责任的损失。

（4）安全风险

安全风险导致的损失包括：受伤人员的医疗费用和补偿费；财产损失，包括材料、设备等财产的损毁或被盗；因引起工期延误带来的损失；为恢复建设工程正常实施所发生的费用；第三者责任损失。在此，第三者责任损失为建设工程实施期间，因意外事故可能导致的第三者的人身伤亡和财产损失所作的经济赔偿以及必须承担的法律责任。由以上四方面风险的内容可知，投资增加可以直接用货币来衡量；进度的拖延则属于时间范畴，同时也会导致经济损失；而质量事故和安全事故既会产生经济影响又可能导致工期延误和第三者责任，显得更加复杂。而第三者责任除了法律责任之外，一般都是以经济赔偿的形式来实现的。因此，这四方面的风险最终都可以归纳为经济损失。

3.风险概率的衡量

衡量建设工程风险概率有两种方法：相对比较法和概率分布法。一般而言，相对比较法主要是依据主观概率，而概率分布法的结果则接近于客观概率。

（1）相对比较法

采用四级评判，即：

1）"几乎是0"：这种风险事件可认为不会发生。

2）"很小的"：这种风险事件虽有可能发生，但现在没有发生并且将来发生的可能性也不大。

3）"中等的"：即这种风险事件偶尔会发生，并且能预期将来有时会发生。

4）"一定的"：即这种风险事件一直在有规律地发生，并且能够预期未来也是有规律地发生。在这种情况下，可以认为风险事件发生的概率较大。

在采用相对比较法时，建设工程风险导致的损失相应划分成重大损失、中等损失和轻度损失，从而在风险坐标上对建设工程风险定位，反映出风险量的大小。

也可将风险损失分为三级：重大损失；中等损失；轻度损失。

相对比较法是一种以主观概率为主的衡量方法。

（2）概率分布法

这是一种基于历史数据和客观资料统计分析出的概率。利用统计数据，通过（损失值和风险概率）直方图描述和曲线啮合，得到该项目的风险概率曲线。有了概率曲线，就可以方便地知道某种潜在损失出现的概率。

概率分布法是一种以客观概率为主的衡量方法。常见的表现形式是建立概率分布表。

为此，需参考外界资料和本企业历史资料。外界资料主要是保险公司、行业协会、统计部门等的资料。但是，这些资料通常反映的是平均数字，且综合了众多企业或众多建设工程的损失经历，因而在许多方面不一定与本企业或本建设工程的情况相吻合，运用时需作客观分析。本企业的历史资料虽然更有针对性，更能反映建设工程风险的个别性，但往往数量不够多，有时还缺乏连续性，不能满足概率分析的基本要求。另外，即使本企业历史资料的数量、连续性均满足要求，但其反映的也只是本企业的平均水平，在运用时还应当充分考虑资料的背景和拟建建设工程的特点。由此可见，概率分布表中的数字是因工程而异的。

4.风险评价

在风险衡量过程中，建设工程风险被量化为关于风险发生概率和损失严重性的函数，但在选择对策之前，还需要对建设工程风险量作出相对比较，以确定建设工程风险的相对严重性。

## 四、建设工程风险对策

1.风险回避

就是在考虑到某项目的风险及其所致损失都很大时，主动放弃或终止该项目，以避免与该项目相联系的风险及其所致损失的一种处置风险的方式。风险回避是一种最彻底的风险处置技术，在某些情况下，风险回避是最佳对策。

在采用风险回避对策时需要注意以下问题：

（1）回避一种风险可能产生另一种新的风险。在建设工程实施过程中，绝对没有风险的情况几乎不存在。就技术风险而言，即使是相当成熟的技术也存在一定的风险。

（2）回避风险的同时也失去了从风险中获益的可能性。由投机风险的特征可知，它具有损失和获益的两重性。

（3）回避风险可能不实际或不可能。建设工程的每一个活动几乎都存在大小不一的风险，过多地回避风险就等于不采取行动，而这可能是最大的风险所在。

风险回避是一种消极的风险处置方法，因为在回避风险的同时也放弃了实施项目可能带来的收益，如果处处回避，事事回避，其结果只能是停止发展，直至停止生存。

2. 风险控制

风险控制是一种主动、积极的风险对策。就是为了最大限度地降低风险事故发生的概率和减小损失幅度而采取的风险处置技术。

制定风险控制措施必须以风险定量评价的结果为依据，才能确保风险控制措施具有针对性，取得预期的控制效果。要特别注意间接损失和隐蔽损失。同时，还必须考虑其付出的代价，包括费用和时间两方面的代价，而时间方面的代价往往还会引起费用方面的代价。风险控制措施的最终确定，需要综合考虑风险控制措施的效果及其相应的代价。

风险控制一般应由预防计划、灾难计划和应急计划三部分组成。

（1）预防计划

预防计划的目的在于有针对性地预防损失的发生，其主要作用是降低损失发生的概率，在许多情况下也能在一定程度上降低损失的严重性。

（2）灾难计划

灾难计划是一组事先编制好的、目的明确的工作程序和具体措施，为现场人员提供明确的行动指南，使其在各种严重的、恶性的紧急事件发生后不至于惊慌失措，也不需要临时讨论研究应对措施，可以做到从容不迫、及时、妥善地处理，从而减少人员伤亡以及财产和经济损失。

（3）应急计划（灾后恢复建设计划）

应急计划是在风险损失基本确定后的处理计划，其宗旨是使因严重风险事件而中断的工程实施过程尽快全面恢复，并减少进一步的损失，使其影响程度减至最小。应急计划不仅要制定所要采取的相应措施，而且要规定不同工作部门相应的职责。

风险控制不仅能有效地减少项目由于风险事故所造成的损失，而且能使全社会的物质财富少受损失。因此，风险控制的方法是最积极、最有效的一种处置方式。

3. 风险自留

风险自留就是将风险留给自己承担，是从企业内部财务的角度应对风险。风险自留与其他风险对策的根本区别在于它不改变建设工程风险的客观性质，即既不改变工程风险的发生概率，也不改变工程风险潜在损失的严重性。

（1）风险自留的条件

计划性风险自留至少要符合以下条件之一才予以考虑：别无选择，有些风险既不能回避，又不能预防，且没有转移的可能性，这是一种无奈的选择；期望损失不严重，风险管理人员对期望损失的估计低于保险公司的估计，风险管理人员确信自己的估计正确；损失可准确预测；企业有短期内承受最大潜在损失的能力；投资机会很好

（或机会成本很大）。如果市场投资前景很好，则保险费的机会成本就显得很大，不如采取风险自留，将保险费作为投资，以取得较多的投资回报。即使今后自留风险事件发生，也足以弥补其造成的损失。

（2）风险自留的类型

风险自留可分为计划性风险自留（主动）和非计划性风险（被动）自留两种类型。

1）计划性风险自留。计划性风险自留是主动的、有意识的、有计划的选择，是风险管理人员在经过正确的风险识别和风险评价后作出的风险对策决策，是整个建设工程风险对策计划的一个组成部分。主要体现在风险自留水平和损失支付方式两个方面。所谓风险自留水平，是指选择哪些风险事件作为风险自留的对象。确定风险自留水平可以从风险量数值大小的角度考虑，一般应选择风险量小或较小的风险事件作为风险自留的对象。计划性风险自留还应从费用、期望损失、机会成本、服务质量和税收等方面与工程保险比较后才能得出结论。

2）非计划性风险自留。由于风险管理人员没有意识到建设工程某些风险的存在，或者不曾有意识地采取有效措施，以致风险发生后只好由自己承担。这样的风险自留就是非计划性的和被动的。导致非计划性风险自留的主要原因是缺乏风险意识、风险识别失误、风险评价失误、风险决策延误、风险决策实施延误。

风险管理人员应当尽量减少风险识别和风险评价的失误，要及时作出风险对策决策，并及时实施决策，从而避免被迫承担重大和较大的工程风险。总之，非计划性风险自留不可能不用，风险管理者应该力求避免或少用。

（3）损失支付方式

从现金净收入中支出，采用这种方式时，在财务上并不对风险作特别的安排，在损失发生后从现金净收入中支出，或将损失费用记入当期成本；建立非基金储备；自我保险，这种方式是设立一项专项基金（亦称为自我基金），专门用于自留风险所造成的损失，该基金的设立不是一次性的，而是每期支出，相当于定期支付保险费，因而称为自我保险；母公司保险，这种方式只适用于存在总公司与子公司关系的集团公司，往往是在难以投保或自保较为有利的情况下运用。

4.风险转移

风险转移是建设工程风险管理中非常重要的、广泛应用的一项对策，分为非保险转移和保险转移两种形式。对损失大、概率小的风险，可通过保险或合同条款将责任转移，将损失的一部分或全部转移到有相互经济利益关系的另一方。风险转移有两种方式：

（1）非保险转移

非保险转移又称为合同转移，非保险风险转移方式主要有担保合同、租赁合同、委托合同、分包合同、无责任约定、合资经营、实行股份制。建设工程风险最常见的非保险转移有以下三种情况：

1）业主将合同责任和风险转移给对方当事人。在这种情况下，被转移者多数是承包商。例如，在合同条款中规定，业主对场地条件不承担责任；又如，采用固定总价合同将涨价风险转移给承包商。

2）承包商进行合同转让或工程分包。承包商中标承接某工程后，可能由于资源安排出现困难而将合同转让给其他承包商，以避免由于自己无力按合同规定时间建成工程而遭受违约罚款；或将该工程中专业技术要求很强而自己缺乏相应技术的工程内容分包给专业分包商，从而更好地保证施工进度和工程质量。

3）第三方担保。合同当事人的一方要求另一方为其履约行为提供第三方担保，担保方所承担的风险仅限于合同责任，即由于委托方不履行或不适当履行合同以及违约所产生的责任。第三方担保的主要表现是业主要求承包商提供履约保证和预付款保证。从国际承包市场的发展来看，20世纪末出现了要求业主向承包商提供付款保证的新趋向，但尚未得到广泛应用。我国施工合同（示范文本）也有发包人和承包商互相提供履约担保的规定。

非保险转移的优点主要体现在：一是可以转移某些不能投保的潜在损失，如物价上涨、法规变化、设计变更等引起的投资增加；二是被转移者往往能较好地进行损失控制，如承包商相对于业主能更好地把握施工技术风险，专业分包商相对于总包商能更好地完成专业性强的工程内容。

（2）保险转移

保险转移通常称为工程保险，是一种建设工程风险的转嫁方式，即指通过购买保险的办法将风险转移给保险公司或保险机构。建设工程业主或承包商作为投保人将本。应由自己承担的工程风险（包括第三方责任）转移给保险公司，从而使自己免受风险损失。免赔额的数额或比例要由投保人自己确定。工程保险并不能转移建设工程的所有风险，一方面是因为存在不可保风险（如不可抗力），另一方面则是因为有些风险不宜保险。通过转嫁方式处置风险，风险本身并没有减少，只是风险承担者发生了变化。因此，转移风险原则是让最有能力的承受者分担，否则就有可能给项目带来意外的损失。保险和担保是风险转移的最有效、也是最常用的方法，在建设工程风险管理中将积极推广。

# 第九节　建设工程监理的工作性质、任务和工作方法

## 一、建设工程监理的性质

1.建设工程监理的服务性

建设工程监理具有服务性，是由它所从事的业务活动的性质决定的。建设工程监

理主要采用规划、控制、协调方法控制建设工程的投资、进度和质量，协助建设单位达到在计划的目标内将建设工程建成投入使用的目的。

工程监理企业既不直接进行设计和施工等建设活动，也不向建设单位承包造价，更不参与承包商的利益分成。在工程建设中，监理单位是利用自己的知识、技能和经验、信息以及必要的试验、检测手段，为建设单位提供高智能的技术及管理服务，以实现建设目标。

工程监理活动不能完全取代建设单位的管理活动，它不具有工程建设重大问题的决策权，只能在授权范围内代表建设单位进行管理。

建设工程监理的服务对象是建设单位。监理服务是按照委托监理合同的规定，代表建设单位进行的，受有关法律的约束和保护。

2.建设工程监理的科学性

科学性是由建设工程监理要完成的任务和实现的目标决定的。建设工程监理的任务是协助建设单位实现其投资目的，力求按照计划实现建成工程、投入使用的目标。面对日趋庞大的建设工程规模和日益复杂的建设环境，工程项目的功能、标准要求越来越高，新技术、新工艺、新材料、新设备不断涌现，参加建设工程监理的单位越来越多，市场竞争日益激烈，风险日渐增加的情况，只有树立科学的理念，应用科学的理论、方法、手段和措施，才能驾驭工程建设，对工程实施有效的监理。

科学性主要表现在：工程监理单位要具有组织管理能力强、工程建设经验丰富的领导者；有足够数量的、有丰富管理经验和应变能力的监理工程师组成的骨干队伍；要有健全的、科学的管理制度；要掌握先进的管理理论和方法；要有现代化的管理手段；要积累足够的技术、经济资料和数据；要有科学的工作态度和严谨的工作作风，实事求是、创造性地开展工程监理工作。科学性也是监理企业赖以生存的基础。

3.建设工程监理的独立性

工程监理的独立性，要求工程监理单位应当严格按照相关法律、法规、规章、工程建设文件、工程建设技术标准、建设工程委托监理合同、有关的建设工程合同等的规定实施监理；在委托监理的工程中，与工程监理单位、被监理工程的承包单位以及建筑材料、建筑构配件和设备供应单位不得有隶属关系或者其他利害关系；在开展工程监理的过程中，必须建立自己的监理组织机构，按照自己的工作计划、程序、流程、方法、手段，根据自己的判断，独立地开展工作。

4.建设工程监理的公正性

公正性是全社会公认的道德行为准则，也是监理行业能够长期生存和发展的基本职业道德准则。在建设工程监理过程中，工程监理单位应当排除各种干扰，客观、公正地对待监理的委托单位和承建单位。特别是当双方发生利益冲突或者争议时，工程监理单位要以事实为依据，以法律和有关合同为准绳，在维护建设单位的合法权益时，不损害承建单位的合法权益。例如，在调解建设单位和承建单位之间的争议，处理工程索赔和工程延期，进行工程款支付控制以及竣工结算时，应当客观、公正地对待建设单位和承建单位，行使工程监理的职能。

## 二、建设工程监理的任务

我国工程监理的任务概括地说，就是接受建设单位的委托和授权，对其项目实施"三控制""三管理""一沟通一协调"。

"三控制"：投资控制、工程质量控制和建设工期控制。

"三管理"：合同管理、安全管理和风险管理。

"一沟通一协调"：信息沟通与组织协调。

建设工程监理应当依照法律，行政法规及有关的技术标准、设计文件和建筑工程承包合同，对承包单位在施工质量、建设工期和建设资金使用等方面，代表建设单位实施监督。

工程监理单位应当依照法律、法规以及有关技术标准、设计文件和建设工程承包合同，代表建设单位对施工质量实施监理，并对施工质量承担监理责任。

工程监理单位应当审查施工组织设计中的安全技术措施或者专项施工方案是否符合工程建设强制性标准。工程监理单位和监理工程师应当按照法律、法规和工程建设强制性标准实施监理，并对建设工程安全生产承担监理责任。

建设工程是一个极其复杂的事物，涉及的因素很多，要达成建设目标和实现监理工作目标，就必须处理好各方面的关系，做好信息交流、沟通工作和组织协调工作。因此，信息沟通和组织协调是工程监理的一项重要任务。

具体来讲，建设工程目标控制的主要任务是：通过收集类似的建设工程资料，协助建设单位制定建设工程投资目标规划、建设工程总进度计划、建设工程质量目标规划；招投标控制工作；控制投资的使用和工程进度计划的实施，控制施工工艺、施工方法和施工要素，保证工程质量，最终完成建设工程项目。

## 三、建设工程监理的工作方法和措施

为了实现有效控制，必须从多方面采取适当方法和措施实施控制。实现有效控制的方法主要是由目标规划、动态控制、组织协调、信息管理、合同管理构成的有机的方法体系。

1.目标规划法

目标规划是指围绕工程项目投资、进度和质量目标进行研究确定、分解综合、计划安排、制定措施等项工作的集合。目标规划是目标控制的基础和前提，只有做好目标规划工作才能有效地实施目标控制。工程项目目标规划过程是一个由粗而细的过程，它随着工程的进展，分阶段的根据可能获得的工程信息对前一阶段的规划进行细化、补充和修正，它和目标控制之间是一种交替出现的循环链式关系。具体可采用目标分解法、滚动计划法等。

**2.动态控制**

动态控制是在完成工程项目过程中，通过对过程、目标和活动的动态跟踪，全面、及时、准确地掌握工程信息，定期地将实际目标值与计划目标值进行对比，如果发现或预测实际目标偏离计划目标，就采取措施加以纠正，以保证计划总目标的实现。动态控制贯穿于整个监理过程，与工程项目的动态性相一致。工程在不同的阶段进行，控制就要在不同的阶段开展；工程在不同的空间展开，控制就要针对不同的空间来实施；计划伴随着工程的变化而调整，控制就要不断地适应计划的调整；随着工程的内部因素和外部环境的变化，要不断地改变控制措施。监理工程只有把握工程项目的动态性，才能做好目标的动态控制工作。

**3.组织协调**

协调就是连接、联合、调和所有的活动及力量。组织协调就是把监理组织作为一个整体来研究和处理，对所有的活动及力量进行连接、联合、调和的工作。在工程建设监理过程中，要不断进行组织协调，它是实现项目目标不可缺少的方法和手段。主要包括人际关系的协调、组织关系的协调、供求关系的协调、配合关系的协调和约束关系的协调等内容。

**4.信息管理**

信息管理是指监理人员对所需要的信息进行收集、整理、处理、存储、传递、应用等一系列工作的总和。信息是控制的基础。没有信息监理就不能实施目标控制。在开展监理工作时要不断地预测或发现问题，要不断地进行规划、决策、执行和检查，而做好每一项工作都离不开相应的信息。为了获得全面、准确、及时的工程信息，需要组成专门机构，确定专门的人员从事这项工作。

**5.合同管理**

监理单位在监理过程中的合同管理主要是根据监理合同的要求对工程建设合同的签订、履行、变更和解除进行监督、检查，对合同双方的争议进行调解和处理，以保证合同的全面履行。合同管理对于监理单位完成监理任务是必不可少的。工程合同对参与建设项目的各方建设行为起到控制作用，同时又具体指导工程如何操作完成。合同管理起着控制整个项目实施的作用。

**6.风险管理**

风险管理就是贯穿在设计、采购、施工及竣工验收等各个阶段、各个环节中的风险识别、风险评估、风险管理策略、风险处理和风险监控等一系列管理活动。风险贯穿于工程的全过程，监理单位在监理过程中必须利用风险管理手段，主动"攻击"风险，不断识别、评估、处理和监控工程项目中的各种风险，进行有效的风险管理，避免和减少风险，使风险损失降到最低点，从而完成工程建设项目。

采取的措施通常包括组织措施、技术措施、经济措施和合同措施四个方面。

（1）组织措施

所谓组织措施是指从目标控制的组织管理方面采取的措施，如落实目标控制的组织机构和人员，明确目标控制的任务和职能分工，制定目标控制责任制、目标控制的工作流程等。

组织措施是其他各项措施的前提和保障。

（2）技术措施

所谓技术措施是指通过技术手段解决实现目标控制过程中出现的目标偏差问题，如投资、工期、质量难以实现目标要求，从改进施工方案、施工方法、施工工艺、施工材料等方面采取措施，以保证三大目标的实现。技术措施不仅是解决建设工程实施过程中遇到的技术问题所不可缺少的，而且对于纠正目标偏差有决定性作用。采取的任何措施都需要技术手段的支持，采取不同的技术方案，产生的控制结果是不同的，甚至是相反的。

因此，运用技术措施纠偏的关键，一是要能提出多个不同的技术方案，二是要对不同的技术方案进行技术经济分析，三是要避免仅仅从技术角度选定技术方案，而忽视对其经济效果的分析论证。

（3）经济措施

所谓经济措施是指采用经济方法保证目标控制的实现，如奖励与惩罚手段等。经济措施是最容易为人们接受和采用的措施。经济措施的采用需要从全局性、总体性上加以考虑，可以取得事半功倍的效果。另外，经济措施还具有挖掘潜能的功能。它可以调动人的主观能动性，在工程建设中进行创新，节约工程投资，缩短工期，提高工程质量。

（4）合同措施

所谓合同措施是指在目标控制中，利用合同实施控制。在工程项目建设过程中，一切工作都是以合同为依据进行的。投资控制、进度控制和质量控制均要以合同为依据。合同措施包括拟订合同条款，参加合同谈判，处理合同执行过程中产生的问题，防止和处理索赔，协助业主确定对目标控制有利的建设工程组织管理模式和合同结构，分析不同合同之间的相互联系和影响，对每一个合同作总体和具体分析等。这些合同措施对目标控制具有全局性的影响，其作用很大。在采取合同措施时要特别注意合同中所规定的业主和监理单位的权利和义务。

# 第二章　建筑工程施工现场管理

　　施工管理的基本任务就是根据生产管理的普遍规律和施工生产的具体规律，以具体的工程项目和施工现场为对象。正确处理施工过程中的劳动力、劳动对象和劳动手段在空间布置及时间顺序上的矛盾，以保证施工活动的正常顺利进行，做到人尽其才、物尽其用。基于此本章就对建筑工程施工现场管理展开讲述。

## 第一节　建筑工程施工现场管理概述

### 一、建设工程施工现场管理的必要性

　　建设工程施工现场（以下简称"施工现场"）是指进行工业和民用项目的房屋建筑、土木工程、设备安装、管线敷设等施工活动，经批准占用的施工场地。该场地既包括红线内已占用的建筑用地和施工用地，又包括红线以外现场附近经批准占用的临时施工用地。

　　施工现场管理的必要性表现在以下几方面：

　　1.施工现场是建设工程项目实施的重要场地，是施工的"枢纽站"，大量物资进入施工现场停放，施工活动在现场大量人员（施工作业人员和管理人员）、机械设备将这些物资一步步地转变成建筑物或构筑物。施工现场管理的好坏将影响到人流、物流和财流是否畅通及施工活动是否能顺利进行。

　　2.施工现场有各种专业的施工活动，各专业的管理工作按合理的分工分头进行，各专业的施工活动既紧密协作，又相互影响、互相制约，很难截然分开。因此，施工现场管理的好坏，直接影响到各专业施工班组的施工进度和技术经济效果。

　　3.施工现场的管理好坏，可从施工单位的精神面貌、管理面貌及施工面貌上反映出来。一个文明的施工现场会有很好的社会效益，会赢得很好的社会信誉。反之，也会损害施工单位的社会信誉。

4.施工现场管理涉及许多法律法规，如环境保护、市容美化、交通运输、消防安全、文物保护、人防建设、文明建设、居民的生活保障等。因此，施工现场每一个从事施工及施工管理的人员必须要懂法、执法、守法、护法。于是必须加强施工现场的管理才能使施工活动符合有关的法律法规要求。

## 二、施工现场管理的原则

1.施工现场管理要讲经济效益

施工活动既是建筑产品实物形成的过程，又是工程成本形成的过程，在施工现场管理中除要保证工程质量以外，还要努力降低工程成本，以最少劳动消耗和资金占用，取得最好质量的工程。

2.组织均衡施工和连续施工

均衡施工是指施工过程中在相等时间内完成的工作量基本相等或稳定递增，即有节奏，按比例地进行施工。组织均衡施工有利于保证设备和人力的均衡负荷，提高设备利用率和工时利用率，有利于建立正常的管理和施工秩序，保证工程质量及施工安全，有利于降低成本。

连续施工是指施工过程连续不断地进行。建筑施工极易出现施工间隔情况，造成人力、物力的浪费。要求统筹安排、科学、合理地组织施工，使其连续进行，尽量减少中断，避免设备闲置、人力窝工，充分发挥施工的潜力。

3.采用科学的管理方法

施工现场的管理要采用现代化、科学的管理制度和方法。不是单凭经验管理，而是要建立一套科学的管理制度并严格执行管理制度实现对施工现场的管理，使现场施工有序进行，保证良好的施工秩序、以保证工程质量，取得良好的经济效益和社会效益。

# 第二节　施工现场的文明施工管理

文明施工是指保持施工场地整洁、卫生，施工组织科学，施工程序合理的一种施工活动。工程项目达到了文明施工的要求，也就成为文明工地。

工程项目文明施工建设对企业改变经营管理状况，树立企业良好的形象，求得企业长远发展具有十分重要的意义和巨大的推动作用。

## 一、安全文明施工一般项目

为做到建筑工程的文明施工，施工企业在综合治理、公示标牌、社区服务、生活设施等一般项目的管理上也要给予重视。

**（一）综合治理**

施工现场应在生活区内适当设置工人业余学习和娱乐的场所，以使劳动后的员工也能有合理的休息方式。施工现场应建立治安保卫制度、治安防范措施，并将责任分解落实到人，杜绝发生盗窃事件，并有专人负责检查落实情况。

为促进综合治理基础工作的规范化管理，保证综合治理各项工作措施落实到位，项目部由安全负责人挂帅，成立由管理人员、工地门卫以及工人代表参加的治安保卫工作领导小组，对工地的治安保卫工作全面负责。

及时对进场职工进行登记造册，主动到公安外来人口管理部门申请领取暂住证，门卫值班人员必须坚持日夜巡逻，积极配合公安部门做好本工地的治安联防工作。集体宿舍做到定人定位，不得男女混居，杜绝聚众斗殴、赌博、嫖娼等违法事件发生，不准留宿身份不明的人员，来客留宿工地的，必须经工地负责人同意并登记备案，以保证集体宿舍的安全。做好防火防盗等安全保卫工作，资金、危险品、贵重物品等必须妥善保管。经常性对职工进行法律法制知识及道德教育，使广大职工知法、懂法，从而减少或消除违法案件的发生。

严肃各项纪律制度，加强社会治安、综合治理工作，健全门卫制度和各项综合管理制度，增强门卫的责任心。门卫必须坚持对外来人员进行询问登记，身份不明者不准进入工地。夜间值班人员必须流动巡查，发现可疑情况，立即报告项目部进行处理。当班门卫一定要坚守岗位，不得在班中睡觉或做其他事情。发现违法乱纪行为，应及时予以劝阻和制止，对严重违法犯罪分子，应将其扭送或报告公安部门处理。夜间值班人员要做好夜间火情防范工作，一旦发现火情，立即发出警报，火情严重的要及时报警。搞好警民联系，共同协作搞好社会治安工作。及时调解职工之间的矛盾和纠纷，防止矛盾激化，对严重违反治安管理制度的人员进行严肃处理，确保全工程无刑事案件、无群体斗殴、无集体上访事件发生，以求一方平安，保证工程施工正常进行。

公司综合治理领导小组每季度召开一次会议，特殊情况下可随时召开。各基层单位综合治理领导小组每月召开一次会议，并有会议记录。公司综合治理领导小组每季度向上级汇报公司综合治理工作情况，项目部每月向公司综合治理领导小组书面汇报本单位综合治理工作情况，特殊情况应随时向公司汇报。

1.综合治理检查

综合治理检查包括以下几个方面。

（1）治安、消防安全检查。公司对各生活区、施工现场、重点部位（场所）采用平时检查（不定期地下基层、工地）与集中检查（节假日、重大活动等）相结合的办法实施检查、督促。项目部对所属重点部位至少每月检查一次，对施工现场的检查，特别是消防安全检查，每月不少于两次，节假日、重大活动的治安、消防检查应有领导带队。

（2）夜间巡逻检查。有专职夜间巡逻的单位要坚持每天进行巡逻检查，并灵活安排巡逻时间和路线；无专职夜间巡逻队的单位要教育门卫、值班人员加强巡逻和检查，保卫部门应适时组织夜间突击检查，每月不少于一次。

（3）分包单位管理。分包单位在签订《生产合同》的同时必须签订《治安、防火安全协议》，并在一周内提供分包单位施工人员花名册和身份证复印件，按规定办理暂住证，缴纳城市建设费。分包单位治安负责人要经常对本单位宿舍、工具间、办公室的安全防范工作进行检查，并落实防范措施。分包单位治安负责人联谊会每月召开一次。治安、消防责任制的检查，参照本单位治安保卫责任制进行。

2.法制宣传教育和岗位培训

加强职工思想道德教育和法制宣传教育，倡导"爱祖国、爱人民、爱劳动、爱科学、爱社会主义"的社会风尚，努力培养"有理想、有道德、有文化、守纪律"的社会主义劳动者。

积极宣传和表彰社会治安综合治理工作的先进典型以及为维护社会治安做出突出贡献的先进集体和先进个人，在工地范围内创造良好的社会舆论环境。定期召开职工法制宣传教育培训班（可每月举办一次），并组织法制知识竞赛和考试，对优胜者给予表扬和奖励。清除工地内部各种诱发违法犯罪的文化环境，杜绝职工看黄色录像、打架斗殴等现象发生。

加强对特殊工种人员的培训，充分保证各工种人员持证上岗。积极配合公安部门开展法制宣传教育，共同做好刑满释放、解除劳教人员和失足青年的帮助教育工作。

3.住处管理报告

公司综合治理领导小组每月召开一次各项目部治安责任人会议，收集工地内部违法、违章事件。每月和当地派出所、街道综合治理办公室开碰头会，及时反映社会治安方面存在的问题。工地内部发生紧急情况时，应立即报告分公司综合治理领导小组，并会同公安部门进行处理、解决。

4.社区共建

项目部综合治理领导小组每月与驻地街道综合治理部门召开一次会议，讨论、研究工地文明施工、环境卫生、门前三包等措施。各项目部严格遵守市建委颁布的不准夜间施工规定，大型混凝土浇灌等项目尽量与居民取得联系，充分取得居民的谅解，搞好邻里关系。认真做好竣工工程的回访工作，对在建工程加强质量管理。

5.值班巡逻

值班巡逻的护卫队员、警卫人员，必须按时到岗，严守岗位，不得迟到、早退和擅离职守。

当班的管理人员应会同护、警卫人员加强警戒范围内巡逻检查，并尽职尽责。专职巡逻的护、警卫人员要勤巡逻，勤检查，每晚不少于5次，要害、重点部位要重点查看。巡查中，发现可疑情况，要及时查明。发现报警要及时处理，查出不安全因素要及时反馈，发现罪犯要奋力擒拿、及时报告。

### 6.门卫制度

外来人员一律凭证件（介绍信或工作证、身份证）并有正确的理由，经登记后方可进出。外部人员不得借内部道路通行。机动车辆进出应主动停车接受查验，因公外来车辆，应按指定部位停靠，自行车进出一律下车推行。物资、器材出门，一律凭出门证（调拨单）并核对无误后方可出门。外单位来料加工（包括材料、机具、模具等）必须经门卫登记。出门时有主管部门出具的证明，经查验无误注销后方可放行。物、货出门凡出门证的，门卫有权扣押并报主管部门处理。严禁无关人员在门卫室长时间逗留、看报纸杂志、吃饭和闲聊，更不得寻衅闹事。门卫人员应严守岗位职责，发现异常情况及时向主管部门报告。

### 7.集体宿舍治安保卫管理

集体宿舍应按单位指定楼层、房间和床号相应集中居住，任何人不得私自调整楼层、房间或床号。住宿人员必须持有住宿证、工作证（身份证）、暂住证，三证齐全。凡无住宿证的依违章住宿处罚。

每个宿舍有舍长，有宿舍制度、值日制度，严禁男女混宿和脏、乱、差的现象发生。住宿人员应严格遵守住宿制度，职工家属探亲（半月为限），需到项目部办理登记手续，经有关部门同意后安排住宿。严禁私带外来人员住宿和闲杂人员入内。住宿人员严格遵守宿舍管理制度，宿舍内严禁使用电炉、煤炉、煤油炉和超过60W的灯泡，严禁存放易燃、易爆、剧毒、放射性物品。注意公共卫生，严禁随地大小便和向楼下泼剩饭、剩菜、瓜皮果壳和污水等。住宿人员严格遵守公司现金和贵重物品管理制度，宿舍内严禁存放现金和贵重物品。爱护宿舍内一切公物（门、窗、锁、台、凳、床等）和设施，损坏者照价赔偿。宿舍内严禁赌博，起哄闹事，酗酒滋事，大声喧哗和打架斗殴。严禁私拉乱接电线等行为。

### 8.物资仓库消防治安保卫管理

物资仓库为重点部位。要求仓库管理人员岗位责任制明确，严禁脱岗、漏岗、串岗和擅离职守，严禁无关人员入库。

各类入库材料、物资，一律凭进料入库单经核验无误后入库，发现短缺、损坏、物单不符等一律不准入库。各类材料、物资应按品种、规格和性能堆放整齐。易燃、易爆和剧毒物品应专库存放，不得混存。发料一律凭领料单。严禁先发料后补单，仓库料具无主管部门审批一律不准外借。退库的物资材料，必须事先分清规格，鉴定新旧程度，列出清单后再办理退库手续，报废材料亦应分门别类放置统一处理。仓库人员严格执行各类物资、材料的收、发、领、退等核验制度，做到日清月结，账、卡、物三者相符，定期检查，发现差错应及时查明原因，分清责任，报部门处理。

仓库严禁火种、火源。禁火标志明显，消防器材完好，并熟悉和掌握其性能及使用方法。仓库人员应提高安全防范意识，定期检查门窗和库内电器线路，发现不安全因素及时整改。离库和下班后应关锁好门窗，切断电源，确保安全。

9.财务现金出纳室治安保卫管理

财务科属重点部位，无关人员严禁进出。门窗有加固防范措施，技术防范报警装置完好。严格执行财务现金管理规定，现金账目日结日清，库存过夜现金不得超过规定金额，并要存放于保险箱内。严格支票领用审批和结算制度，空白支票与印章分人管理，过夜存放保险箱。不准向外单位提供银行账号和转借支票。

保险箱钥匙专人保管，随身携带，不得放在办公室抽屉内过夜。财务账册应妥善保管，做到不失散、不涂改、不随意销毁，并有防霉烂、虫蛀等措施。下班离开时，应检查保险箱是否关锁，门窗关锁是否完好，以防意外。

10.浴室治安保卫管理

浴室专职专管人员应严格履行岗位职责，按规定时间开放、关闭浴室。就浴人员应自觉遵守浴室管理制度，服从浴室专职人员的管理。就浴中严禁在浴池内洗衣、洗物，对患有传染病者不得安排就浴。中的自觉维护浴室公共秩序。严禁撬门、爬窗，更不得起哄打架，损坏公物一律照价赔偿。

11.班组治安保卫

治安承包责任落实到人，保证全年无偷窃、打架斗殴、赌博、流氓等行为。组织职工每季度不少于一次学法，提高职工的法制意识，自觉遵守公司内部治安管理的各项规章制度和社会公德，同违法乱纪行为做斗争。做好班组治安防范。"四防"工作逢会必讲，形成制度。工具间（更衣室）门、窗关闭牢固，实行一把锁一把钥匙，专人保管。下班后关闭门窗，切断电源，责任到人。

严格遵守公司"现金和贵重物品"的管理制度。工具箱、工作台不得存放现金和贵重物品。严格对有色金属（包括各类电导线、电动工具等）的管理，执行谁领用、谁负责保管的制度。班后或用后一律入箱入库集中保管，因不负责任丢失或失盗的，由责任人按价赔偿。严格执行公司有关用火、防火、禁烟制度。无人在禁火区域吸烟（木工间木花必须日做日清），无人在工棚、宿舍、工具间内违章使用电炉、煤炉和私接乱接电源，确保全年无火警、火灾事故。

12.治安、值班

门卫保安人员负责守护工地内一切财物。值班应注意服装仪容的整洁。值班时间内保持大门及其周围环境整洁。闲杂人员、推销员一律不得进入工地。所有人员进入工地必须戴好安全帽。外来人员到工地联系工作必须在门卫处等候，门卫联系有关管理人员确认后，由门卫登记好后，戴好安全帽方可进入工地。如外来人员未携带安全帽，则必须在门卫处借安全帽，借安全帽时可抵押适当物品并在离开时赎回。

门卫保安人员对所负责保护的财物，不得转送变卖、破坏及侵占。否则，除按照物品价值的双倍处罚外，情节严重的直接予以开除处理。上班时不得擅离职守，值班时严禁喝酒、赌博、睡觉或做勤务以外的事。对进入工地的车辆，应询问清楚并登记。严格执行物品、材料、设备、工具携出的检查。夜间值班时要特别注意工地内安全，同时须注意自身安全。

门卫保安人员应将值班中所发生的人、事、物明确记载于值班日记中，列入移交，接班者必须了解前班交代的各项事宜，必须严格执行交接班手续，下一班人员未到岗前不得擅自下岗。车辆或个人携物外出，均需在保管室开具的出门证，没有出门证一律不许外出。物品携出时，警卫人员应按照物品携出核对物品是否符合，如有数量超出或品名不符者，应予扣留查报或促其补办手续。凡运出、入工地的材料，值班人员必须写好值班记录，如有出入则取消当日出勤。加强值班责任心，发现可疑行动，应及时采取措施。晚上按照工地实际情况及时关闭大门。非经特许，工地内禁止摄影，照相机也禁止携入。发现偷盗应视情节轻重，轻者予以教育训诫，重者报警，合理运用《治安管理处罚条例》，严禁使用私刑。

### （二）公示标牌

施工现场必须设置明显的公示标牌，标明工程项目名称、建设单位、设计单位、施工单位、项目经理和施工现场总代表人的姓名、开工和竣工日期、施工许可证批准文号等。施工单位负责施工现场标牌的保护工作，施工现场的主要管理人员在施工现场应当佩戴证明其身份的证卡。

施工现场的进口处应有整齐明显的"五牌一图"，即工程概况牌、工地管理人员名单牌、消防保卫牌、安全生产牌、文明施工牌、施工现场平面图。图牌应设置稳固，规格统一，位置合理，字迹端正，线条清晰，表示明确。

标牌是施工现场重要标志的一项内容，不但内容应有针对性，同时标牌制作、悬挂也应规范整齐，字体工整，为企业树立形象、创建文明工地打好基础。为进一步对职工做好安全宣传工作，要求施工现场在明显处，应有必要的安全宣传图牌，主要施工部位、作业点和危险区域以及主要通道口都应设有合适的安全警告牌和操作规程牌。

施工现场应该设置读报栏、黑板报等宣传园地，丰富学习内容，表扬好人好事。在施工现场明显处悬挂"安全生产，文明施工"宣传标。项目部每月出一期黑板报，全体由项目部安全员负责实施；黑板报的内容要有一定的时效性、针对性、可读性和教育意义；黑板报的取材可以有关质量、安全生产、文明施工的报纸、杂志、文件、标准，与建筑工程有关的法律法规、环境保护及职业健康方面的内容；黑板报的主要内容，必须切合实际，结合当前工作的现状及工程的需要；初稿形成必须经项目部分管负责人审批后再出刊；在黑板报出刊时，必须在落款部位注明第几期，并附有照片。

### （三）社区服务

加强施工现场环保工作的组织领导，成立以项目经理为首，由技术、生产、物资、机械等部门组成的环保工作领导小组，设立专职环保员一名。建立环境管理体系、明确职责、权限。建立环保信息网络，加强与当地环保局的联系。不定期组织工地的业务人员学习国家、环境法律法规和本公司环境手册、程序文件、方针、目标、指标知识等内部标准，使每个人都了解ISO 14001环保标准要求和内容。认真做好施工现场环境保护的监督检查工作，包括每月3次噪声监测记录及环保管理工作自检记录等，做到数据准确，记录真实。施工现场要经常采取多种形式的环保宣传教育活动，施工队进场要集体进行环保教育，不断提高职工的环保意识和法制观念，未通过环保考核者不得上岗。在普及环保知识的同时，不定期地进行环保知识的考核检查，鼓励环保革新发明活动。要制定出防治大气污染、水污染和施工噪声污染的具体制度。

积极全面地开展环保工作，建立项目部环境管理体系，成立环保领导小组，定期或不定期进行环境监测监控。加强环保宣传工作，提高全员环保意识。现场采取图片、表扬、评优、奖励等多种形式进行环保宣传，将环保知识的普及工作落实到每位施工人员身上。对上岗的施工人员实行环保达标上岗考试制度，做到凡是上岗人员均须通过环保考试。现场建立环保义务监督员制度，保证及时反馈信息，对环保做得不周之处及时提出整改方案，积极改进并完善环保措施。每月进行三次环保噪声检查，发现问题及时解决。严格按照施工组织设计中环保措施开展环保工作，其针对性和可操作性要强。

施工单位应当遵守国家有关环境保护的法律规定，采取措施控制施工现场的各种粉尘、废气、废水、固体废物以及噪声、振动对环境的污染和危害。应当采取下列防止环境污染的措施。

1.妥善处理泥浆水，未经处理不得直接排入城市排水设施和河流。

2.除附设有符合规定的装置外，不得在施工现场熔融沥青或焚烧油毡、油漆及其他会产生有毒有害烟尘和恶臭气体的物质。

3.使用密封式的圈筒或者采取其他措施处理高空废弃物。

4.采取有效措施控制施工过程中的扬尘。

5.禁止将有毒有害废弃物用作土方回填。

6.对产生噪声、振动的施工机械，应采取有效控制措施，减轻噪声扰民。

施工由于受技术、经济条件限制，对环境的污染不能控制在规定范围内的，建设单位应当会同施工单位事先报请当地人民政府建设行政主管部门和环境行政主管部门批准。必须进行夜间施工时，要进行审批，批准后按批复意见施工，并注意影响，尽量做到不扰民；与当地派出所、居委会取得联系，做好治安保卫工作，严格执行门卫制度，防止工地出现偷盗、打架、职工外出惹事等意外事情发生，防止出现扰民现象（特别是高考期间）。认真学习和贯彻国家、环境法律法规和遵守本公司环境方针、目标、指标及相关文件要求。

按当地规定，在允许的施工时间之外必须施工时，应有主管部门批准手续（夜间施工许可证），并做好周围群众工作。夜间 22 点至早晨 6 点时段，没有夜间施工许可证的，不允许施工。现场不得焚烧有毒、有害物质，有毒、有害物质应该按照有关规定进行处理。现场应制定不扰民措施，有责任人管理和检查，并与居民定期联系听取其意见，对合理意见应处理及时，工作应有记载。制定施工现场防粉尘、防噪声措施，使附近的居民不受干扰。严格按规定的早 6 点、晚 22 点时间作业。严格控制扬尘，不许从楼上往下扔建筑垃圾，堆放粉状材料要遮挡严密，运输粉状材料要用高密目网或彩条布遮挡严密，保证粉尘不飞扬。

严格控制废水、污水排放，不许将废水、污水排到居民区或街道。防止粉尘污染环境，施工现场设明排水沟及暗沟，直接接通污水道，防止施工用水、雨水、生活用水排出工地。混凝土搅拌车、货车等车辆驶出工地时，轮胎要进行清扫，防止轮胎污物被带出工地。施工现场设置垃圾箱，禁止乱丢乱放。

施工建筑物采用密目网封闭施工，防止靠近居民区出现其他安全隐患及不可预见性事故，确保安全可靠。采用高品混凝土，防止现场搅拌噪声扰民及水泥粉尘污染。用木屑除尘器除尘时，在每台加工机械尘源上方或侧向安装吸尘罩，通过风机作用，将粉尘吸入输送管道，送到蓄料仓。使用机械如电锯、砂轮、混凝土振捣器等噪声较大的设备时，应尽量避开人们休息的时间，禁止夜间使用，防止噪声扰民。

### （四）生活设施

认真贯彻执行《环境卫生保护条例》。生活设应纳入现场管理总体规划，工地必须要有环境卫生及文明施工的各项管理制度、措施要求，并落实责任到人。有卫生专职管理人员和保洁人员，并落实卫生包干区和宿舍卫生责任制度，生活区应设置醒目的环境卫生宣传标语、宣传栏、各分片区的责任人牌，在施工区内设置饮水处，吸烟室、生活区内种花草，美化环境。

生活区应有除"四害"措施，物品摆放整齐，清洁，无积水，防止蚊蝇滋生。生活区的生活设施（如水龙头、垃圾桶等）有专人管理，生活垃圾一日至少要早、晚倾倒两次，禁止乱扔杂物，生活污水应集中排放。

生活区应设置符合卫生要求的宿舍、男女浴室或清洗设备、更衣室、男女水冲式厕所，工地有男女厕所，保持清洁。高层建筑施工时，可隔几层设置移动式的简单厕所，以切实解决施工人员的实际问题。施工现场应按作业人员的数量设置足够使用的沐浴设施，沐浴室在寒冷季节应有暖气、热水，且应有管理制度和专人管理。食堂卫生符合《食品卫生法》的要求。炊事员必须持有健康证，着白色工作服工作。保持整齐清洁，杜绝交叉污染。食堂管理制度上墙，加强卫生教育，不食不洁食物，预防食物中毒，食堂有防蝇装置。

工地要有临时保健室或巡回医疗点，开展定期医疗保健服务，关心职工健康。高温季节施工要做好防暑降温工作。施工现场无积水，污水、废水不准乱排放。生活垃圾必须随时处理或集中加以遮挡，集中装入容器运送，不能与施工垃圾混放，并设专人管理。落实消灭蚊蝇滋生的承包措施，与各班组达成检查监督约定，以保证措施落实。保持场容整洁，做好施工人员有效防护工作，防止各种职业病的发生。

施工现场作业人员饮水应符合卫生要求，有固定的盛水容器，并有专人管理。现场应有合格的可供食用的水源（如自来水），不准把集水井作为饮用水，也不准直接饮用河水。茶水棚（亭）的茶水桶做到加盖加锁，并配备茶具和消毒设备，保证茶水供应，严禁食用生水。夏季要确保施工现场的凉开水或清凉开水或清凉饮料供应，暑伏天可增加绿豆汤，防止中暑、脱水现象发生。积极开展除"四害"运动，消灭病毒传染体。现场落实消灭蚊蝇滋生的承包措施，与承包单位签订检查约定，确保措施落实。

## 二、安全文明施工保证项目

为做到建筑工程的文明施工，施工企业必须在现场围挡、封闭管理、施工现场、材料管理、现场办公与住宿、现场防火等保证项目上加强管理。

### （一）围挡现场

工地四周应设置连续、密闭的围挡，其高度与材质应满足如下要求。

1.市区主要路段的工地周围设置的围挡高度不低于2.5m；一般路段的工地周围设置的围挡高度不低于1.8m。市政工地可按工程进度分段设置围挡或按规定使用统一的、连续的安全防护设施。

2.围挡材料应选用砌体，砌筑60cm高的底脚并抹光，禁止使用彩条布、竹笆、安全网等易变形的材料，做到坚固、平稳、整洁、美观。

3.围挡的设置必须沿工地四周连续进行，不能有缺口。

4.围挡外不得堆放建筑材料、垃圾和工程渣土、金属板材等硬质材料。

### （二）封闭管理

施工现场实施封闭式管理。施工现场进出口应设置大门，门头要设置企业标志，企业标志是标明集团、企业的规范简称；设有门卫室，制定值班制度。设警卫人员，制定警卫管理制度，切实起到门卫作用：为加强对出入现场人员的管理，规定进入施工现场的人员都必须佩戴工作卡，且工作卡应佩戴整齐；在场内悬挂企业标志旗。

未经有关部门批准，施工范围外不准堆放任何材料、机械，以免影响秩序，污染市容，损坏行道树和绿化设施。夜间施工要经有关部门批准，并将噪声控制到最低限度。工地、生活区应有卫生包干平面图，根据要求落实专人负责，做到定岗、定人，做好公共场所、厕所、宿舍卫生打扫、茶水供应等生活服务工作。工地、生活区内道路平整，无积水，要有水源、水斗、灭害措施、存放生活垃圾的设施，要做到勤清运，确保场地整洁。

宣传企业材料的标语应字迹端正、内容健康、颜色规范，工地周围不随意堆放建筑材料。围挡周围整洁卫生、不非法占地，建设工程施工应当在批准的施工场地内组织进行，需要临时征用施工场地或者临时占用道路的，应当依法办理有关批准手续。

建设工程施工需要架设临时电网、移动电缆等，施工单位应当向有关主管部门报批，并事先通告受影响的单位和居民。施工单位进行地下工程或者基础工程施工时发现文物、古化石、爆炸物、电缆等应当暂停施工，保护好现场，并及时向有关部门报告，按有关规定处理后，方可继续施工。施工场地道路平整畅通，材料机具分类并按平面布置图堆放整齐、标志清晰。工地四周不乱倒垃圾、淤泥，不乱扔废弃物；排水设施流畅，工地无积水；及时清理淤泥；运送建筑材料、淤泥、垃圾，沿途不漏撒；沾有泥沙及浆状物的车辆不驶出工地，工地门前无场地内带出的淤泥与垃圾；搭设的临时厕所、浴室有措施保证粪便、污水不外流。

单项工程竣工验收合格后，施工单位可以将该单项工程移交建设单位管理。全部工程验收合格后，施工单位方可解除施工现场的全部管理责任。设门卫值班室，值班人员要佩戴执勤标志；门卫认真执行本项目门卫管理制度，并实行凭胸卡出入制度，非施工人员不得随便进入施工现场，确需进入施工现场的，警卫必须先验明证件，登记后方可进入工地；进入工地的材料，门卫必须进行登记，注明材料规格、品种、数量、车的种类和车牌号；外运材料必须有单位工程负责人签字，方可放行；加强对劳务队的管理，掌握人员底数，签订治安协议；非施工人员不得住在更衣室、财会室及职工宿舍等易发案位置，由专人管理，制定防范措施，防止发生盗窃案件；严禁赌博、酗酒，传播淫秽物品和打架斗殴，贵重、剧毒、易燃易爆等物品设专库专管，执行存放、保管、领用、回收制度，做到账物相符；职工携物出现场，要开出门证，做好成品保卫工作，制定具体措施，严防被盗、破坏和治安灾害事故的发生。

### （三）施工场地

遵守国家有关环境保护的法律规定，应有效控制现场各种粉尘、废水、固体废弃物，以及噪声、振动对环境的污染和危害。

工地地面要做硬化处理，做到平整、不积水、无散落物。道路要畅通，并设排水系统、汽车冲洗台、三级沉淀池，有防泥浆、污水、废水措施。建筑材料、垃圾和泥土、泵车等运输车辆在驶出现场之前，必须冲洗干净。工地应严格按防汛要求，设置连续、通畅的排水设施，防止泥浆、污水、废水外流或堵塞下水道和排水河道。工地道路要平坦、畅通、整洁、不乱堆乱放；建筑物四周浇捣散水坡施工场地应有循环干道且保持畅通，不堆放构件、材料；道路应平整坚实，施工场地应有良好的排水设施，保证畅通排水。项目部应按照施工现场平面图设置各项临时设施，并随施工不同阶段进行调整，合理布置。

现场要有安全生产宣传栏、读报栏、黑板报，主要施工部位作业点和危险区域，以及主要道路口要都设有醒目的安全宣传标语或合适的安全警告牌。主要道路两侧用钢管做扶栏，高度为1.2m，两道横杆间距0.6m，立杆间距不超过2m，40em间隔刷黄黑漆作色标。

工程施工的废水、泥浆应经流水槽或管道流到工地集水池，统一沉淀处理，不得随意排放和污染施工区域以外的河道、路面。施工现场的管道不得有跑、冒、滴、漏或大面积积水现象。施工现场禁止吸烟，按照工程情况设置固定的吸烟室或吸烟处，吸烟室应远离危险区并设必要的灭火器材。工地应尽量做到绿化，尤其是在市区主要路段的工地更应该做到这点。

保持场容场貌的整洁，随时清理建筑垃圾。在施工作业时，应有防止尘土飞扬、泥浆洒漏、污水外流、车辆带泥土运行等措施。进出工地的运输车辆应采取措施，以防止建筑材料、垃圾和工程渣土飞扬撒落或流溢。施工中泥浆、污水、废水禁止随地排放，选合理位置设沉淀池，经沉淀后方可排入市政污水管道或河道。作业区严禁吸烟，施工现场道路要硬化畅通，并设专人定期打扫道路。

### （四）材料管理

#### 1.材料堆放

施工现场场容规范化。需要在现场堆放的材料、半成品、成品、器具和设备，必须按已审批过的总平面图指定的位置进行堆放。应当贯彻文明施工的要求，推行现代管理方法，科学组织施工，做好施工现场的各项管理工作。施工应当按照施工总平面布置图规定的位置和线路设置，建设工程实行总包和分包的，分包单位确需进行改变施工总平面布置图活动的，应当先向总包单位提出申请，不得任意侵占场内道路，并应当按照施工总平面布置图设置各项临时设施现场堆放材料。

各种物料堆放必须整齐，高度不能超过1.6m，砖成垛，砂、石等材料成方，钢管、钢筋、构件、钢模板应堆放整齐，用木方垫起，作业区及建筑物楼层内，应做到工完料清。除去现浇筑混凝土的施工层外，下部各楼层凡达到强度的拆模要及时清理运走，不能马上运走的必须码放整齐。各楼层内清理的垃圾不得长期堆放在楼层内，应及时运走，施工现场的垃圾应分类集中堆放。

所有建筑材料、预制构件、施工工具、构件等均应按施工平面布置图规定的地点分类堆放，并整齐稳固。必须按品种、分规格堆放，并设置明显标志牌（签），标明产地、规格等，各类材料堆放不得超过规定高度，严禁靠近场地围护栅栏及其他建筑物墙壁堆置，且其间距应在50cm以上，两头空间应予封闭，防止有人人内，发生意外伤害事故。油漆及其稀释剂和其他对职工健康有害的物质，应该存放在通风良好、严禁烟火的仓库。

库房搭设要符合要求，有防盗、防火措施，有收、发、存管理制度，有专人管理，账、物、卡三相符，各类物品堆放整齐，分类插挂标牌，安全物质必须有厂家的资质证明、安全生产许可证、产品合格证及原始发票复印件，保管员和安全员共同验收、签字。易燃易爆物品不能混放，必须设置危险品仓库，分类存放，专人保管，班组使用的零散的各种易燃易爆物品，必须按有关规定存放。

工地水泥库搭设应符合要求，库内不进水、不渗水、有门有锁。各品种水泥按规定标号分别堆放整齐，专人管理，账、牌、物三相符，遵守先进先用、后进后用的原则。工具间整洁，各类物品堆放整齐，有专人管理，有收、发、存管理制度。

2.库房安全管理

库房安全管理包括以下内容。

（1）严格遵守物资入库验收制度，对入库的物资要按名称、规格、数量、质量认真检查。加强对库存物资的防火、防盗、防汛、防潮、防腐烂、防变质等管理工作，使库存物资布局合理，存放整齐。

（2）严格执行物资保管制度，对库存物资做到布局合理，存放整齐，并做到标记明确、对号入座、摆设分层码跺、整洁美观，对易燃、易爆、易潮、易腐烂及剧毒危险物品应存放专用仓库或隔离存放，定期检查，做到勤检查、勤整理、勤清点、勤保养。

（3）存放爆炸物品的仓库不得同时存放性质相抵触的爆炸物品和其他物品，并不得超过规定的储存数量。存放爆炸物品的仓库必须建立严格的安全管理制度，禁止使用油灯、蜡烛和其他明火照明，不准把火种、易燃物品等容易引起爆炸的物品和铁器带入仓库，严禁在仓库内住宿、开会或加工火药，并禁止无关人员进入仓库。收存和发放爆炸物品必须建立严格的收发登记制度。

（4）在仓库内存放危险化学品应遵守以下规定：仓库与四周建筑物必须保持相应的安全距离，不准堆放任何可燃材料；仓库内严禁烟火，并禁止携带火种和引起火花的行为；明显的地点应有警告标志；加强货物入库验收和平时的检查制度，卸载、搬运易燃易爆化学物品时应轻拿轻放，防止剧烈振动、撞击和重压，确保危险化学品的储存安全。

# 第三节　施工现场的环境管理

## 一、文明施工与环境保护

### （一）文明施工

建筑工程项目现场的文明施工管理是项目管理的一个重要部分。良好的现场文明施工管理能使现场美观整洁，道路通畅，材料放置有序，施工有条不紊，安全、消防、保安均能得到有效的保障，让业主与项目有关的相关方都能满意。相反，低劣的现场管理会影响施工进度，降低企业的信誉，并且是事故的隐患。

1.现场大门和围挡设置

（1）施工现场设置钢制大门，大门牢固、美观。高度不宜低于4m，大门上应标有企业标识。

（2）施工现场的围挡必须沿工地四周连续设置，不得有缺口。并且围挡要坚固、平稳、严密、整洁、美观。

（3）围挡的高度：市区主要路段不宜低于2.5m；一般路段不低于1.8m。

（4）围挡材料应选用砌体、金属板材等硬质材料，禁止使用彩条布、竹色、安全网等易变形材料。

2.现场封闭管理

（1）施工现场出入口设专职门卫人员，加强对现场材料、构件、设备的进出监督管理。

（2）为加强对出入现场人员的管理，施工人员应佩戴工作卡以示证明。

（3）根据工程的性质和特点，确定出入大门口的形式，各企业各地区可按各自的实际情况确定。

3.施工场地布置

（1）施工现场大门内必须设置明显的五牌一图（即工程概况牌、安全生产制度牌、文明施工制度牌、环境保护制度牌、消防保卫制度牌及施工现场平面布置图），标明工程项目名称、建设单位、设计单位、施工单位、监理单位、工程概况及开工、竣工日期等。

（2）对于文明施工、环境保护和易发生伤亡事故（或危险）处，应设置明显的、符合国家标准要求的安全警示标志牌。

（3）设置施工现场安全"五标志"，即：指令标志（佩戴安全帽、系安全带等），禁止标志（禁止通行、严禁抛物等），警告标志（当心落物、小心坠落等），电力安全标志（禁止合闸、当心有电等）和提示标志（安全通道、火警、盗警、急救中心电话等）。

（4）现场主要运输道路尽量采用循环方式设置或有车辆调头的位置，保证道路通畅。

（5）现场道路有条件的可采用混凝土路面，无条件的可采用其他硬化路面。现场地面也应进行硬化处理，以免现场扬尘，雨后泥泞。

（6）施工现场必须有良好的排水设施，保证排水畅通。

（7）现场内的施工区、办公区和生活区要分开设置，保持安全距离，并设标志牌。办公区和生活区应根据实际条件进行绿化。

（8）各类临时设施必须根据施工总平面图布置，而且要整齐、美观。办公和生活用的临时设施宜采用轻体保温或隔热的活动房，既可多次周转使用，降低建造成本，又可达到整洁美观的效果。

（9）施工现场临时用电线路的布置，必须符合安装规范和安全操作规程的要求，严格按施工组织设计进行架设，严禁任意拉线接电。而且必须设有保证施工要求的夜间照明。

（10）工程施工的废水、泥浆应经流水槽或管道流到工地集水池统一沉淀处理，不得随意排放和污染施工区域以外的河道、路面。

4.现场材料、工具堆放

（1）施工现场的材料、构件、工具必须按施工平面图规定的位置堆放，不得侵占场内道路及安全防护等设施。

（2）各种材料、构件堆放应按品种、分规格整齐堆放，并设置明显标牌。

（3）施工作业区的垃圾不得长期堆放，要随时清理，做到每天工完场清。

（4）易燃易爆物品不能混放，要有集中存放的库房。班组使用的零散易燃易爆物品，必须按有关规定存放。

（5）楼梯间、休息平台、阳台临边等地方不得堆放物料。

5.施工现场安全防护布置

根据建设部有关建筑工程安全防护的有关规定，项目经理部必须做好施工现场安全防护工作。

（1）施工临边、洞口交叉、高处作业及楼板、屋面、阳台等临边防护，必须采用密目式安全立网全封闭，作业层要另加防护栏杆和18em高的踢脚板。

（2）通道口设防护棚，防护棚应为不小于5cm厚的木板或两道相距50cm的竹包，两侧应沿栏杆架用密目式安全网封闭。

（3）预留洞口用木板全封闭防护，对于短边超过1.5m长的洞口，除封闭外四周还应设有防护栏杆。

（4）电梯井口设置定型化、工具化、标准化的防护门，在电梯井内每隔两层（不大于10m）设置一道安全平网。

（5）楼梯边设1.2m高的定型化、工具化、标准化的防护栏杆，18cm高的踢脚板。

（6）垂直方向交叉作业，应设置防护隔离棚或其他设施防护。

（7）高空作业施工，必须有悬挂安全带的悬索或其他设施，有操作平台，有上下的梯子或其他形式的通道。

6.施工现场防火布置

（1）施工现场应根据工程实际情况，订立消防制度或消防措施。

（2）按照不同作业条件和消防有关规定，合理配备消防器材，符合消防要求。消防器材设置点要有明显标志，夜间设置红色警示灯，消防器材应垫高设置，周围2m内不准乱放物品。

（3）当建筑施工高度超过30m（或当地规定）时，为防止单纯依靠消防器材灭火不能满足要求，应配备足够的消防水源和自救的用水量。扑救电气火灾不得用水，应使用干粉灭火器。

（4）在容易发生火灾的区域施工或储存、使用易燃易爆器材时，必须采取特殊的消防安全措施。

（5）现场动火，必须经有关部门批准，设专人管理。五级风及以上禁止使用明火。

（6）坚决执行现场防火"五不走"的规定，即：交接班不交代不走、用火设备火源不熄灭不走、用电设备不拉闸不走、可燃物不清干净不走、发现险情不报告不走。

7.施工现场临时用电布置

（1）施工现场临时用电配电线路

1）按照 TN-S 系统要求配备五芯电缆、四芯电缆和三芯电缆。

2）按要求架设临时用电线路的电杆、横担、瓷夹、瓷瓶等，或电缆埋地的地沟。

3）对靠近施工现场的外电线路，设置木质、塑料等绝缘体的防护设施。

（2）配电箱、开关箱

1）按三级配电要求，配备总配电箱、分配电箱、开关箱、三类标准电箱。开关箱应符合一机、一箱、一闸、一漏。三类电箱中的各类电器应是合格品。

2）按两级保护的要求，选取符合容量要求和质量合格的总配电箱和开关箱中的漏电保护器。

3）接地保护：装置施工现场保护零线的重复接地应不少于三处。

8.施工现场生活设施布置

（1）职工生活设施要符合卫生、安全、通风、照明等要求。

（2）职工的膳食、饮水供应等应符合卫生要求。炊事员必须有卫生防疫部门颁发的体检合格证。生熟食分别存放，炊事员要穿白工作服，食堂卫生要定期清扫检查。

（3）施工现场应设置符合卫生要求的厕所，有条件的应设水冲式厕所，并由专人清扫管理。现场应保持卫生，不得随地大小便。

（4）生活区应设置满足使用要求的淋浴设施和管理制度。

（5）生活垃圾要及时清理，不能与施工垃圾混放，并设专人管理。

（6）职工宿舍要考虑到季节性的要求，冬季应有保暖、防煤气中毒措施；夏季应有消暑、防虫叮咬措施，保证施工人员的良好睡眠。

（7）宿舍内床铺及各种生活用品放置要整齐，通风良好，并要符合安全疏散的要求。

（8）生活设施的周围环境要保持良好的卫生条件，周围道路、院区平整，并要设置垃圾箱和污水池，不得随意乱泼乱倒。

**（二）施工现场环境保护概述**

1.环境保护的目的、原则和内容

（1）环境保护的目的

1）保护和改善环境质量，从而保护人们的身心健康，防止人体在环境污染影响下产生遗传突变和退化。

2）合理开发和利用自然资源，减少或消除有害物质进入环境，加强生物多样性的保护，维护生物资源的生产能力，使之得以恢复。

（2）环境保护的基本原则

1）经济建设与环境保护协调发展的原则。

2）预防为主、防治结合、综合治理的原则。

3）依靠群众保护环境的原则。

4）环境经济责任原则，即污染者付费的原则。

（3）环境保护的主要内容

1）预防和治理由生产和生活活动所引起的环境污染。

2）防止由建设和开发活动引起的环境破坏。

3）保护有特殊价值的自然环境。

4）其他。如防止臭氧层破坏、防止气候变暖、国土整治、城乡规划、植树造林、控制水土流失和荒漠化等。

2.环境因素的影响

建筑工程施工现场环境因素对环境的影响类型。

3.施工现场环境保护的有关规定

（1）工程的施工组织设计中应有防治扬尘、噪声、固体废物和废水等污染环境的有效措施，并在施工作业中认真组织实施。

（2）施工现场应建立环境保护管理体系，责任落实到人，并保证有效运行。

（3）对施工现场防治扬尘、噪声、水污染及环境保护管理工作进行检查。

（4）定期对职工进行环保法规知识培训考核。

**（三）环境保护措施**

1.施工现场水污染的处理

（1）搅拌机前台、混凝土输送泵及运输车辆清洗处应设置沉淀池，废水未经沉淀处理不得直接排入市政污水管网，经二次沉淀后方可排入市政排水管网或回收用于酒水降尘。

（2）施工现场现制水磨石作业产生的污水，禁止随地排放。作业时要严格控制污水流向，在合理位置设置沉淀池，经沉淀后方可排入市政污水管网。

（3）对于施工现场气焊用的乙炔发生罐产生的污水严禁随地倾倒，要求专用容器集中存放，并倒入沉淀池处理，以免污染环境。

（4）现场要设置专用的油漆油料库，并对库房地面做防渗处理，储存、使用及保管要采取措施和专人负责，防止油料泄漏而污染土壤水体。

（5）施工现场的临时食堂，用餐人数在100人以上的，应设置简易有效的隔油池，使产生的污水经过隔油池后再排入市政污水管网。

（6）禁止将有害废弃物做土方回填，以免污染地下水和环境。

2.施工现场噪声污染的处理

（1）施工噪声的类型

1）机械性噪声，如柴油打桩机、推土机、挖土机、搅拌机、风钻、风铲、混凝土振动器、木材加工机械等发出的噪声。

2）空气动力性噪声，如通风机、鼓风机、空气锤打桩机、电锤打桩机、空气压缩机、铆枪等发出的噪声。

3）电磁性噪声，如发电机，变压器等发出的噪声。

4）爆炸性噪声，如放炮作业过程中发出的噪声。

（2）施工噪声的控制措施

噪声控制技术可从声源、传播途径、接收者防护、严格控制人为噪声、控制强噪声作业的时间等方面来考虑。

1）声源控制

从声源上降低噪声，这是防止噪声污染的最根本的措施。

①尽量采用低噪声设备和工艺代替高噪声设备与加工工艺，如低噪声振捣器、风机、电动空压机、电锯等。

②在声源处安装消声器消声，即在通风机、鼓风机、压缩机、燃气机、内燃机及各类排气放空装置等进出风管的适当位置设置消声器。

2）传播途径的控制

在传播途径上控制噪声的方法主要有以下几种。

吸声：利用吸声材料（大多由多孔材料制成）或由吸声结构形成的共振结构（金属或木质薄板钻孔制成的空腔体）吸收声能，降低噪声。

隔声：应用隔声结构，阻碍噪声向空间传播，将接收者与噪声声源分隔。隔声结构包括隔声室、隔声罩、隔声屏障、隔声墙等。

消声：利用消声器阻止传播。允许气流通过的消声降噪是防治空气动力性噪声的主要装置。如对空气压缩机、内燃机产生的噪声等。

减振降噪：对振动引起的噪声，通过降低机械振动减小噪声，如将阻尼材料涂在振动源上，或改变振动源与其他刚性结构的连接方式等。

3）接收者的防护

让处于噪声环境下的人员使用耳塞，耳罩等防护用品，减少相关人员在噪声环境中的暴露时间，以减轻噪声对人体的危害。

4）严格控制人为噪声

进入施工现场不得高声喊叫、无故甩打模板、乱吹哨，限制高音喇叭的使用，最大限度地减少噪声扰民。

5）控制强噪声作业的时间

凡在人口稠密区进行强噪声作业时，须严格控制作业时间，一般晚10点到次日早6点之间停止强噪声作业。确系特殊情况必须昼夜施工时，尽量采取降低噪声措施，并会同建设单位找当地居委会，村委会或当地居民协调，出安民告示，求得群众谅解。

加强施工现场环境噪声的长期监测，要有专人监测管理，并做好记录。凡超过国家标准《建筑施工场界噪声限值》标准的，要及时进行调整，达到施工噪声不扰民的目的。

3.施工现场空气污染的处理

（1）施工现场外围设置的围挡不得低于1.8m，以便避免或减少污染物向外扩散。

（2）施工现场的主要运输道路必须进行硬化处理。现场应采取覆盖、固化、绿化、洒水等有效措施，做到不泥泞、不扬尘。

（3）应有专人负责环保工作，并配备相应的洒水设备，及时洒水，减少扬尘污染。

（4）对现场有毒有害气体的产生和排放，必须采取有效措施进行严格控制。

（5）对于多层或高层建筑物内的施工垃圾，应采用封闭的专用垃圾道或容器吊运，严禁随意凌空抛洒造成扬尘。现场内还应设置密闭式垃圾站，施工垃圾和生活垃圾分类存放。施工垃圾要及时消运，消运时应尽量洒水或覆盖减少扬尘。

（6）拆除旧建筑物、构筑物时，应配合洒水，减少扬尘污染。

（7）水泥和其他易飞扬的细颗粒散体材料应密闭存放，使用过程中应采取有效的措施防止扬尘。

（8）对于土方，渣土的运输，必须采取封盖措施。现场出入口处设置冲洗车辆的设施，出场时必须将车辆清洗干净，不得将泥沙带出现场。

（9）市政道路施工铣刨作业时，应采用冲洗等措施，控制扬尘污染。灰土和无机料应采用预拌进场，碾压过程中要洒水降尘。

（10）混凝土搅拌，对于城区内施工，应使用商品混凝土，从而减少搅拌扬尘；在城区外施工，搅拌站应搭设封闭的搅拌棚，搅拌机上应设置喷淋装置（如JW-1型搅拌机雾化器）方可施工。

（11）对于现场内的锅炉、茶炉、大灶等，必须设置消烟除尘设备。

（12）在城区、郊区城镇和居民稠密区、风景旅游区、疗养区及国家规定的文物保护区内施工的工程，严禁使用敞口锅熬制沥青。凡进行沥青防潮防水作业时，要使用密闭和带有烟尘处理装置的加热设备。

4.施工现场固体废物的处理

固体废物是生产、建设、日常生活和其他活动中产生的固态、半固态废弃物质。固体废物是一个极其复杂的废物体系。按照其化学组成可分为有机废物和无机废物；按照其对环境和人类健康的危害程度可以分为一股废物和危险废物。

（1）固体废物的类型。施工现场产生的固体废物主要有三种，包括拆建废物、化学废物及生活固体废物。

1）拆建废物，包括渣土、砖瓦、碎石、混凝土碎块、废木材、废钢铁、废弃装饰材料、废水泥、废石灰、碎玻璃等。

2）化学废物，包括废油漆材料、废油类（汽油、机油、柴油等）、废沥青、废塑料、废玻璃纤维等。

3）生活固体废物，包括炊厨废物、丢弃食品、废纸、废电池、生活用具、煤灰渣、粪便等。

（2）施工现场固体废物处理的规定

在工程建设中产生的固体废物处理，必须根据《固体废物污染环境防治法》的有关规定执行。

1）建设产生固体废物的项目以及建设贮存、利用、处置固体废物的项目，必须依法进行环境影响评价，并遵守国家有关建设项目环境保护管理的规定。

2）建设生活垃圾处置的设施、场所，必须符合环境保护行政主管部门和建设行政主管部门规定的环境保护和环境卫生标准。

3）工程施工单位应当及时清运工程施工过程中产生的固体废物，并按照环境卫生行政主管部门的规定进行利用或者处置。

4）从事公共交通运输的经营单位，应当按照国家有关规定，清扫、收集运输过程中产生的生活垃圾。

5）从事城市新区开发、旧区改建和住宅小区开发建设的单位，以及机场、码头、车站、公园、商店等公共设施、场所的经营管理单位，应当按照国家有关环境卫生的规定，配套建设生活垃圾收集设施。

（3）固体废物的处理和处置。

固体废物处理的基本思想是采取资源化、减量化和无害化的处理，对固体废物产生的全过程进行控制。

固体废物的主要处理方法：

回收利用：回收利用是对固体废物进行资源化，减量化的重要手段之一。对建筑渣土可视其情况加以利用。废钢可按需要用做金属原材料。对废电池等废弃物应分散回收，集中处理。

减量化处理：减量化是对已经产生的固体废物进行分选、破碎、压实浓缩、脱水等减少其最终处置量，减低处理成本，减少对环境的污染。在减量化处理的过程中，也包括和其他处理技术相关的工艺方法，如焚烧、热解、堆肥等。

焚烧技术：焚烧用于不适合再利用且不宜直接予以填埋处置的废物，尤其是对于受到病菌、病毒污染的物品，可以通过焚烧进行无害化处理。焚烧处理应使用符合环境要求的处理装置，注意避免对大气的二次污染。

稳定和固化技术：利用水泥、沥青等胶结材料，将松散的废物包裹起来，减小废物的毒性和可迁移性，使得污染减少。

填埋：填埋是固体废物处理的最终技术，经过无害化、减量化处理的废物残渣集中到填埋场进行处置。填埋场应利用天然或人工屏障。尽量使需处置的废物与周围的生态环境隔离，并注意废物的稳定性和长期安全性。

## 二、文明施工与环境保护

### （一）建筑工程文明施工管理

1.施工现场文明施工的要求

文明施工是指保持施工现场良好的作业环境、卫生环境和工作秩序。因此，文明施工也是保护环境的一项重要措施。文明施工主要包括规范施工现场的场容，保持作业环境的整洁卫生；科学组织施工，使生产有序进行；减少施工对周围居民和环境的影响；遵守施工现场文明施工的规定和要求，保证职工的安全和身体健康。

文明施工可以适应现代化施工的客观要求，有利于员工的身心健康，有利于培养和提高施工队伍的整体素质，促进企业综合管理水平，提高企业的知名度和市场竞争力。

依据我国相关标准，文明施工的要求主要包括现场围挡、封闭管理、施工场地、材料堆放、现场住宿、现场防火、治安综合治理、施工现场标牌、生活设施、保健急救、社区服务11项内容。建设工程现场文明施工总体上应符合以下要求：

（1）有整套的施工组织设计或施工方案，施工总平面布置紧凑，施工场地规划合理，符合环保、市容、卫生的要求。

（2）有健全的施工组织管理机构和指挥系统，岗位分工明确，工序交叉合理，交接责任明确。

（3）有严格的成品保护措施和制度，大小临时设施和各种材料构件、半成品按平面布置堆放整齐。

（4）施工场地平整，道路畅通，排水设施得当，水电线路整齐，机具设备状况良好，使用合理，施工作业符合消防和安全要求。

（5）搞好环境卫生管理，包括施工区、生活区环境卫生和食堂、卫生管理。

（6）文明施工应落实至施工结束后的清场。

实现文明施工，不仅要抓好现场的场容管理，而且还要做好现场材料、机械、安全、技术、保卫、消防和生活卫生等方面的工作。

2.建设工程现场文明施工的措施

（1）加强现场文明施工的管理

1）建立文明施工的管理组织。应确立项目经理为现场文明施工的第一责任人，以各专业工程师、施工质量、安全、材料、保卫等现场项目经理部人员为成员的施工现场文明管理组织，共同负责本工程现场文明施工工作。

2）健全文明施工的管理制度。包括建立各级文明施工岗位责任制、将文明施工工作考核列入经济责任制，建立定期的检查制度，实行自检、互检、交接检制度，建立奖惩制度，开展文明施工立功竞赛，加强文明施工教育培训等。

（2）落实现场文明施工的各项管理措施

针对现场文明施工的各项要求，落实相应的各项管理措施。

1）施工平面的布置。施工总平面图是现场管理、实现文明施工的依据。施工总平面图应对施工机械设备、材料和构配件的堆场、现场加工场地，以及现场临时运输道路、临时供水供电线路和其他临时设施进行合理布置，并随工程实施的不同阶段进行场地布置和调整。

2）健全文明施工的管理制度。包括建立各级文明施工岗位责任制、将文明施工工作考核列入经济责任制，建立定期的检查制度，实行自检、互检、交接检制度，建立奖惩制度，开展文明施工立功竞赛，加强文明施工教育培训等。

（3）落实现场文明施工的各项管理措施

针对现场文明施工的各项要求，落实相应的各项管理措施。

1）施工平面的布置。施工总平面图是现场管理、实现文明施工的依据。施工总平面图应对施工机械设备、材料和构配件的堆场、现场加工场地，以及现场临时运输道路、临时供水供电线路和其他临时设施进行合理布置，并随工程实施的不同阶段进行场地布置和调整。

2）现场围挡、标牌的设置

①施工现场必须实行封闭管理，设置进出口大门，制定门卫制度，严格执行外来人员进场登记制度。沿工地四周连续设置围挡，市区主要路段和其他涉及市容景观路段的工地，设置围挡的高度不低于2.5m，其他工地的围挡高度不低于1.8m，围挡材料要求坚固、稳定、统一、整洁、美观。

②施工现场必须设有"五牌一图"，即工程概况牌、管理人员名单及监督电话牌、消防保卫（防火责任）牌、安全生产牌、文明施工牌和施工现场总平面图。

③施工现场应合理悬挂安全生产宣传和警示牌，标牌应悬挂得牢固、可靠，特别是主要施工部位、作业点和危险区域以及主要通道口都必须有针对性地悬挂醒目的安全警示牌。

3）施工场地管理

①施工现场应积极推行硬地坪施工，作业区、生活区主干道地面必须用一定厚度的混凝土硬化，对场内其他道路地面也应进行硬化处理。

②施工现场道路应畅通、平坦、整洁，无散落物。

③施工现场应设置排水系统，排水畅通，不积水。

④严禁泥浆、污水、废水外流或未经允许排入河道，严禁堵塞下水道和排水河道。

⑤施工现场适当地方应设置吸烟处，作业区内禁止随意吸烟。

⑥积极美化施工现场环境，根据季节变化，适当进行绿化布置。

4）材料堆放、周转设备管理

①建筑材料、构配件、料具必须按施工现场总平面布置图堆放，布置合理。

②建筑材料、构配件及其他料具等必须做到安全、整齐堆放（存放），不得超高。堆料应分门别类，悬挂标牌。标牌应统一制作，标明名称、品种、规格、数量等。

③建立材料收发管理制度，仓库、工具间材料应堆放整齐，易燃易爆物品应分类堆放，由专人负责，以确保安全。

④施工现场应建立清扫制度，落实到人，做到工完料尽场地清，车辆进出场应有防泥带出措施。建筑垃圾应及时清运，临时存放现场的也应集中堆放整齐，悬挂标牌。不用的施工机具和设备应及时出场。

⑤施工设施、大模板、砖夹等应集中堆放整齐，大模板应成对放稳，角度正确。钢模及零配件、脚手扣件应分类、分规格，集中存放。竹木杂料应分类堆放，规则成方，不散不乱，不作他用。

5）现场生活设施设置

①施工现场作业区与办公、生活区必须明显划分，确因场地狭窄不能划分的，要有可靠的隔离栏防护措施。

②宿舍内应确保主体结构安全，设施完好。宿舍周围环境应保持整洁、安全。

③宿舍内应有保暖、消暑、防煤气中毒、防蚊虫叮咬等措施。严禁使用煤气灶、煤油炉、电饭煲、热得快、电炒锅、电炉等器具。

④食堂应有良好的通风和洁卫措施，保持卫生整洁，炊事员持健康证上岗。

⑤建立现场卫生责任制，设卫生保洁员。

⑥施工现场应设固定的男、女简易淋浴室和厕所，要保证结构稳定、牢固和防风雨，并实行专人管理，及时清扫，保持整洁，要有灭蚊、蝇的措施。

6）现场消防、防火管理

①现场应建立消防管理制度，建立消防领导小组，落实消防责任制和责任人员，做到思想重视、措施跟上、管理到位。

②定期对有关人员进行消防教育，落实消防措施。

③现场必须有消防平面布置图，临时设施按消防条例的有关规定搭设，符合标准、规范的要求。

④易燃易爆物品堆放间、油漆间、木工间、总配电室等消防防火重点部位要按规定设置灭火器和消防沙箱，并有专人负责，对违反消防条例的有关人员进行严肃处理。

⑤施工现场若需用明火，应做到严格按动用明火的规定执行，审批手续齐全。

7）医疗急救管理

展开卫生防病教育，准备必要的医疗设施，配备经过培训的急救人员，有急救措施、急救器材和保健医药箱。在现场办公室的显著位置张贴急救车和有关医院的电话号码等。

8）社区服务管理

建立施工不扰民的措施。现场不得焚烧有毒、有害物质等。

9）治安管理

①建立现场治安保卫领导小组，有专人管理。

②对新人场的人员及时登记，做到合法用工。

③按照治安管理条例和施工现场的治安管理规定搞好各项管理工作。

④建立门卫值班管理制度，严禁无证人员和其他闲杂人员进入施工现场，避免安全事故和失盗事件的发生。

（4）建立检查考核制度

对于建设工程文明施工，国家和各地大多制定了标准或规定，也有比较成熟的经验。在实际工作中，项目应结合相关标准和规定建立文明施工考核制度，推进各项文明施工措施的落实。

（5）抓好文明施工建设工作

1）建立宣传教育制度。现场宣传安全生产、文明施工、国家大事、社会形势、企业精神、优秀事迹等。

2）坚持以人为本，加强管理人员和班组文明建设。教育职工遵纪守法，提高企业整体管理水平和文明素质。

3）主动与有关单位配合，积极开展共建文明活动，树立企业良好的社会形象。

## （二）建筑工程施工现场环境管理

1.施工现场环境保护的要求

建设工程项目必须满足有关环境保护法律法规的要求，在施工过程中注意环境保护，这些都对企业发展、员工健康和社会文明有重要意义。

环境保护是按照法律法规、各级主管部门和企业的要求，保护和改善作业现场的环境，控制现场的各种粉尘、废水、废气、固体废弃物、噪声、振动等对环境的污染和危害。环境保护也是文明施工的重要内容之一。

（1）建设工程施工现场环境保护的要求

建设工程项目对环境保护的基本要求如下：

1）涉及依法划定的自然保护区、风景名胜区、生活饮用水水源保护区及其他需要特别保护的区域时，应当符合国家有关法律法规及该区域内建设工程项目环境管理的规定，不得建设污染环境的工业生产设施；建设的工程项目设施的污染物排放不得超过规定的排放标准。已经建成的设施，其污染物排放超过排放标准的，限期整改。

2）开发利用自然资源的项目，必须采取措施保护生态环境。

3）建设工程项目的选址、选线、布局应当符合区域、流域规划和城市总体规划。

4）应满足项目所在区域环境质量、相应环境功能区划和生态功能区划的标准或要求。

5）采取的污染防治措施应确保污染物排放达到国家和地方规定的排放标准，满足污染物总量控制要求；涉及可能产生放射性污染的，应采取有效预防和控制放射性污染措施。

6）对于建设工程应当采用节能、节水等有利于环境与资源保护的建筑设计方案、建筑材料、装修材料、建筑构配件及设备。建筑材料和装修材料必须符合国家标准。禁止生产、销售和使用有毒、有害物质超过国家标准的建筑材料和装修材料。

7）尽量减少建设工程施工中所产生的干扰周围生活环境的噪声。

8）应采取生态保护措施，有效预防和控制生态破坏。

9）对于对环境可能造成重大影响、应当编制环境影响报告书的建设工程项目，可能严重影响项目所在地居民生活环境质量的建设工程项目，以及存在重大意见分歧的建设工程项目，环保部门可以举行听证会，听取有关单位、专家和公众的意见，并公开听证结果，说明对有关意见采纳或不采纳的理由。

10）建设工程项目中防治污染的设施，必须与主体工程同时设计、同时施工、同时投产使用。防治污染的设施经原审批环境影响报告书的环境保护行政主管部门验收合格后，该建设工程项目方可投入生产或者使用。不得擅自拆除或者闲置防治污染的设施，确有必要拆除或者闲置的，必须征得所在地的环境保护行政主管部门的同意。

11）新建工业企业和现有工业企业的技术改造，应当采取资源利用率高、污染物排放量少的设备和工艺，采用经济、合理的废弃物综合利用技术和污染物处理技术。

12）排放污染物的单位，必须依照环境保护行政主管部门的规定申报登记。

13）禁止引进不符合我国环境保护规定要求的技术和设备。

14）任何单位不得将产生严重污染的生产设备转移给没有污染防治能力的单位使用。

（2）建设工程施工现场环境保护的措施

工程建设过程中的污染主要包括对施工场界内的污染和对周围环境的污染。对施工场界内的污染防治属于职业健康安全问题，而对周围环境的污染防治是环境保护的问题。

建设工程环境保护措施主要包括大气污染的防治、水污染的防治、噪声污染的防治、固体废弃物的处理等。

1）大气污染的防治

①施工现场的垃圾渣土要及时清理出现场。

②在高大建筑中物清理施工垃圾时，要使用封闭式的容器或者采取其他措施处理高空废弃物，严禁凌空随意抛撒。

③施工现场道路应指定专人定期洒水清扫，形成制度，防止道路扬尘。

④对于细颗粒散体材料（如水泥、粉煤灰、白灰等）的运输、储存，要注意遮盖、密封，防止和减少扬尘。

⑤车辆开出工地时要做到不带泥沙，基本做到不撒土、不扬尘，减少对周围环境的污染。

⑥除设有符合规定的装置外，禁止在施工现场焚烧油毡、橡胶、塑料、皮革、树叶、枯草、各种包装物等废弃物品以及其他会产生有毒、有害烟尘和恶臭气体的物质。

⑦机动车都要安装减少尾气排放的装置，确保符合国家标准。

⑧工地茶炉应尽量采用电热水器。若只能使用烧煤茶炉和锅炉，应选用消烟除尘型茶炉和锅炉，大灶应选用消烟节能回风炉灶，使烟尘降至允许排放范围为止。

⑨大城市市区的建设工程已不容许搅拌混凝土。在容许设置搅拌站的工地，应将搅拌站严密封闭，并在进料仓上方安装除尘装置，采用可靠措施控制工地粉尘污染。

⑩拆除旧建筑物时，应适当洒水，防止扬尘。

2）水污染的防治

①水污染物的主要来源。水污染的主要来源有以下几种：

工业污染源：指各种工业废水向自然水体的排放。

生活污染源：主要有食物废渣、食油、粪便、合成洗涤剂、杀虫剂、病原微生物等。　农业污染源：主要有化肥、农药等。

施工现场废水和固体废物随水流流入水体部分，包括泥浆、水泥、油漆、各种油类、混凝土添加剂、重金属、酸碱盐、非金属无机毒物等。

②施工过程水污染的防治措施。施工过程水污染的防治措施有：禁止将有毒有害废弃物作土方回填；施工现场搅拌站废水、现制水磨石的污水、电石（碳化钙）的污水必须经沉淀池沉淀合格后再排放，最好将沉淀水用于工地洒水降尘或采取措施回收利用；现场存放油料的，必须对库房地面进行防渗处理，如采用防渗混凝土地面、铺油毡等措施，使用时，要采取防止油料跑、冒、滴、漏的措施，以免污染水体；施工现场100人以上的临时食堂，排放污水时可设置简易、有效的隔油池，定期清理，防止污染；工地临时厕所、化粪池应采取防渗漏措施，中心城市施工现场的临时厕所可采用水冲式厕所，并有防蝇灭蛆措施，防止污染水体和环境；化学用品、外加剂等要妥善保管，于库内存放，防止污染环境。

3）噪声污染的防治

①噪声的分类。噪声按来源分为交通噪声（如汽车、火车、飞机等发出的声音）、工业噪声（如鼓风机、汽轮机、冲压设备等发出的声音）、建筑施工的噪声（如打桩机、推土机、混凝土搅拌机等发出的声音）、社会生活噪声（如高音喇叭、收音机等发出的声音）。噪声妨碍人们正常休息、学习和工作。为防止噪声扰民，应控制人为强噪声。

②施工现场噪声的控制措施。噪声控制技术可从声源、传播途径、接收者防护等方面来考虑。

4）固体废物的处理。

①建设工程施工工地上常见的固体废物。建设工程施工工地上常见的固体废物主要有：

建筑渣土，包括砖瓦、碎石、渣土、混凝土碎块、废钢铁、碎玻璃、废屑、废弃装饰材料等；废弃的散装大宗建筑材料，包括水泥、石灰等；生活垃圾，包括炊厨废物、丢弃食品、废纸、生活用具、废电池、废日用品、玻璃、陶瓷碎片、废塑料制品、煤灰渣、废交通工具等；设备、材料等的包装材料；粪便等。

②固体废物的处理和处置。固体废物处理的基本思想是：采取资源化、减量化和无害化的处理，对固体废物产生的全过程进行控制。固体废物的主要处理方法如下：

回收利用。回收利用是对固体废物进行资源化的重要手段之一。粉煤灰在建设工程领域的广泛应用就是对固体废弃物进行资源化利用的典型范例。又如发达国家炼钢原料中有70%是利用回收的废钢铁，所以钢材可以看成可再生利用的建筑材料。

减量化处理。减量化是对已经产生的固体废物进行分选、破碎、压实浓缩、脱水等减少其最终处置量，降低处理成本，减少对环境的污染。在减量化处理的过程中，也包括和其他处理技术相关的工艺方法，如焚烧、热解、堆肥等。

焚烧。焚烧用于不适合再利用且不宜直接予以填埋处置的废物，除有符合规定的装置外，不得在施工现场熔化沥青和焚烧油毡、油漆，也不得焚烧其他可产生有毒有害和恶臭气体的废弃物。垃圾焚烧处理应使用符合环境要求的处理装置，避免对大气的二次污染。

稳定和固化。稳定和固化处理是利用水泥、沥青等胶结材料，将松散的废物胶结包裹起来，减少有害物质从废物中向外迁移、扩散，使得废物对环境的污染减少。

填埋。填埋是将固体废物经过无害化、减量化处理的废物残渣集中到填埋场进行处置。禁止将有毒有害废弃物现场填埋，填埋场应利用天然或人工屏障，尽量使需处置的废物与环境隔离，并注意废物的稳定性和长期安全性。

2.施工现场职业健康安全卫生的要求

为保障作业人员的身体健康和生命安全，改善作业人员的工作环境与生活环境，防止施工过程中各类疾病的发生，建设工程施工现场应加强卫生与防疫工作。

（1）建设工程现场职业健康安全卫生的要求

根据我国相关标准，施工现场职业健康安全卫生主要包括现场宿舍、现场食堂、现场厕所、其他卫生管理等内容。基本要符合以下要求：

1）施工现场应设置办公室、宿舍、食堂、厕所、淋浴间、开水房、文体活动室、密闭式垃圾站（或容器）及盥洗设施等临时设施。临时设施所用建筑材料应符合环保、消防的要求。

2）办公区和生活区应设密闭式垃圾容器。

3）办公室内布局合理，文件资料宜归类存放，并应保持室内清洁卫生。

4）施工企业应根据法律、法规的规定，制定施工现场的公共卫生突发事件应急预案。

5）施工现场应配备常用药品及绷带、止血带、颈托、担架等急救器材。

6）施工现场应设专职或兼职保洁员，负责卫生清扫和保洁。

7）办公区和生活区应采取灭鼠、蚊、蝇、蟑螂等措施，并应定期投放和喷洒药物。

8）施工企业应结合季节特点，做好作业人员的饮食卫生和防暑降温、防寒保暖、防煤气中毒、防疫等工作。

9）施工现场必须建立环境卫生管理和检查制度，并应做好检查记录。

（2）建设工程现场职业健康安全卫生的措施

施工现场的卫生与防疫应由专人负责，其全面管理施工现场的卫生工作，监督和执行卫生法规规章、管理办法，落实各项卫生措施。

1）现场宿舍的管理

①宿舍内应保证有必要的生活空间，室内净高不得小于2.4 m，通道宽度不得小于0.9 m。每间宿舍的居住人员不得超过16人。

②施工现场宿舍必须设置可开启式窗户，宿舍内的床铺不得超过2层，严禁使用通铺。

③宿舍内应设置生活用品专柜，有条件的宿舍宜设置生活用品储藏室。

2）现场食堂的管理。

①食堂必须有卫生许可证，炊事人员必须持身体健康证上岗。

②炊事人员上岗时应穿戴洁净的工作服、工作帽和口罩，并应保持个人卫生。不得穿工作服出食堂，非炊事人员不得随意进入制作间。

③食堂炊具、餐具和公用饮水器具必须清洗消毒。

④施工现场应加强对食品、原料的进货管理，食堂严禁出售变质食品。

⑤食堂应设置在远离厕所、垃圾站、有毒有害场所等污染源的地方。

⑥食堂应设置独立的制作间、储藏间，门扇下方应设置不低于0.2 m的防鼠挡板。制作间灶台及其周边应贴瓷砖，所贴瓷砖高度不宜小于1.5m，地面应作硬化和防滑处理。粮食存放台距墙和地面应大于0.2 m。

⑦食堂应配备必要的排风设施和冷藏设施。

⑧食堂的燃气罐应单独设置存放间，存放间应通风良好并严禁存放其他物品。

⑨食堂制作间的炊具宜存放在封闭的橱柜内，刀、盆、案板等炊具应生熟分开。食品应有遮盖，遮盖物品应用正反面标识。各种作料和副食应存放在密闭器皿内，并应有标识。

⑩食堂外应设置密闭式泔水桶，并应及时清运。

3）现场厕所的管理。

①施工现场应设置水冲式或移动式厕所，厕所地面应硬化，门窗应齐全。蹲位之间宜设置隔板，隔板高度不宜低于0.9 m。

②厕所大小应根据作业人员的数量设置。高层建筑施工超过8层以后，每隔四层宜设置临时厕所。厕所应设专人负责清扫、消毒、化粪池应及时清掏。

4）其他临时设施的管理。

①淋浴间应设置满足需要的淋浴喷头，可设置储衣柜或挂衣架。

②盥洗间应设置满足作业人员使用的盥洗池，并应使用节水龙头。

③生活区应设置开水炉、电热水器或饮用水保温桶；施工区应配备流动保温水桶。

④文体活动室应配备电视机、书报、杂志等文体活动设施、用品。

⑤施工现场作业人员发生法定传染病、食物中毒或急性职业中毒时，必须在2 h内向施工现场所在地建设行政主管部门和有关部门报告，并应积极配合调查处理。

⑥现场施工人员患有法定传染病时，应及时隔离，并由卫生防疫部门处置。

# 第四节　施工现场的综合考评

为了加强施工现场管理，提高施工现场的管理水平，实现文明施工，确保工程质量和施工安全，应对施工现场进行综合考评。所谓建设工程施工现场综合考评，是指对工程建设参与各方（建设单位、监理、设计、施工、材料及设备供应单位等）在施工现场中各种行为的评价。该评价覆盖到工程施工的全过程。根据建设部《建设工程施工现场综合考评试行办法》的规定，综合考评的内容如下。

## 一、施工组织管理考评

满分为20分。考评的主要内容是合同签订及履约、总分包、企业及项目经理资质、关键岗位培训及持证上岗、施工组织设计及实施情况等。有下列情况之一的，该项考评得分为零分：

1.企业资质与项目经理资质与所承担的工程任务不符的。

2.总包单位对分包单位不进行有效管理，不按规定进行定期评价的。

3.没有施工组织设计或施工方案，或未经批准的。

4.关键岗位未持证上岗的。

## 二、工程质量管理考评

满分为40分。考评的主要内容是质量管理与保证体系、工程质量、质量保证资料情况等。工程质量检查按照现行的国家标准、行业标准、地方标准和有关规定执行。有下列情况之一的，该项考评得分为零分：

1.当次检查的主要项目质量不合格的。

2.当次检查的主要项目无质量保证资料的。

3.出现结构质量事故或严重质量问题的。

### 三、施工安全管理考评

满分为20分。考评的主要内容是安全生产保证体系和施工安全技术、规范、标准的实施情况等。施工安全检查按照国家现行的有关标准和规定执行。有下列情况之一的，该项考评得分为零分：

1.当次检查不合格的。

2.无专职安全员的。

3.无消防设施或消防设施不能使用的。

4.发生死亡或重伤两人以上（包括两人）事故的。

### 四、文明施工管理考评

满分为10分。考评的主要内容是场容场貌、料具管理、环境保护、社会治安情况等。有下列情况之一的，该项考评得分为零分：

1.用电线路架设、用电设施安装不符合施工组织设计，安全没有保证的。

2.临时设施、大宗材料堆放不符合施工总平面图要求，侵占场道及危及安全防护的。

3.现场成品保护存在严重问题的。

4.尘埃及噪声严重超标，造成扰民的。

5.现场人员扰乱社会治安，受到拘留处理的。

### 五、业主、监理单位现场管理考评

满分为10分。考评的主要内容是有无专人或委托监理单位管理现场、有无隐蔽验收签认、有无现场检查认可记录及执行合同情况等。有下列情况之一的，该项考评得分为零分：

1.未取得施工许可证而擅自开工的。

2.现场没有专职技术人员的。

3.没有隐蔽验收签认制度的。

4.无正当理由严重影响合同履约的。

5.未办理质量监督手续而进行施工的。

建设部规定，企业日常检查应按考评内容每周检查一次。考评机构的定期抽查每月不少于一次。建设工程施工现场综合考评得分在70分以上（含70分）的施工现场为合格现场。当次考评达不到70分或有一项单项得分为零的施工现场为不合格现场。

# 第三章 建筑工程施工项目进度管理

为了保证施工项目能按合同规定的日期交工，实现建设投资预期的经济效益、社会效益和环境效益，施工单位需要对施工项目的进度进行管理，以使目标的实现。

## 第一节 施工项目进度管理概述

施工项目进度管理应以实现施工合同约定的中间完成施工项目的日期和最终交付施工项目的日期为目标。施工项目进度管理的指导思想是：总体统筹规划、分步滚动实施。因此，按施工项目的工程系统构成、施工阶段和部位等进行总目标分解。这是制定进度计划的前提和进度计划实施、检查、调整等管理的依据。

### 一、施工项目进度管理的原理

#### （一）动态管理原理

施工项目进度管理是一个不断进行的动态管理，也是一个循环进行的过程。在进度计划执行中，由于各种干扰因素的影响，实际进度与计划进度可能会产生偏差，分析偏差的原因，采取相应的措施，调整原来计划，使实际工作与计划在新的起点上重合并继续按其进行施工活动。但是在新的干扰因素作用下，又会产生新的偏差，施工进度计划控制就是采用这种循环的动态控制方法的。

#### （二）系统原理

为了对施工项目实行进度计划控制，首先必须编制施工项目的各种进度计划，形成施工项目计划系统，包括施工项目总进度计划、单位工程进度计划、分部分项工程进度计划，季度、月（旬）作业计划。这些计划编制时从总体到局部，逐层进行控制目标分解，以保证计划控制目标的落实。计划执行时，从月（旬）作业计划开始实施，逐级按目标控制，从而达到对施工项目整体进度目标的控制。

由施工组织各级负责人如项目经理、施工队长、班组长和所属全体成员共同组成了施工项目实施的完整组织系统，都按照施工进度规定的要求进行严格管理，落实和完成各自的任务。为了保证施工项目按进度实施，自公司经理、项目经理到作业班组都设有专门职能部门或人员负责检查汇报、统计整理实际施工进度的资料，并与计划进度比较分析和进行调整，形成一个纵横连接的施工项目控制组织系统。

### （三）信息反馈原理

应用信息反馈原理，不断进行信息反馈，及时将施工的实际信息反馈给施工项目控制人员，通过整理各方面的信息，经比较分析作出决策，调整进度计划，使其符合预定工期目标。施工项目进度控制过程就是信息反馈的过程。

### （四）弹性原理

影响施工项目进度计划的因素很多，在编制进度计划时，根据经验对各种影响因素的影响程度、出现的可能性进行分析，编制施工项目进度计划时要留有余地，使计划具有弹性。在计划实施中，利用这些弹性，缩短有关工作的时间或改变工作之间的搭接关系，使已拖延了的工期，仍然达到预期的计划目标。

## 二、影响施工项目进度的因素

影响施工项目进度的因素很多，可归纳为人、技术、材料构配件、设备机具、资金、建设地点、自然条件、社会环境以及其他难以预料的因素。这些因素可归纳为以下三类。

### （一）相关单位的影响

项目经理部的外层关系单位很多，如材料供应、运输、通信、供水、供电、银行信贷、分包、设计等单位，它们对项目施工活动的密切配合与支持，是保证项目施工按期顺利进行的必要条件。对于这些因素，项目经理部应以合同的方式明确双方协作配合要求，在法律的保护和约束下，避免或减少损失。

### （二）项目经理部内部因素的影响

项目经理部的工作对于施工进度起决定性作用，对这类因素，可通过提高项目经理部的管理水平、技术水平来保证。

### （三）不可预见因素的影响

对这类因素应做好分析和预测。

## 三、施工项目进度控制的措施

进度控制的措施包括组织措施、技术措施、合同措施、经济措施和信息管理措施等。

**（一）组织措施**

组织措施包括建立以项目经理为责任主体，由子项目负责人、计划人员、调度人员、作业队长及班组长参加的项目进度控制体系。落实项目经理部的进度控制部门和人员，制定进度控制工作制度，明确各层次进度控制人员的任务和管理职责，对影响进度目标实现的干扰因素和风险因素进行分析，进行施工项目分解，实行目标管理。

**（二）技术措施**

以加快施工进度的技术方法保证进度目标的实现。落实施工方案的部署，尽可能选用新技术、新工艺、新材料，调整工作之间的逻辑关系，缩短持续时间，加快施工进度。

**（三）合同措施**

合同措施是以合同形式保证工期进度的实现，如签订分包合同、合同工期与计划的协调、合同工期分析、工期延长索赔等。

**（四）经济措施**

经济措施是指实现进度计划的资金保证措施，以及为保证进度计划顺利实施采取层层签订经济承包责任制的方法，采用奖惩手段等。

**（五）信息管理措施**

建立监测、分析、调整、反馈系统，通过计划进度与实际进度的动态比较，提供进度比较信息，实现连续、动态的全过程进度目标控制。

# 第二节 施工项目进度计划

## 一、施工项目进度计划及其类别

施工项目进度计划是规定各项工程的施工顺序和开竣工时间以及相互衔接关系的计划，是在确定工程施工项目目标工期基础上，根据相应完成的工程量，对各项施工过程的施工顺序、起止时间和相互衔接关系所进行的统筹安排。施工阶段是工程实体的形成阶段，做好施工项目进度计划并按计划组织实施，是保证项目在预定时间内建成并交付使用的必要工作，也是施工项目管理的主要内容。如果施工项目进度计划编制得不合理就必然导致资源配置的不均衡，影响经济效益。

施工项目进度计划有控制性进度计划和作业性进度计划。如整个项目的总进度计划、单位工程进度计划、分阶段进度计划、年（季）度计划等均为控制性进度计划。分部分项工程进度计划、月（旬）作业计划均为作业性进度计划。

## 二、施工项目进度计划的编制

项目进度计划应依据合同文件（施工合同、分包合同、采购合同、租赁合同等）、项目管理规划文件（含施工进度目标、工期定额、施工部署与主要的工程施工方案等）、资源条件和内外部条件（材料和设备的供应情况、施工人员的情况、技术经济状况、施工现场的条件等）进行编制。

施工项目进度计划的内容应包括：编制说明、进度计划表、资源需要量及供应平衡表等。

施工总进度计划是对整体群体工程编制的施工进度计划。由于施工的内容较多，施工工期较长，故施工总进度计划综合性大，控制性强，作业性差。在施工总进度计划中确定了各单位工程计划开竣工日期、工期、搭接关系及其实施步骤。在单位工程计划中资源需用量及供应平衡表又是施工总进度计划表的保证计划，其中包括人力、材料、预制构件和施工设备等内容。

当施工项目的计划总工期跨越一个年度以上时，必须根据施工总进度计划的施工顺序，划分出不同年度的施工内容，编制年度施工进度计划，并在此基础上按照均衡施工的原则，编制各季度施工进度计划。年度施工进度计划和季度施工进度计划，均属于控制性计划，是确定并控制项目施工总进度的重要节点目标。

以下将施工作业计划的员工内容作以下介绍：

### （一）施工作业计划的含义和作用

1.施工作业计划的含义

施工作业计划包括月度作业计划和旬作业计划两种，以月度作业计划为主。这种计划由于其计划期限短，所以计划目标比较明确具体，一般说实现计划的条件比较可靠落实，实施性较强，而预测成分少，具有作业性质，因此称之为作业计划。

2.施工作业计划的作用

月度作业计划是施工企业具体组织施工生产活动的主要指导文件，是基层施工单位安排施工活动的依据，是年（季）施工生产计划的具体化。旬作业计划是基层施工单位内部组织施工活动的作业计划，主要是组织协调班组的施工活动，实际上是月计划的短安排，以保证月计划的顺利完成。月度施工作业计划的具体作用是：

（1）把企业年（季）度计划的任务和指标层层分解。在时间上，落实到每月每旬甚至每天；在空间上落实到各施工队、生产班组。使企业的经营生产目标，变为全体职工每一时刻的具体行动纲领。

（2）协调施工秩序。通过对人力、材料、设备、构配件等进出场的具体安排，以及各工种在空间上的协调配合，保证施工现场的文明和施工过程的连续、均衡，从而达到协调施工秩序的目的。

（3）调节各基层施工单位之间的关系。施工现场的条件经常变化，年或季度计划不可能考虑得十分周密，各基层施工单位的任务及各类资源常会出现不平衡现象。这些都需要通过月度作业计划进行调节，保证各施工单位处于正常的平衡关系，充分利用企业拥有的资源。

（4）考核基层施工单位的依据。

（5）施工管理人员进行施工调度的依据。

### （二）月度施工作业计划的编制依据

1.年（季）度计划规定的指标。

2.各单位工程的施工组织设计。

3.施工图纸、施工预算等。

4.劳动力、材料、构配件以及机械设备等资源的落实情况。

5.上月计划预计完成情况（包括工程形象进度、竣工项目、施工产值）和新开工程的施工前期准备工作的进展情况。

### （三）月度施工作业计划的编制程序

月度施工作业计划由基层施工单位编制，采用"两上两下"的编制程序。即先由项目经理部（施工队）提出月计划指标建议上报公司（项目经理部），公司（项目经理部）经平衡后下达计划控制指标，项目经理部（施工队）据此编制正式计划上报，公司（项目经理部）经综合平衡后，审批下达。在实行了内部承包责任制的企业，也可采用"自下而上"的编制程序，由内部承包单位编制计划，上报公司审批。

### （四）旬施工作业计划

旬施工作业计划是月计划的具体化，使月计划任务进一步落实到班组的工种工程旬分日进度计划，其内容一般仅包括工程数量、施工进度要求和劳动数量。

## 三、大数据环境下的项目管理实践与应用

### （一）大数据理论

想要对大数据进行定义是非常困难的，因为大数据没有明确具体的定义，大数据的定义相对而言更加抽象，而大数据也并不完全是作为一项新时代背景下的新技术而存在的，大数据更多的是在当前这个数字时代下所出现的一种正常现象，而大数据也不仅仅是大量数据的整合，同时也是对于计算的应用情况。应用大数据是利用多种技术对于数据资源进行收集、整理和分析、应用。而有关于对数据资源的所有分析和应用都属于大数据技术的应用范围，这代表了大数据所应用的范围是非常大的。而应用大数据的关键在于从海量数据中获取到其中真正有价值的数据，并对数据进行分析和处理。

## （二）工程项目管理的发展现状

### 1.管理制度松散化

从目前工程管理现状进行分析，在工程建设工作当中，相关行政部门对其直接进行授权。而在具体的投产和建设环节当中，工程自身的建设质量、应用价值以及维护工作开展等都需要受到相关部门的有效管理。而职能单位在发挥自身管理职能的同时，也存在着相应的管理问题和制度问题。一些管理部门没有严格按照相关规范内容和施工要求来落实施工环节，而工程招投标环节以及合同管理等相关工作在具体开展过程当中缺乏完善的管理制度。在这一情况下，无法有效保证工程建设的合法性和合理性，会导致其开工时间与合同具体要求时间存在不一致的现象。一些管理单位的考核制度不够严格，进而导致部分工程由缺乏规划许可证以及施工许可证等相关企业进行承包，在管理过程当中出现相关问题，使工程建设无法满足相关施工要求。

### 2.管理人员队伍能力不强

从整体上看，企业的管理人才队伍建设无法适应当前的经济发展要求，而且还在使用传统的管理模式；有些中小企业仍然以家族式的经营方式为主。诸多企业在引进人才时只考虑到专业的技术人才，不注重培养与引进管理人才。所以再不建设管理人才队伍，就会发展成为限制建筑行业跨越式发展的限制因素之一。

### 3.工程管理流程不到位

在工程项目的施工管理过程中，高质量的管理能够有效提升工程的施工质量和施工效率，是保证工程项目科学发展的基础。但是当前针对工程项目管理的过程中，缺乏一个比较完善的工程项目管理流程，管理也缺乏系统性，需要在实际的工程管理过程中，加强各个部门之间的联系，确保工程管理流程的系统性。

## （三）大数据环境下的项目管理实践策略

### 1.更新技术设备

设备的硬件条件是工程项目管理发展必不可少的因素，尤其是在大数据时代这个前提下。由于现在的发展离不开网络的运用，所以项目管理行业就需要完善网络设备，为实现数据化的转型提供有利条件。可以安装像云计算之类的技术软件，方便对海量数据进行归纳与整理，有利于接下来工作的开展，进而满足项目管理行业在对工程施工进度以及施工人员施工状况进行了解时对数据的需求。也可以根据自身行业的发展情况，有针对性地完善系统。

### 2.与现代化技术手段相结合

工程项目管理在大数据下有更多的应用方式，可以通过现代化的手段将多种技术应用于施工管理过程中。通过BIM、无人机技术等对施工现场进行有效管理，能够使管理的数据更加真实，为现场提供更加实用的指导，对现场实施更加有效的管理。项目的管理人员应该加强对数据分析的强度，能够有效地对施工现场的信息进行收集，并且可以实现统筹管理，使数据更加广泛地应用于实践的技术学习当中，这样就可以让大数据处理技术更加有效地应用于实际的工程管理当中。大数据背景下的工程数据信息的来源比较复杂，在工程的项目管理过程中，数据的形式包含着结构化的数据形式和非结构化的数据形式，多种类的数据形式需要进行数据处理，然后通过大数据相关的技术将无效的数据剔除出去，这样就能够使数据更有价值，然后通过对其作用进行分类，使这些数据能得到有效的应用，事物的变化规律可以通过大数据的形式表现出来，为管理人员提供更加有效的参考数据，为管理者的管理方式提供可靠的依据。

3.大数据技术使用体系建设

要想真正发展大数据技术，保障大数据技术能够真正地在项目管理当中发挥作用，就应该建立起系统的大数据应用体系，让大数据技术得到更好的应用。在这个体系构建的过程当中，需要结合大数据技术的优点，提高大数据技术的实用性。一旦大数据技术对管理工程项目实行全方面覆盖的时候，大数据技术在管理工程方面就能够得到很好的应用。建立系统的大数据技术应用体系，能够保证大数据技术在工程项目管理工作中充分发挥作用。

4.提升工作人员综合素质

第一，施工单位应该重视职工的思想、职业道德、劳动纪律等其他方面的教育，提升职工自身的综合素质，特别是施工单位的管理层人员，这是提升施工效率与工程质量的关键环节。除此之外，针对工作人员而言，必须要具备与岗位相对应的资质管理证书，从而达到岗位要求。湖北金信工程造价咨询有限公司在康宁10.5代玻璃基板生产线厂房项目全过程施工管理工作中在检查管理人员是否符合岗位要求时就比较合理到位，严格按照全过程项目管理规定要求检查其上岗证，对综合素质偏低的管理工作人员提供免费培训，对入职员工进行全方位教育。第二，增强对入职员工的全过程咨询管理专业技能培训。施工单位中建三局第一建设工程有限责任公司同时也对该项目部职工定期开展技术培训工作，主要包含：工程现场的质量安全问题、注意事项、技术规范、施工要点等，提升职工的施工技术水平和质量安全意识，并且还要完善管理人员岗前培训工作，确保管理人员熟悉工程涉及到的各种施工工艺。第三，让项目参与各方职工充分认识到确保工程质量达标创优的必要性，明晰项目管理人员各自的岗位职责，将安全责任制落实到个人，为项目全员职工普及法律知识，增强法制观念，如果有违规行为就必须要接受严厉的惩罚，确保各项责任制度各方均能够得到有效落实。

# 第三节　施工项目进度计划的实施

施工项目进度计划的实施就是用施工进度计划指导施工活动，落实和完成计划，保证各进度目标的实现。

施工项目的施工进度计划应通过编制年、季、月、旬、周施工进度计划并应逐级落实，最终通过施工任务书或将计划目标层层分解、层层签订承包合同，明确施工任务、技术措施、质量要求等，由施工班组来实施。

## 一、施工项目进度计划实施的主要工作

施工项目进度计划的实施要做好以下几项工作：

### （一）编制月（旬）作业计划和施工任务书

月（旬）作业计划除依据施工进度计划编制外，还应依据现场情况及月（旬）的具体要求编制。月（旬）计划以贯彻执行施工进度计划、明确当期任务及满足作业要求为前提。

施工任务书是一份计划文件，也是一份核算文件，又是原始记录，它把作业计划下达到班组进行责任承包，并将计划执行与技术管理、质量管理、成本核算、原始记录、资源管理等融合为一体，是计划与作业的联结纽带。

实际施工作业时是按月（旬）作业计划和施工任务书执行，故应认真进行编制。

### （二）签发施工任务书

将每项具体任务通过签发施工任务书向班组下达。

### （三）做好记录、掌握现场施工实际情况

在施工中，如实记载每项工作的开始日期、工作进程和结束日期，可为计划实施的检查、分析、调整、总结提供原始资料。要求跟踪记录，如实记录，并借助图表形成记录文件。

### （四）做好调度工作

调度工作主要对进度控制起协调作用。协调配合关系，排除施工中出现的各种矛盾，克服薄弱环节，实现动态平衡。调度工作的内容包括：检查作业计划执行中的问题，找出原因，并采取措施解决；督促供应单位按进度要求供应资源；控制施工现场临时设施的使用；按计划进行作业条件准备；传达决策人员的决策意图；发布调度令等。要求调度工作做得及时、灵活、准确、果断。

## 二、施工任务书和调度工作

贯彻施工作业计划的有力手段是抓好施工任务书和生产调度工作。

### （一）施工任务书

施工任务书是向班组贯彻施工作业计划的有效形式，也是企业实行定额管理、贯彻按劳分配，实行班组经济核算的主要依据。通过施工任务书，可以把企业生产、技术、质量、安全、降低成本等各项技术经济指标分解为小组指标落实到班组和个人，使企业各项指标的完成同班组和个人的日常工作和物质利益紧密连在一起，达到多快

好省和按劳分配的要求。

1.施工任务书的内容

施工任务书的形式很多，一般包括下列内容：

（1）施工任务书是班组进行施工的主要依据，内容有项目名称、工程量、劳动定额、计划工数、开竣工日期、质量及安全要求等。

（2）小组记工单是班组的考勤记录，也是班组分配计件工资或奖励工资的依据。

（3）限额领料卡是班组完成任务所必需的材料限额，是班组领退材料和节约材料的凭证。

2.施工任务书的管理内容

（1）签发。施工任务书：签发施工任务书包括以下步骤：

1）工长根据月或旬施工作业计划，负责填写施工任务书中的执行单位、单位工程名称、分项工程名称（工作内容）、计划工程量、质量及安全要求等。

2）定额员根据劳动定额、填写定额编号、时间定额并计算所需工日。

3）材料员根据材料消耗定额或施工预算填写限额领料卡。

4）施工队长审批并签发。

（2）执行：施工任务书签发后，技术员会同工长负责向班组进行技术、质量、安全等方面的交底；班组长组织全班讨论，制定完成任务的措施。在施工过程中，各管理部门要努力为班组完成任务创造条件，班组考勤员和材料员必须及时准确地记录用工用料情况。

（3）验收：班组完成任务后，施工队组织有关人员进行验收。工长负责验收完成工程量；质安员负责评定工程质量和安全并签署意见；材料员核定领料情况并签署意见；定额员将验收后的施工任务书回收登记，并计算实际完成定额的百分比，交劳资员作为班组计件工资结算的依据。

**（二）生产的调度工作**

生产的调度工作是落实作业计划的一个有力措施，通过调度工作及时解决施工中已发生的各种问题，并预防可能发生的问题。另外，通过调度工作也对作业计划不准确的地方给予补充，实际是对作业计划的不断调整。

1.调度工作的主要内容

（1）督促检查施工准备工作。

（2）检查和调节劳动力和物资供应工作。

（3）检查和调节现场平面管理。

（4）检查和处理总、分包协作配合关系。

（5）掌握气象、供电、供水等情况。

（6）及时发现施工过程中的各种故障，调节生产中的各个薄弱环节。

2.调度工作的原则和方法

（1）调度工作是建立在施工作业计划和施工组织设计的基础上，调度部门无权改变作业计划的内容。但在遇到特殊情况无法执行原计划时，可通过一定的批准手续，经技术部门同意，按下列原则进行调度：

1）一般工程服从于重点工程和竣工工程。

2）交用期限迟的工程服从于交用期限早的工程。

3）小型或结构简单的工程服从于大型或结构复杂的工程。

（2）调度工作必须做到准确及时、严肃、果断。

（3）搞好调度工作，关键在于深入现场，掌握第一手资料，细致地了解各个施工具体环节，针对问题，研究对策，进行调度。

（4）除了危及工程质量和安全行为应当机立断随时纠正或制止外，对于其他方面的问题，一般应采取班组长碰头会进行讨论解决。

## 三、施工项目资源管理

1.施工项目资源管理基础知识

（1）基本概念

项目资源管理即各生产要素的管理。生产要素是指形成生产力的各种要素。形成生产力的第一要素是科学技术。施工项目的生产要素是指生产要素作用于施工项目的有关要素，也就是投入施工项目的劳动力、材料、机械设备、技术及资金等要素。

（2）项目资源管理的重要性

资源作为工程实施必不可少的前提条件，其费用一般占工程总费用的80%以上，所以资源节约是工程成本节约的主要途径。如果资源不能保证，再周密的工期计划也不能实行。资源管理的任务就是按照项目的实施计划编制资源的使用和供应计划，将项目实施所需用的资源按正确的时间、正确的数量供应到正确的地点，并降低资源成本消耗。

2.施工项目资源管理的一般程序

（1）编制生产要素计划。对资源投入量、投入时间、投入步骤作出合理安排，以满足施工项目实施的需要。

（2）生产要素的供应。按编制的计划，从资源的来源、投入到实施，使计划得以实现。

（3）节约使用资源。

（4）资源核算。

（5）资源使用效果分析。

3.施工项目资源的主要内容

（1）物资

包括原材料和设备、周转材料。原材料和设备构成工程建筑的实体。

（2）机械设备

包括项目施工所需的施工设备、临时设施和必要的后勤供应。

（3）劳动力

包括各专业、各种级别的劳动力，修理工人以及不同层次和职能的管理人员。

（4）项目施工的资金

资金也是一种资源，资金的合理使用是项目顺利、有序进行的重要保证。

## 四、施工项目风险管理

1.建筑工程风险

对建筑工程风险的认识，要明确两个基本点：

（1）建筑工程风险大。建筑工程建设周期持续时间长，所涉及的风险因素和风险事件多。对建筑工程的风险因素，最常用的是按风险产生的原因进行分类，即将建设工程的风险因素分为政治、社会、经济、自然、技术等因素。这些风险因素都会不同程度地作用于建设工程，产生错综复杂的影响。同时，每一种风险因素又都会产生许多不同的风险事件。这些风险事件虽然不会都发生，但总会有风险事件发生。总之，建筑工程风险因素和风险事件发生的概率均较大，其中有些风险因素和风险事件的发生概率很大。这些风险因素和风险事件一旦发生，往往造成比较严重的损失后果。

明确这一点，有利于确立风险意识，只有从思想上重视建筑工程的风险问题，才有可能对建筑工程风险进行主动的预防和控制。

（2）参与工程建设的各方均有风险，但各方的风险不尽相同。工程建设各方所遇到的风险事件有较大的差异，即使是同一风险事件，对建筑工程不同参与方的后果有时迥然不同。例如，同样是通货膨胀风险事件，在可调价格合同条件下，对业主来说是相当大的风险，而对承包商来说则风险很小。其风险主要表现在调价公式是否合理。但是，在固定总价合同条件下，对业主来说就不是风险，而对承包商来说是相当大的风险，其风险大小还与承包商在报价中所考虑的风险费或不可预见费的数额或比例有关。

2.建筑工程风险管理目标

建筑工程项目风险管理目标应该与企业的总目标相一致，随着企业的环境和特有属性的发展变化而不断调整、改变，力求与之相适应。

3.建筑工程项目的主要风险

业主方和其他项目参与方都应建立风险管理体系，明确各层管理人员的相应管理责任，以减少项目实施过程中的不确定因素对项目的影响。建筑工程项目风险是影响施工项目目标实现的事先不能确定的内外部的干扰因素及其发生的可能性。施工项目一般都是规模大、工期长、关联单位多、与环境接口复杂，包含着大量的风险。

4.建筑工程风险管理过程

风险管理是为了达到一个组织的既定目标，面对组织所承担的各种风险进行管理的系统过程，其采取的方法应符合公众利益、人身安全、环境保护以及有关法规的要求。风险管理包括策划、组织、领导、协调和控制等方面的工作。建筑工程风险管理在这一点上并无特殊性。风险管理应是一个系统的、完整的过程。本书将建筑工程风险管理过程划分为五部分，这五部分是一个系统的完整的过程，也是一个循环的过程。从图中我们可以看到风险管理包括风险识别、风险估计、风险评价、风险防范和监控、风险决策五方面。它是一个系统的过程，处于不断变化的动态之中，也是一个动态的管理过程对项目风险进行管理的前提，把风险控制在系统之内，在不断变化的过程中进行管理。

工程项目风险管理贯穿于工程项目实现的全过程，对于工程项目的承包方，从准备投标开始直到保修期结束。在整个过程中，因各阶段存在的风险因素不同，风险产生的原因不同，管理的主要责任者、管理方法手段也会有所区别，在项目经理承接该项目之前，风险管理的责任主要集中于企业管理层，并主要是从项目宏观上进行风险管理，而工程项目一旦交由项目经理负责后，项目风险管理的主要责任就落实到项目经理以及项目经理所组建的项目团队。但无论谁是项目风险管理的主要责任人，对于项目整体，都要贯彻全员风险管理意识。

5.风险识别的特点和原则

（1）风险识别的特点

1）个别性。任何风险都有与其他风险不同之处，没有两个风险是完全一致的。不同类型建设工程的风险不同自不必说，面同一建设工程如果建造地点不同，其风险也不同，即使是建造地点确定的建设工程，如果由不同的承包商承建，其风险也不同。因此，虽然不同建设工程风险有不少共同之处，但一定存在不同之处，在风险识别时尤其要注意这些不同之处，突出风险识别的个别性。

2）主观性。风险识别都是由人来完成的，由于个人的专业知识水平，包括风险管理方面的知识，实践经验等方面的差异，同一风险由不同的人识别的结果就会有较大的差异。风险本身是客观存在。但风险识别是主观行为。在风险识别时，要尽可能减少主观性对风险识别结果的影响。要做到这一点，关键在于提高风险识别的水平。

3）复杂性。建设工程所涉及的风险因素和风险事件均很多，而且关系复杂、相互影响，这给风险识别带来很强的复杂性。因此，建设工程风险识别对风险管理人员要求很高，并且需要准确，详细的依据，尤其是定量的资料和数据。

4）不确定性。这一特点可以说是主观性和复杂性的结果。在实践中，可能因为风险识别的结果与实际不符而造成损失，这往往是由于风险识别结论错误导致风险对策决策错误而造成的。由风险的定义可知，风险识别本身也是风险。因而避免和减少风险识别的风险也是风险管理的内容。

（2）风险识别的原则

1）由粗及细，由细及粗。由粗及细是指对风险因素进行全面分析，并通过多种途径对工程风险进行分解，逐渐细化。以获得对工程风险的广泛认识，从而得到工程初始风险清单。面由细及粗是指从工程初始风险清单的众多风险中，根据同类建设工程的经验以及对拟建建设工程具体情况的分析和风险调查，确定那些对建设工程目标实现有较大影响的工程风险。作为主要风险，即作为风险评价以及风险对策决策的主要对象。

2）严格界定风险内涵并考虑风险因素之间的相关性。对各种风险的内涵要严格加以界定，不要出现重复和交叉现象。另外，还要尽可能考虑各种风险因素之间的相关性。如主次关系。因果关系、互斥关系、正相关关系、负相关关系等。应当说，在风险识别阶段考虑风险因素之间的相关性有一定的难度，但至少要做到严格界定风险内涵。

3）先怀疑，后排除。对于所遇到的问题都要考虑其是否存在不确定性，不要轻易否定或排除某些风险。要通过认真的分析进行确认或排除。

4）排除与确认并重。对于肯定可以排除和肯定可以确认的风险应尽早予以排除和确认。对于一时既不能排除又不能确认的风险在做进一步的分析，予以排除或确认。最后，对于肯定不能排除但又不能肯定予以确认的风险按确认考虑。

5）必要时，可作实验论证。对于某些按常规方式难以判定其是否存在，也难以确定其对建设工程目标影响程度的风险，尤其是技术方面的风险，必要时可作实验论证，如抗震实验。风洞实验等。这样做的结论可靠，但要以付出费用为代价。

6.风险识别的过程

在项目的大量错综复杂的施工活动中，首先要通过风险识别系统地，连续地对施工项目主要风险事件的存在。发生时间，及其后果作出定性估计，并形成项目风险清单，使人们对整个项目的风险有一个准确、完整和系统的认识和把握，并作为风险管理的基础。

（1）施工项目风险分解

施工项目风险分解是确认施工活动中客观存在的各种风险，从总体到细节，由宏观到微观，层层分解，并根据项目风险的相互关系将其归纳为若干个子系统，使人们能比较容易地识别项目的风险。根据项目的特点一般按目标，时间、结构、环境、因素五个维度相互组合分解。

1）目标维，是按项目目标进行分解，即考虑影响项目费用、进度，质量和安全目标实现的风险的可能性。

2）时间维。是按项目建设阶段分解，也就是考虑工程项目进展不同阶段（项目计划与设计，项目采购、项目施工、试生产及竣工验收、项目保修期）的不同风险。

3）结构维，按项目结构（单位工程、分部工程、分项工程等）组成分解，同时相关技术群也能按其并列或相互支持的关系进行分解。

4）环境维，按项目与其所在环境（自然环境、社会、政治、经济等）的关系分解。

5）因素维，按项目风险因素（技术、合同、管理、人员等）的分类进行分解。

（2）建立初步项目风险清单

清单中应明确列出客观存在的和潜在的各种风险，应包括各种影响生产率、操作运行、质量和经济效益的各种因素。一般是沿着项目风险的五个维度去寻找，由粗到细，先怀疑、排除后确认，尽量做到全面，不要遗漏重要的风险项目。

（3）识别各种风险事件并推测其结果

根据初步风险清单中开列的各种重要的风险来源，通过收集数据、案例、财务报表分析、专家咨询等方法，推测与其相关联的各种风险结果的可能性，包括营利或损失，人身伤害，自然灾害，时间和成本、节约或超支等方面，重点是资金的财务结果。

（4）进行施工项目风险分类

通过对风险进行分类可以加深对风险的认识和理解，排清风险的性质和某些不同风险事件之间的关联，有助于制定风险管理目标。

施工项目风险常见的分类方法是以由6个风险目录组成的框架形式，每个目录中都列出不同种类的典型风险，然后针对各个风险进行全面检查，这样既能尽量避免遗漏。又可得到一目了然的效果。

# 第四章 建筑工程项目质量管理

随着我国现代经济建设的快速发展，各行各业都发展迅速。其中建筑工程建设的蓬勃发展，也在一定程度上推动了我国经济，但现阶段，为确保建筑工程可持续的发展，我们要提高各施工环节的质量管理，不能只注重建筑工程建设而轻视质量管理。本章就对建筑工程项目质量管理展开讲述。

## 第一节 建筑工程项目质量控制概述

### 一、工程项目质量的基本概念

1.工程项目质量的表述

工程项目质量是一个广义的质量概念，它由工程实体质量和工作质量两个部分组成，其中，工程实体质量代表得是狭义的质量概念。工程实体质量可描述为"实体满足明确或隐含需要能力的特性之和"，上述定义中"实体"是质量的主体，它可以指活动、过程、活动或过程的有形产品、无形产品，某个组织体系或个人及以上各项的集合。"明确需要"是指在合同环境或法律环境中由用户明确提出并通过合同、标准、规范、图纸、技术文件做出明文规定，由生产企业保证实现的各种要求。"隐含需要"是指在非合同环境或市场环境中由生产企业通过市场调研探明而并未由用户明确提出的种种隐蔽性需要，其含义一是指用户或社会对实体的期望，二是指人所公认的、不言而喻的不必作出规定的需要，如住宅产品实体能够满足人的最起码的居住要求即属于此类需要。"特性"是指由"明确需要"或"隐含需要"转化而来的，可用定性或定量指标加以衡量的一系列质量属性，其主要内容则包括适用性、经济性、安全性、可信性、可靠性、维修性、美观性以及与环境的协调性等方面的质量属性。工程实体质量又可称为工程质量，与建设项目的构成相呼应，工程实体质量通常还可区分为工序质量、分项工程质量、分部工程质量、单位工程质量和单项工程质量等各个不同的质量次单元。

工作质量，是指为了保证和提高工程质量而从事的组织管理、生产技术、后勤保障等各方面工作的实际水平。工程建设过程中，按内容组成，工作质量可区分为社会工作质量和生产过程工作质量。其中前者是指围绕质量课题而进行的社会调查、市场预测、质量回访等各项有关工作的质量；后者则是指生产工人的职业素质、职业道德教育工作质量、管理工作质量、技术保证工作质量和后勤保障工作质量等。而按照工程建设项目实施阶段的不同，工作质量还可具体区分为决策、计划、勘察、设计、施工、回访保修等各不同阶段的工作质量。工程质量与工作质量的两者关系，体现为前者是后者的作用结果，而后者则是前者的必要保证。项目管理实践表明：工程质量的好坏是建筑工程产品形成过程中各阶段各环节工作质量的综合反映，而不是依靠质量检验检查出来的。要保证工程质量就需要求项目管理实施方有关部门和人员精心工作，对决定和影响工程质量的所有因素严格控制，即通过良好的工作质量来保证和提高工程质量。

综上所述，工程建设项目质量是指能够满足用户或社会需要的并由工程合同、有关技术标准、设计文件、施工规范等具体详细设定其适用、安全、经济、美观等特性要求的工程实体质量与工程建设各阶段、各环节的工作质量的总和。工程建设项目质量的衡量标准可以随着具体工程建设项目和业主需要的不同而存在差异，但通常均可包括如下主要内涵：

（1）在项目前期工作阶段设定项目建设标准、确定工程质量要求；

（2）确保工程结构设计和施工的安全性、可靠性；

（3）出于工程耐久性考虑，对材料、设备、工艺、结构质量提出要求；

（4）对工程项目的其他方面如外观造型与环境的协调效果，项目建造运行费用及可维护性，可检查性提出要求；

（5）要求工程投产或投入使用后生产的产品（或提供的服务）达到预期质量水平，工程适用性、效益性、安全性、稳定性良好。

2.工程项目质量的特点

由于工程建设项目所具有的单项性、一次性和使用寿命的长期性及项目位置固定、生产流动、体积大、整体性强、建设周期长、施工涉及面广、受自然气候条件影响大，且结构类型、质量要求、施工方法均可因项目不同而存在很大差异等特点，从而使工程建设项目建设成为一个极其复杂的综合性过程，因此工程建设项目质量亦相应地形成以下6种特点：

（1）影响质量的因素多

如设计、材料、机械设备、地形、地质、水文、气象、施工工艺、施工操作方法、技术、措施、管理制度等等，均可直接影响工程建设项目质量。

（2）设计原因引起的质量问题显著

按实际工作统计，在我国近年发生的工程质量事故中，由设计原因引起的质量问题占据相当大的比例，其他质量问题则分别由施工责任、材料使用等因素引起，设计工作质量已成为引起工程质量问题的原因。因此为确保工程建设项目质量，严格设计质量控制便成为一个十分重要的环节。

（3）容易产生质量变异

质量变异是指由于各种质量影响因素发生作用引起产品质量问题存在差异。月量变异可分为正常变异和非正常变异。前者是指由经常发生但对质量影响不大的偶然性因素引起质量正常波动而形成的质量变异；后者则是指由不经常发生但对质量影响很大的系统性因素引起质量异常波动而形成的质量变异。偶然性因素如材料的材质不均匀，机械设备的正常磨损，操作细小差异，一天中温度、湿度的微小变化等等，其特点是无法或难以控制且符合规定数量的样本，其质量特征值的检验结果服从正态分布；系统性因素如使用材料的规格品种有误、施工方法不妥、操作未按规程、机械故障、仪表失灵、设计计算错误等等，其特点则是可控制、易消除且符合规定数量的样本其质量特征值的检验结果不呈现正态分布。由于工程建设项目施工不像工业产品生产那样有规范化的生产工艺和完善的检测技术，成套的生产设备和稳定的生产环境，有相同系列规格和相同功能的产品，因此影响工程建设项目质量的偶然性和系统性因素甚多，特别是由系统性因素引起的质量变异，严重时可导致重大工程质量事故。为此，项目实施过程中应十分注重查找造成质量异常波动的原因并全力加以消除，严防由系统性因素引起的质量变异，从而把质量变异控制在偶然性因素发挥作用的范围之内。

（4）容易产生判断错误

工程建设项目施工建造工序交接多、产品多、隐蔽工程多，若不及时检查实质，事后再看表面，就容易产生第二类判断错误即容易将不合格产品，认为是合格产品；另外，若检查不认真，测量仪表不准，读数有误，则会产生第一类判断错误，将合格产品认定为不合格产品。

（5）工程产品质量终检局限大

工程建设项目建成后，不可能像某些工业产品那样，再拆卸或解体检查其内在、隐蔽的质量，即使发现有质量问题，也不可能采取"更换零件""包换"或"退款"方式解决与处理有关质量问题，因此工程建设项目质量管理应特别注重质量的事前、事中控制，以防患于未然，力争将质量问题消灭于萌芽状态。

（6）质量要受投资、进度要求的影响

工程建设项目的质量通常要受到投资、进度目标的制约。一般情况下，投资大、进度慢，工程质量就好；反之则工程质量差。项目实施过程中。质量水平的确定尤其要考虑成本控制目标的要求，鉴于由于质量问题预防成本和质量鉴定成本所组成的质量保证费用随着质量水平的提高而上升，产生质量问题后所引起的质量损失费用则随着质量水平的提高而下降，这样由保证和提高产品质量而支出的质量保证费用及由于未达到相应质量标准而产生的质量损失费用两者相加而得的工程质量成本必然存在一个最小取值，这就是最佳质量成本。在工程建设项目质量管理实践中，最佳质量成本通常是项目管理者订立质量目标的重要依据。

3.工程项目的阶段划分及不同阶段对工程建设项目质量的影响

工程项目实施需要依次经过由建设程序所规定的各个不同阶段。工程建设的不同阶段，对工程项目质量的形成所起的作用则各不相同。对此可分述如下。

（1）项目可行性研究阶段对工程项目质量的影响

项目可行性研究是运用工程经济学原理，在对项目投资有关技术、经济、社会、环境等各方面条件进行调查研究的基础之上，对各种可能的拟建投资方案及其建成投产后的经济效益、社会效益和环境效益进行技术分析论证，以确定项目建设的可行性，并提出最佳投资建设方案作为决策、设计依据的一系列工作过程。项目可行性研究阶段的质量管理工作，是确定项目的质量要求，因而这一阶段必然会对项目的决策和设计质量产生直接影响，它是影响工程建设项目质量的首要环节。

（2）项目决策阶段对工程项目质量的影响

项目决策阶段质量管理工作的要求是确定工程建设项目应当达到的质量目标及水平。工程建设项目建设通常要求从总体上同时控制工程投资、质量和进度。但鉴于上述三项目标是互为制约的关系，要做到投资、质量、进度三者的协调统一，达到业主最为满意的质量水平，必须在项目可行性研究的基础上通过科学决策，来确定工程建设项目所应达到的质量目标及水平。因而决策阶段提出的建设实施方案是对项目目标及其水平的决定。它是影响工程建设项目质量的关键阶段。

（3）设计阶段对工程项目质量的影响

工程项目设计阶段质量管理工作的要求是根据决策阶段业已确定的质量目标和水平，通过工程设计而使之进一步具体化。设计方案技术上是否可行，经济上是否合理，设备是否完善配套，结构使用是否安全可靠，都将决定项目建成之后的实际使用状况，因此设计阶段必然影响项目建成后的使用价值和功能的正常发挥，它是影响工程建设项目质量的决定性环节。

（4）施工阶段对工程项目质量的影响

工程建设项目施工阶段，是根据设计文件和图纸的要求通过施工活动而形成工程实体的连续过程。因此施工阶段质量管理工作的要求是保证形成工程合同与设计方案要求的工程实体质量，这一阶段直接影响工程建设项目的最终质量，它是影响工程建设项目质量的关键环节。

（5）竣工验收阶段对工程项目质量的影响

工程建设项目竣工验收阶段的质量管理工作要求通过质量检查评定、试车运转等环节考核工程质量的实际水平是否与设计阶段确定的质量目标水平相符，这一阶段是工程建设项目自建设过程向生产使用过程发生转移的必要环节，它体现得是工程质量水平的最终结果。因此工程竣工验收阶段影响工程能否最终形成生产能力，它是影响工程建设项目质量的最后一个重要环节。

## 二、工程项目质量控制的基本概念

1.工程项目质量控制

质量控制是指在明确的质量目标条件下通过行动方案和资源配置的计划、实施、检查和监督来实现预期目标的过程。

工程项目质量控制则是指在工程项目质量目标的指导下，通过对项目各阶段的资源、过程和成果所进行的计划、实施、检查和监督过程，以判定它们是否符合有关的质量标准，并找出方法消除造成项目成果不令人满意的原因。该过程贯穿于项目执行的全过程。

质量控制与质量管理的关系和区别在于，质量控制是质量管理的一部分，致力于满足质量要求，如适用性可靠性、安全性等。质量控制属于为了达到质量要求所采取的作业技术和管理活动，是在有明确的质量目标条件下进行的控制过程。工程项目质量管理是工程项目各项管理工作的重要组成部分，它是工程项目从施工准备到交付使用的全过程中，为保证和提高工程质量所进行的各项组织管理工作。

2.工程项目的质量总目标

工程项目的质量总目标由业主提出，是对工程项目质量提出的总要求，包括项目范围的定义、系统构成、使用功能与价值、规格以及应达到的质量等级等。这一总目标是在工程项目策划阶段进行目标决策时确定的。从微观上讲，工程项目的质量总目标还要满足国家对建设项目规定的各项工程质量验收标准以及使用方（客户）提出的其他质量方面的要求。

3.工程项目质量控制的范围

工程项目质量控制的范围包括勘察设计、招标投标、施工安装和竣工验收四个阶段的质量控制。在不同的阶段，质量控制的对象和重点不完全相同，需要在实施过程中加以选择和确定。

4.工程项目质量控制与产品质量控制的区别

项目质量控制相对产品来说，是一个复杂的非周期性过程，各种不同类型的项目，其区域环境、施工方法、技术要求和工艺过程可能不尽相同，因此工程项目的质量控制更加困难。主要的区别有以下五点：

（1）影响因素多样性

工程项目的实施是一个动态过程，影响项目质量的因素也是动态变化的。项目在不同阶段、不同施工过程，其影响因素也不完全相同，这就造成工程项目质量控制的因素众多，使工程项目的质量控制比产品的质量控制要困难得多。

（2）项目质量变异性

工程项目施工与工业产品生产不同，产品生产有固定的生产线以及相应的自动控制系统、规范化的生产工艺和完善的检测技术，有成套的生产设备和稳定的生产环境，有相同系列规格和相同功能的产品。同时，由于影响工程项目质量的偶然性因素和系统性因素都较多，因此，很容易产生质量变异。

（3）质量判断难易性

工程项目在施工中，由于工序交接多，中间产品和隐蔽工程多，造成质量检测数据的采集、处理和判断的难度加大，由此容易导致对项目的质量状况做出错误判断。而产品生产有相对固定的生产线和较为准确、可靠的检测控制手段，因此，更容易对产品质量做出正确的判断。

（4）项目构造分解性

项目建成后，构成一项建筑（或土木）工程产品的整体，一般不能解体和拆分，其中有的隐蔽工程内部质量的检测，在项目完成后很难再进行检查。对已加工完成的工业产品，一般都能在一定程度上予以分解、拆卸，进而可再对各零部件的质量进行检查，达到产品质量控制的目的。

（5）项目质量的制约性

工程项目的质量受费用工期的制约较大，三者之间的协调关系不能简单地偏顾一方，要正确处理质量、费用、进度三方关系，在保证适当、可行的项目质量基础上，使工程项目整体最优。而产品的质量标准是国家或行业规定的，只需完全按照有关质量规范要求进行控制，不受生产时间、费用的限制。

## 三、工程项目质量形成的影响因素

1.人的质量意识和质量能力

人是工程项目质量活动的主体，泛指与工程有关的单位、组织和个人，包括建设单位、勘察设计单位、施工承包单位、监理及咨询服务单位、政府主管及工程质量监督监测单位以及策划者、设计者、作业者和管理者等。人既是工程项目的监督者又是实施者，因此，人的质量意识和控制质量的能力是最重要的一项因素。这一因素集中反映在人的素质上，包括人的思想意识、文化教育、技术水平、工作经验以及身体状况等，都直接或间接地影响工程项目的质量。从质量控制的角度，则主要考虑从人的资质条件、生理条件和行为等方面进行控制。

2.工程项目的决策和方案

项目决策阶段是项目整个生命周期的起始阶段，这一阶段工作的质量关系到全局。这一阶段主要是确定项目的可行性，对项目所涉及的领域、投融资、技术可行性、社会与环境影响等进行全面的评估。在项目质量控制方面的工作是在项目总体方案策划基础上确定项目的总体质量水平。因此可以说，这一阶段从总体上明确了项目的质量控制方向，其成果将影响项目总体质量，属于项目质量控制工作的一种质量战略管理。工程项目的施工方案措施工技术方案和施工组织方案。施工技术方案包括施工的技术、工艺、方法和相应的施工机械、设备和工具等资源的配置。因此组织设计、施工工艺、施工技术措施、检测方法、处理措施等内容都直接影响工程项目的质量形成，其正确与否、水平高低不仅影响到施工质量，还对施工的进度和费用产生重大影响。因此，对工程项目施工方案应从技术、组织、管理、经济等方面进行全面分析与论证，确保施工方案既能保证工程项目质量，又能加快施工进度并降低成本。

3.工程项目材料

项目材料方面的因素包括原材料、半成品、成品、构配件、仪器仪表和生产设备等，属于工程项目实体的组成部分。这些因素的质量控制主要有采购质量控制，制造质量控制，材料、设备进场的质量控制，材料、设备存放的质量控制。

4.施工设备和机具

施工设备和机具是实现工程项目施工的物质基础和手段，特别对于现代化施工必不可少。施工设备和机具的选择是否合理、适用、先进，直接影响工程项目的施工质量和进度。因此要对施工设备和机具的使用培训、保养制度、操作规程等加以严格管理和完善，以保证和控制施工设备与机具达到高效率和高质量的使用水平。

5.施工环境

影响工程项目施工环境的因素主要包括三个方面：工程技术环境、工程管理环境和劳动环境。

# 第二节　建筑工程质量控制方法

## 一、质量控制方法

1.施工准备阶段的质量控制方法

施工质量控制必须控制到位，使工程中的每一个环节都处于监控状态中，质量隐患才能被及时发现，所以质量控制是动态的、全过程、全方位的。管理人员要做好每一步流程的把关纠偏工作。施工前期主要为施工过程做准备，在前期要将施工中需要的物资和人员等准备就位，具体的施工质量控制内容和措施是施工单位针对施工内容建立质量管理体系完善质量管理制度和配套的考核体系，构建质量管理机构。项目负责人要组织所有的人员对图纸进行分析，以做好技术交底和质量交底工作，使人员都对施工质量都有全面认识。施工人员要对施工测量资料进行研究和复核。

施工单位还要做好现场整理工作，使材料设备等物资得到合理安排，保证这些物资在采购、运输、储存、应用等环节的协调配合工作。

2.施工过程中的质量控制方法

施工过程中，基础工程、混凝土工程以及其他结构工程是施工人员的主要施工任务，这些工程项目的施工质量要想得到保证，就要从入料机以及技术验收等方面入手。例如在材料应用前，做好质量检查工作，对混凝土等材料还要做好配比试验和性能试验，在设备应用中，要对机械的性能参数和设备本身组装质量、设备与设备之间的综合配套质量进行核实。在利用设备进行测量施工等工作时，还要保证设备正常运行。每一道施工工序中均有各自的施工控制点，施工人员还要特别注意这些控制点的施工质量，每一道工序施工完毕，必须进行严格的质量验收工作，要对验收记录进行复核。在施工中还要做好施工变更和设计变更的处理工作，使其不会对施工质量造成影响。另外管理人员还要对相关的其他施工目标实现过程进行把关，使其不会对施工质量造成间接影响。每一道工序施工完毕，还要做好保养维护工作，直到该结构的强度或其他性能满足施工要求为止。

3.竣工验收阶段的质量控制方法

竣工验收阶段也是质量控制要点，此时的质量隐患不容易被发现，但隐患遗留到后期。就会造成严重的质量问题或事故。首先管理人员要辅助项目负责人，对工程施工的相关资料进行采集和整理，隐蔽工程记录及各种质量记录。工程质量验收要由专业的技术人员完成，现场验收出来的质量隐患，一定要及时处理。工程只有全部符合质量要求，验收部门才能颁发相关证书。但建筑工程在未交付使用之前，还要持续做好整体的维护与保养。

## 二、建筑工程成本管理

建筑工程成本管理的最终目的在于降低项目成本，提高经济效益。在竞争日益激烈的建筑市场中，建筑企业应更加重视建筑工程项目的成本管理。按照责任明确的要求，建筑工程成本管理应当以能否对成本费用进行控制分别采取措施，概括起来包括组织措施、技术措施、经济措施和管理措施。

1.组织措施

完善高效的组织是建筑工程成本管理的保障，可以最大限度地发挥各级管理人员的积极性和创造性，因此，必须建立完善的、科学的、分工合理的、责权利明确的组织机构和以项目经理为中心的成本控制体系。

企业应建立和完善项目管理层作为成本控制中心的功能和机制。成立以项目经理为第一责任人，由工程技术、物资结构、试验测量、质量管理、合同管理、财务等相关部门领导组成的成本管理领导小组，主要负责项目经理部的成本管理、指导和考核，进行项目经济活动分析，制定成本目标及其实现的途径与对策，同时制定成本控制管理办法及奖惩办法等。

在项目部建立一个以项目经理为中心的成本控制量化责任体系，在这个体系中按内部各岗位和作业层进行成本目标分解，明确各管理人员和作业层的成本责任、权限及相互关系。实施有效的激励措施和惩戒措施，通过责权利相结合，使责任人积极有效地承担成本控制的责任和风险。

2.技术措施

采取技术措施是在施工阶段充分发挥技术人员的主观能动性，对标书中主要技术方案做必要的技术经济论证，以需求较为经济可靠的方案，从而降低工程成本，包括采用新材料、新技术、新工艺节约能耗，提高机械化操作等。

（1）进行经济合理的施工组织设计。经济合理的施工组织设计是编制施工预算文件，进行成本控制的依据，保证在工程的实施过程中能以最少的消耗取得最大的效益。施工组织设计要根据工程的建筑特点和施工条件等，考虑工期与成本的辩证统一关系，正确选择施工方案，合理布置施工现场；采用先进的施工方法和施工工艺，不断提高工业化、现代化水平；注意竣工收尾，加快工程进度，缩短工期。在工程中要随时收集实际发生的成本数据和施工形象进度，掌握市场信息，及时提出改善施工或变更施工组织设计，按照施工组织设计进度计划安排施工，克服和避免盲目突击赶工现象，消除赶工造成工程成本激增的情况。

（2）加强技术质量管理。主要是研究推广新产品、新技术、新结构、新材料、新机器及其他技术革新措施，制定并贯彻降低成本的技术组织措施，提供经济效果，加强施工过程的技术质量检验制度，提高工程质量，贯彻"至精、至诚、更优、更新"的质量方针，避免返工损失。

3.经济措施

（1）材料费的控制。材料费一般占工程全部费用的65%~75%，直接影响工程成本和经济效益，主要应做好材料用量和材料价格控制两方面的工作来严格控制材料费。在材料用量方面：坚持按定额实行限额领料制度；避免和减少二次搬运等。在材料价格方面：在保质保量的前提下，择优购料；降低运输成本；减少资金占用；降低存货成本。

（2）人工费的控制。人工费一般占工程全部费用的10%左右，所占比例较大，所以要严格控制人工费，加强定额用工管理。主要是改善劳动组织、合理使用劳动力，提高工作效率；执行劳动定额，实行合理的工资和奖励制度；加强技术教育和培训工作；压缩非生产用工和辅助用工，严格控制非生产人员比例。

（3）施工机具使用费的控制。根据工程的需要，正确选配和合理利用机械设备，做好机械设备的保养修理工作，避免不正当使用造成机械设备的闲置，从而加快施工进度、降低机械使用费。同时还可以考虑通过设备租赁等方式来降低机械使用费。

（4）其他费用控制。主要是精减管理机构，合理确定管理幅度与管理层次，实行定额管理，制定费用分项分部门的定额指标，有计划地控制各项费用开支，对各项费用进行相应的审批制度。

4.管理措施

（1）积极采用降低成本的管理新技术。如系统工程、工业工程、全面质量管理、价值工程等，其中价值工程是寻求降低成本途径的行之有效的管理方法。

（2）加强合同管理和索赔管理。合同管理和索赔管理是降低工程成本、提高经济效益的有效途径。项目管理人员应保证在施工过程严格按照项目合同进行执行，收集保存施工中与合同有关的资料，必要时可根据合同及相关资料要求索赔，确保施工过程中尽量减少不必要的费用支出和损失，从法律上保护自己的合法权益。

建筑工程成本管理是项目管理的核心内容，同时是衡量项目管理绩效的客观标尺。因此，在当前竞争日益激烈的情况下，必须树立强烈的成本管理意识，加强建筑工程的成本管理。

### 三、管理措施

建筑工程的成本管理不单纯是某一方面的工作，而是贯穿在项目实施全过程中，在承揽项目之后，根据项目的特点及组织设计，编制人工、材料等资源需求计划，并对成本进行预测，在此基础上编制项目成本预算计划，根据成本计划及预算，对实施过程中的成本进行控制。具体操作步骤包括成本预测与决策、成本计划、成本控制、成本核算、成本分析和成本考核。

1. 成本预测与决策

项目成本预测是根据成本信息和工程项目的具体情况，运用一定方法，对未来的成本水平及其发展趋势作出科学的估计，其实质就是在施工前对成本进行核算。通过成本预测，可以使项目经理部在满足建设单位和企业要求的前提下，选择成本低、效益好的最佳成本方案，并能够在项目成本形成过程中，针对薄弱环节，加强成本控制，克服盲目性，提高预见性。因此，项目成本预测是项目成本决策与计划的依据。

建筑工程成本决策是对工程施工生产活动中与成本相关的问题作出判断和选择的过程。

2. 成本计划

项目成本计划是项目经理部对项目施工成本进行计划管理的工具。它是以货币形式编制工程项目在计划期内的生产费用、成本水平、成本降低率以及为降低成本所采取的主要措施和规划的书面方案，它是建立项目成本管理责任制、开展成本控制和核算的基础。一般来说，一个项目成本计划应包括从开工到竣工所必需的施工成本，它是降低项目成本的指导文件，是设定目标成本的依据。

3. 成本控制

项目成本控制是指在施工过程中，对影响项目成本的各种因素加强管理，并采取各种有效措施，将施工中实际发生的各种消耗和支出严格控制在成本计划范围内，随时揭示并及时反馈，严格审查各项费用是否符合标准，计算实际成本和计划成本之间的差异并进行分析，消除施工中的损失浪费现象，发现和总结先进经验。通过成本控制，使之最终实现甚至超过预期的成本节约目标。项目成本控制应贯穿在工程项目从招标投标阶段开始直到项目竣工验收的全过程，它是企业全面成本管理的重要环节。

4.成本核算

项目成本核算是指项目施工过程中所发生的各种费用所形成的项目成本的核算。一是按照规定的成本开支范围对施工费用进行归集，计算出施工费用的实际发生额；二是根据成本核算对象，采用适当的方法，计算出该工程项目的总成本和单位成本。项目成本核算所提供的各种成本信息，是成本预测、成本计划、成本控制、成本分析和成本考核等各个环节的依据。因此，加强项目成本核算工作，对降低项目成本、提高企业的经济效益有积极的作用。

5.成本分析

项目成本分析是在成本形成过程中，对项目成本进行的对比评价和剖析总结工作，它贯穿于项目成本管理的全过程，也就是说项目成本分析主要利用工程项目的成本核算资料（成本信息），与目标成本（计划成本）、预算成本以及类似的工程项目的实际成本等进行比较，了解成本的变动情况，同时也要分析主要技术经济指标对成本的影响，系统地研究成本变动的因素，检查成本计划的合理性，并通过成本分析，深入揭示成本变动的规律，寻找降低项目成本的途径，以便有效地进行成本控制。

6.成本考核

成本考核是指在项目完成后，对项目成本形成中的各责任者，按项目成本目标责任制的有关规定，将成本的实际指标与计划、定额、预算进行对比和考核，评定项目成本计划的完成情况和各责任者的业绩，并依此给予相应的奖励和处罚。通过成本考核，做到有奖有惩，赏罚分明，才能有效地调动企业的每一个职工在各自的岗位上努力完成目标成本的积极性，为降低项目成本和增加企业的积累作出自己的贡献。

综上所述，项目成本管理中的每一个环节都是相互联系和相互作用的。成本预测是成本决策的前提，成本计划是成本决策所确定目标的具体化。成本控制则是对成本计划的实施进行监督，保证决策的成本目标实现，而成本核算又是成本计划是否实现的最后检验，它所提供的成本信息又对下一个项目成本预测和决策提供基础资料。成本考核是实现成本目标责任制的保证和实现决策目标的重要手段。

成本计划是在多种成本预测的基础上，经过分析、比较、论证、判断之后，以货币形式预先规定计划期内项目施工的耗费和成本所要达到的水平，并且确定各个成本项目比预计要达到的降低额和降低率，提出保证成本计划实施所需要的主要措施方案。

项目成本计划是项目全面计划管理的核心，其内容涉及项目范围内的人、财、物和项目管理职能部门等方方面面。项目作为基本的成本核算单位，有利于项目成本计划管理体制的改革和完善，以及解决传统体制下施工预算与计划成本、施工组织设计与项目成本计划相互脱节的问题，为改革施工组织设计、创立新的成本计划体系创造有利条件和环境。改革、创新的主要措施，就是将编制项目质量手册、施工组织设计、施工预算或项目计划成本、项目成本计划有机结合，形成新的项目计划体系，将工期、质量、安全和成本目标高度统一，形成以项目质量管理为核心，以施工网络计划和成本计划为主体，以人工、材料、机械设备和施工准备工作计划为支持的项目计划体系。

建筑工程成本计划在建筑工程成本管理中起着承上启下的作用，其主要具有以下特点：

积极主动性。成本计划不仅仅是被动地按照已确定的技术设计、工期、实施方案和施工环境来预算工程的成本，而是更注重进行技术经济分析，从总体上考虑项目工期、成本、质量和实施方案之间的相互影响和平衡，以寻求最优的解决途径。

动态控制的过程。项目不仅在计划阶段进行周密的成本计划，而且要在实施过程中将成本计划和成本控制合为一体，不断根据新情况，如工程设计的变更、施工环境的变化等，随时调整和修改计划，预测项目施工结束时的成本状况以及项目的经济效益，形成一个动态控制过程。

采用全寿命周期理论。成本计划不仅针对建设成本，还要考虑运营成本的高低。一般而言，对施工项目的功能要求高、建筑标准高，则施工过程中的工程成本增加，但今后使用期内的运营费用会降低；反之，如果工程成本低，则运营费用会提高。通常，通过对项目全寿命期做总经济性比较和费用优化来确定项目的成本计划。

成本目标的最小化与项目盈利的最大化相统一。盈利的最大化经常是从整个项目的角度分析的。经过对项目的工期和成本的优化选择一个最佳的工期，以降低成本，使成本的最小化与盈利的最大化取得一致。

## 四、成本计划

建筑工程成本计划是一个不断深化的过程，在这个过程中，按其作用可分为竞争性成本计划、指导性成本计划、实施性成本计划三种。

1.竞争性成本计划

竞争性成本计划是指工程项目投标及签订合同阶段的估算成本计划。它主要是以招标文件中法人合同文件、投标者须知、技术规程、设计图纸或工程量清单为依据，以有关价格条件说明为基础，结合工程实际情况等对本企业完成招标工程所需要支出的全部费用进行估算。

2.指导性成本计划

指导性成本计划是指选派项目经理阶段的预算成本计划。它是以合同标书为依据，按照企业的预算定额标准制订的设计预算成本计划。

3.实施性成本计划

实施性成本计划是指项目施工准备阶段的施工预算成本计划。它是以项目实施方案为依据，落实项目经理的责任目标，采用企业的施工定额通过施工预算的编制而形成的实施性成本计划。

# 第三节 建筑工程项目施工质量控制和验收的方法

## 一、施工质量控制的目标

1.施工质量控制的总体目标是贯彻执行建设工程质量法规和强制性标准，正确配置施工生产要素和采用科学管理的方法，实现工程项目预期的使用功能和质量标准。这是建设工程参与各方的共同责任。

2.建设单位的质量控制目标是通过施工：全过程的全面质量监督管理、协调和决策，保证竣工项目达到投资决策所确定的质量标准。

3.设计单位在施工阶段的质量控制目标，是通过对施工质量的验收签证、设计变更控制及纠正施工中所发现的设计问题，采纳变更设计的合理化建议等，保证竣工项目的各项施工结果与设计文件（包括变更文件）所规定的标准相一致。

4.施工单位的质量控制目标是通过施工全过程的全面质量自控，保证交付满足施工合同及设计文件所规定的质量标准（含工程质量创优要求）的建设工程产品。

5.监理单位在施工阶段的质量控制目标是通过审核施工质量文件、报告报表及现场旁站检查、平行检验、施工指令和结算支付控制等手段的应用，监控施工承包单位的质量活动行为，协调施工关系，正确履行工程质量的监督责任，以保证工程质量达到施工合同和设计文件所规定的质量标准。

## 二、施工质量控制的过程

1.施工质量控制的过程，包括施工准备质量控制、施工过程质量控制和施工验收质量控制。

施工准备质量控制是指工程项目开工前的全面施工准备和施工过程中各分部分项工程施工作业前的施工准备（或称施工作业准备）。此外，还包括季节性的特殊施工准备。施工准备质量虽然属于工作质量范畴，但是它对建设工程产品质量的形成能产生重要的影响。

施工过程的质量控制是措施工作业技术活动的投入与产出过程的质量控制，其内涵包括全过程施工生产以及其中各分部分项工程的施工作业过程。

施工验收质量控制是指对已完成工程验收时的质量控制，即工程产品质量控制。包括隐蔽工程验收、检验批验收、分项工程验收、分部工程验收、单位工程验收和整个建设工程项目竣工验收过程的质量控制。

2.施工质量控制过程既有施工承包方的质量控制职能，也有业主方、设计方、监理方、供应方及政府的工程质量监督部门的控制职能，他们具有各自不同的地位、责任和作用。

自控主体。施工承包方和供应方在施工阶段是质量自控主体，不能因为监控主体的存在和监控责任的实施而减轻或免除其质量责任。

监控主体。业主、监理、设计单位及政府的工程质量监督部门，在施工阶段是依据法律和合同对自控主体的质量行为和效果实施监督控制的。

自控主体和监控主体在施工全过程中相互依存、各司其职，共同推动着施工质量控制过程的发展和最终工程质量目标的实现。

3.施工方作为工程施工质量的自控主体，既要遵循本企业质量管理体系的要求，也要根据其在所承建工程项目质量控制系统中的地位和责任，通过具体项目质量计划的编制与实施，有效地实现自主控制的目标。一般情况下，对施工承包企业而言，无论工程项目的功能类型、结构形式及复杂程度存在着怎样的差异，其施工质量控制过程都可以归纳为以下相互作用的八个环节：

（1）工程调研和项目承接。全面了解工程情况和特点，掌握承包合同中工程质量控制的合同条件。

（2）施工准备，如图纸会审、施工组织设计、施工力量设备的配置等。

（3）材料采购。

（4）施工生产。

（5）试验与检验。

（6）工程功能检测。

（7）竣工验收。

（8）质量回访及保修。

## 三、施工质量计划的编制

1.按照 GB/T19000 质量管理体系标准，质量计划是质量管理体系文件的组成内容。

在合同环境下质量计划是企业向顾客表明质量管理方针、目标及其具体实现的方法、手段和措施，体现企业对质量责任的承诺和实施的具体步骤。

2.施工质量计划的编制主体是施工承包企业。在总承包的情况下，分包企业的施工质量计划是总包施工质量计划的组成部分。总包有责任对分包施工质量计划的编制进行指导和审核，并承担施工质量的连带责任。

3.根据建筑工程生产施工的特点，目前我国工程项目施工的质量计划常用施工组织设计或施工项目管理实施规划的文件形式进行编制。

4.在已经建立质量管理体系的情况下，质量计划的内容必须全面体现和落实企业质量管理体系文件的要求（也可引用质量体系文件中的相关条文），同时结合本工程的特点，在质量计划中编写专项管理要求。施工质量计划的内容一般应包括：工程特点及施工条件分析（合同条件、法规条件和现场条件），履行施工承包合同所必须达到的工程质量总目标及其分解目标，质量管理组织机构、人员及资源配置计划，为确保工程质量所采取的施工技术方案、施工程序，材料设备质量管理及控制措施，工程检测项目计划及方法等。

5.施工质量控制点的设置是施工质量计划的组成内容。质量控制点是施工质量控制的重点，凡属关键技术、重要部位、控制难度大、影响大、经验欠缺的施工内容以及新材料、新技术、新工艺、新设备等，均可列为质量控制点实施重点控制。

施工质量控制点设置的具体方法是，根据工程项目施工管理的基本程序，结合项目特点，在制订项目总体质量计划后，列出各基本施工过程对局部和总体质量水平有影响的项目，作为具体实施的质量控制点。如：在高层建筑施工质量管理中，可列出地基处理、工程测量、设备采购、大体积混凝土施工及有关分部分项工程中必须进行重点控制的专题等，作为质量控制重点；在工程功能检测的控制程序中，可设立建（构）筑物防雷检测、消防系统调试检测、通风设备系统调试等专项质量控制点。

通过质量控制点的设定，质量控制的目标及工作重点就能更加明晰，加强事前预控的方向也就更加明确。事前预控包括明确控制目标参数、制定实施规程（包括施工操作规程及检测评定标准）、确定检查项目数量及跟踪检查或批量检查方法、明确检查结果的判断标准及信息反馈要求。

施工质量控制点的管理应该是动态的，一般情况下在工程开工前、设计交底和图纸会审时，可确定一批项目的质量控制点，随着工程的展开、施工条件的变化，随时或定期进行控制点范围的调整和更新，始终保持重点跟踪的控制状态。

6.施工质量计划编制完毕，应经企业技术领导审核批准，并按施工承包合同的约定提交工程监理或建设单位批准确认后执行。

## 四、施工生产要素的质量控制

1.影响施工质量的五大要素

劳动主体——人员素质，即作业者、管理者的素质及其组织效果。

劳动对象——材料、半成品、工程用品、设备等的质量。

劳动方法——采取的施工工艺及技术措施的水平。

劳动手段——工具、模具、施工机械、设备等条件。

施工环境——现场水文、地质、气象等自然环境，通风、照明、安全等作业环境以及协调配合的管理环境。

2.劳动主体的控制

劳动主体的质量包括参与工程各类人员的生产技能、文化素养、生理体能、心理行为等方面的个体素质及经过合理组织充分发挥其潜在能力的群体素质。因此，企业应通过择优录用、加强思想教育及技能方面的教育培训，合理组织、严格考核，并辅以必要的激励机制，使企业员工的潜在能力得到最好的组合和充分发挥，从而保证劳动主体在质量控制系统中发挥主体自控作用。

施工企业控制必须坚持对所选派的项目领导者、组织者进行质量意识教育和组织管理能力训练，坚持对分包商的资质考核和施工人员的资格考核，坚持各工种按规定持证上岗制度。

3.劳动对象的控制

原材料、半成品、设备是构成工程实体的基础，其质量是工程项目实体质量的组成部分。因此加强原材料、半成品及设备的质量控制，不仅是提高工程质量的必要条件，也是实现工程项目投资目标和进度目标的前提。

对原材料、半成品及设备进行质量控制的主要内容为：控制材料设备性能、标准与设计文件相符性，控制材料设备各项技术性能指标、检验测试指标与标准要求的相符性，控制材料设备进场验收程序及质量文件资料的齐全程度等。

施工企业应在施工过程中贯彻执行企业质量程序文件中明确规定的材料设备在封样、采购、进场检验、抽样检测及质保资料提交等一系列控制标准。

4.施工工艺的控制

施工工艺的先进合理是直接影响工程质量、工程进度及工程造价的关键因素，施工工艺的合理、可靠还直接影响到工程施工安全。因此，在工程项目质量控制系统中，制订和采用先进合理的施工工艺是工程质量控制的重要环节。对施工方案的质量控制主要包括以下内容：

（1）全面正确地分析工程特征、技术关键及环境条件等资料，明确质量目标、验收标准、控制的重点和难点。

（2）制订合理有效的施工技术方案和组织方案，前者包括施工工艺、施工方法；后者包括施工区段划分、施工流向及劳动组织等。

（3）合理选用施工机械设备和施工临时设施，合理布置施工总平面图和各阶段施工平面图。

（4）选用和设计保证质量和安全的模具、脚手架等施工设备。

（5）编制工程所采用的新技术、新工艺、新材料的专项技术方案和质量管理方案。

为确保工程质量，还应针对工程具体情况，编写气象地质等环境不利因素对施工的影响及其应对措施。

5.施工设备的控制

对施工所用的机械设备，包括起重设备、各项加工机械、专项技术设备、检查测量仪表设备及人货两用电梯等，应根据工程需要从设备选型、主要性能参数及使用操作要求等方面加以控制。

对施工方案中选用的模板、脚手架等施工设备，除按适用的标准定型选用外，一般需按设计及施工要求进行专项设计，对其设计方案、制作质量和验收应作为重点进行控制。按现行施工管理制度要求，工程所用的施工机械、模板、脚手架，特别是危险性较大的现场安装的起重机械设备，不仅要对其设计安装方案进行审批，而且安装完毕交付使用前必须经专业管理部门验收合格后方可使用。同时，在使用过程中尚需落实相应的管理制度，以确保其安全正常使用。

6.施工环境的控制

环境因素主要包括地质水文状况、气象变化、其他不可抗力因素，以及施工现场的通风、照明、安全卫生防护设施等劳动作业环境等内容。环境因素对工程施工的影响一般难以避免。要消除其对施工质量的不利影响，主要是采取预测预防的控制方法。

对地质水文等方面影响因素的控制，应根据设计要求，分析基地地质资料，预测不利因素，并会同设计等部门采取相应的措施，如降水、排水、加固等技术控制方案。对天气气象方面的不利条件，应制订专项施工方案，明确施工措施，落实人员、器材等以备紧急应对，从而控制其对施工质量的不利影响。

因环境因素造成的施工中断，往往也会对工程质量造成不利影响，必须通过加强管理、调整计划等措施加以控制。

## 五、施工作业过程的质量控制

1.建设工程施工项目是由一系列相互关联、相互制约的作业过程（工序）所构成，控制工程项目施工过程的质量，必须控制全部作业过程，即各道工序的施工质量。

2.施工作业过程质量控制的基本程序

（1）进行作业技术交底，包括作业技术要领、质量标准、施工依据、与前后工序的关系等。

（2）检查施工工序、程序的合理性、科学性，防止工序流程错误而导致工序质量失控。检查内容包括施工总体流程和具体施工作业的先后顺序，在正常的情况下，要坚持先准备后施工、先深后浅、先土建后安装、先验收后交工等。

（3）检查工序施工条件，即每道工序投入的材料，使用的工具、设备，操作工艺及环境条件等是否符合施工组织设计的要求。

（4）检查工序施工中人员操作程序、操作质量是否符合质量规程要求。

（5）检查工序施工中产品的质量，即工序质量、分项工程质量。

（6）对工序质量符合要求的中间产品（分项工程）及时进行工序验收或隐蔽工程验收。

（7）质量合格的工序经验收后可进入下道工序施工，未经验收合格的工序不得进入下道工序施工。

3.施工工序质量控制要求

工序质量是施工质量的基础，工序质量也是施工顺利进行的关键。为达到对工序质量控制的效果，在工序管理方面应做到：

（1）贯彻预防为主的基本要求，设置工序质量检查点，把材料质量状况、工具设备状况、施工程序、关键操作、安全条件、新材料新工艺应用、常见质量通病，甚至包括操作者的行为等影响因素列为控制点作为重点检查项目进行预控。

（2）落实工序操作质量巡查、抽查及重要部位跟踪检查等方法，及时掌握施工质量总体状况。

（3）对工序产品、分项工程的检查应按标准要求进行目测、实测及抽样试验的程序，做好原始记录，经数据分析后，及时作出合格及不合格的判断。

（4）对合格的工序产品应及时提交监理进行隐蔽工程验收。

（5）完善管理过程的各项检查记录、检测资料及验收资料，作为工程质量验收的依据，并为工程质量分析提供可追溯的依据。

## 六、施工质量验收的方法

1.建设工程质量验收是对已完工的工程实体的外观质量及内在质量按规定程序检查后，确认其是否符合设计及各项验收标准的要求，作为建设工程是否可交付使用的一个重要环节。正确地进行工程项目质量的检查评定和验收，是保证工程质量的重要手段。

鉴于建设工程施工规模较大、专业分工较多、技术安全要求高等特点，国家相关行政管理部门对各类工程项目的质量验收标准制定了相应的规范，以保证工程验收的质量，工程验收应严格执行规范的要求和标准。

2.工程质量验收分为过程验收和竣工验收，其程序及组织包括：

（1）施工过程中，隐蔽工程在隐蔽前通知建设单位（或工程监理）进行验收，并形成验收文件。

（2）分部分项工程完成后，应在施工单位自行验收合格后，通知建设单位（或工程监理）验收，重要的分部分项工程应请设计单位参加验收。

（3）单位工程完工后，施工单位应自行组织检查、评定，符合验收标准后，向建设单位提交验收申请。

（4）建设单位收到验收申请后，应组织施工、勘察、设计、监理单位等方面的人员进行单位工程验收，明确验收结果，并形成验收报告。

（5）按国家现行管理制度，房屋建筑工程及市政基础设施工程验收合格后，还需在规定时间内，将验收文件报政府管理部门备案。

3.建设工程施工质量验收应符合下列要求：

（1）工程质量验收均应在施工单位自行检查评定的基础上进行。

（2）参加工程施工质量验收的各方人员，应该具有规定的资格。

（3）建设项目的施工，应符合工程勘察、设计文件的要求。

（4）隐蔽工程应在隐蔽前由施工单位通知有关单位进行验收，并形成验收文件。

（5）单位工程施工质量应该符合相关验收规范的标准。

（6）涉及结构安全的材料及施工内容，应有按照规定对材料及施工内容进行见证取样检测的资料。

（7）对涉及结构安全和使用功能的重要部分工程、专业工程应进行功能性抽样检测。

（8）工程外观质量应由验收人员通过现场检查后共同确认。

4.建设工程施工质量检查评定验收的基本内容及方法：

（1）分部分项工程内容的抽样检查。

（2）施工质量保证资料的检查，包括施工全过程的技术质量管理资料，其中又以原材料、施工检测、测量复核及功能性试验资料为重点检查内容。

（3）工程外观质量的检查。

5.工程质量不符合要求时，应按以下规定进行处理：

（1）经返工或更换设备的工程，应该重新检查验收。

（2）经有资质的检测单位检测鉴定，能达到设计要求的工程应予以验收。

（3）经返修或加固处理的工程，虽局部尺寸等不符合设计要求，但仍然能满足使用要求的，司按技术处理方案和协商文件进行验收。

（4）经返修和加固后仍不能满足使用要求的工程严禁验收。

# 第四节　建筑工程质量改进

## 一、质量如何改进

1.现今建筑质量中存在的问题

近几年，国内房地产业的发展突飞猛进。由于建设数量过多建设速度过快，随之暴露出不少建筑质量问题，大致可归纳为以下几个方面：

（1）偏重土建质量，忽视功能和配套设施及设备的质量。

（2）偏重表面质量，忽视隐蔽质量。

（3）偏重施工进度，不顾质量抢工期。

2.影响建筑质量的主要因素

建筑工程项目的质量控制和管理是一项复杂多变的过程系统管理工程，其特点是牵扯的部门多环节多等，从政府审批、规划、设计、招标、施工、监理、验收等各个部门和环节都密切相关，每个环节都要各尽其职，才能保证建筑工程项目的质量。

（1）人的素质是首要的因素

建筑工程项目的质量控制和有效管理首先是人的因素，包括建设单位、监理公司、施工企业的领导者的理论水平和管理水平。建设单位领导者是建筑工程项目的组织者、决策者，其综合素质是决定建筑工程项目是否具有前瞻性、实用性、功能性、美观性等的关键；监理单位监理工程师的素质是建筑工程项目质量的重要保证；施工单位管理、技术工程师的素质是建筑工程项目质量的根本保证。总之，人的因素贯穿到每一个建筑工程项目的每一个环节，是确保建筑工程项目的质量控制和有效管理的决定性因素。

（2）材料质量是保证工程质量的关键因素

据统计资料分析，建筑工程中材料费用约占总投资的70%，因此，建筑材料无疑是保证建筑工程质量的关键因素。建立质量保证体系，包括建立以建筑材料、产品为中心的质量责任制，建筑材料包括原材料、成品、半成品、构配件等，施工所用的建筑材料必须经过对材料的成分、物理性能、化学性能、机械性能等测试检验程序，把好材料质量关必须做到以下几点：

1）采购人员应具备良好的政治素质及道德修养，较强的专业知识，熟悉建筑材料基本性能，备一定的材料质量鉴别能力；

2）随时掌握材料造价信息，招标优选供货厂家；

3）按合同和施工进度的要求，能及时组织材料供应，确保正常施工；

4）严格执行材料试验、检验程序，杜绝不合格材料进场；

5）进场的建筑材料要完善现场管理措施，做好合理使用。

（3）机械设备是工程质量的保障

建筑施工企业的机械化程度代表着建筑施工企业的实力品牌和施工水平，也体现了施工企业的管理水平。采用先进的机械化设备能明显保证和提高施工质量，确保达到施工设计的技术要求和指标。建筑单位和施工企业必须综合考虑施工设计方案、施工现场条件、建筑结构形式、施工工艺、建筑技术经济水平等因素，合理选择机械类型和性能参数，合理使用机械设备。施工技术、操作人员应熟悉机械设备操作规程，加强对施工机械设备的保养、维修和管理，保证机械设备能正常运行。

（4）工程造价过低原因

房屋工程的质量问题和工程的造价有直接的关系，造价过低，会增加施工企业经营压力而疏于管理，材料质无保证，甚至偷工减料，如当前铝塑门窗的质量问题是比较普遍存在的，铝塑型材的厚度在外观上虽然达到设计要求，但是材质不均匀，铝材薄质量差，密封条太小，窗锁不能很好咬合等，这是施工企业选用价格低廉的材料与配件的原因造成；有的建筑物屋面防水材料不能选用档次较高的新型防水材料而多是选用低档的防水卷材造成屋面防水层耐久性差，容易产生渗漏；在室内装修部分，如吸顶灯不选用玻璃或瓷质的灯罩，而是选用塑料灯罩所以就出现了塑料灯罩未等交付使用，即已老化，稍碰即碎。房屋工程的投资价格应严格控制，应当符合使用要求，适当的节约而不是盲目的压低造价，由于部分工程受到盲目压低造价的影响，造成"低价低质"的局面，这也是产生质量问题的重要原因之一。

（5）安全生产是建筑工程质量的有效控制和管理的重要保证

参加施工建设单位共同抓好建筑工程的安全生产，建立和制定完善的安全生产制度体系；施工单位认真制订和落实各项制度，配备安全设备和安全管理一员，实行文明施工；建设和监理单位要经常检查督促，健全施工管理制度。只有抓住施工过程的安全生产，才能稳定施工队伍，不影响工期，也确保了建筑工程质量的有效控制和管理。

3.提高建筑质量的有效途径

（1）建立完善竞争、约束、监督机制

一要按公平、公开、公正的原则，广泛实行竞争上岗，通过建立竞争机制，提高工作效率，激发学习热情，增强劳动积极性。二要订各项规章制度，促使相关人员严格按技术标准和规范施工作业，推进工程质量和文明施工水平的提高。三要建立全方位的质量与责任追究机制，实行目标管理，建立劳力、材料、设备市场，加强对人工费、材料费、设备费、管理费的控制。

（2）加强成本管理和质量管理，切实做到安全文明施工

项目管理的核心是成本管理，要建立成本管理的责任体系与运行机制，把建筑公司作为项目成本管理的中心，负责合同成本目标的总控制，以通过对合同单价的分解、调整、综合、平衡，确定内部核算单价，提出目标成本指导性计划，对作业层成本运行与管理进行指导和监督。为确保工程施工质量，要注重对职工进行质量安全教育，强化全员质量意识和安全意识，建立质量、安全管理重奖重罚制度。

（3）强化建筑项目目标责任制

强化建筑项目目标责任制是完成和达到建筑工程项目合同指标、实现建筑工程项目质量的控制和管理的根本保证。建筑工程项目是一个庞大系统的工程，包含了层层的互相连接的承包关系，按照"分项保分部、分部保单位工程"的原则，把质量总目标进行层层分解，研究确定每一个分部、分项工程的质量目标。并针对每个分项工程的技术要求和施工的难易程度，结合施工人员的技术水平和业务素质，确定质量管理和监控重点。写出详细的书面交底和质量保证措施，参加施工的所有人员进行技术交底，目标明确、职责分明。将工程项目作为一个系统工程管理，管理包括计划、组织、指挥、协调、控制、检查等。建设、施工、监理单位等加强信息反馈与调控，实现各层次项目目标指标，最终实现建筑工程项目达到的目标。

（4）强化协作单位管理

建筑工程项目包含土建、水、暖、电、安装等，是一项复杂而庞大的系统工程，

往往是多工种、全方位交叉作业，协作性强，管理难度大。各层次的分包工程单位互相衔接，各单位良好的协作关系，对实现项目质量总目标是至关重要。特别在一般设计无规定、规范要求不明确，必须依靠现场施工技术人员经验和技术水平进行合理处理，现场管理的重点应放在合理安排交叉作业、施工工序、分项工程施工顺序等。同时合理安排施工时间和空间、分项工程技术间歇、人力调配等，以保证工期。所以，强化协作单位管理也是保证施工工期和有效控制和管理建筑工程项目质量的重要素质之一。

## 二、遵循原则

从成本分析的效果出发，项目成本分析应遵循以下原则。

1. 实事求是的原则

在成本分析中，必然会涉及一些人和事，因此要注意人为因素的干扰。成本分析一定要有充分的事实依据，应用"一分为二"的辩证方法，对事物进行实事求是的评价，并要尽可能做到措辞恰当，能为绝大多数人所接受。

2. 用数据说话的原则

成本分析要充分利用统计核算、业务核算、会计核算和有关辅助记录（台账）的数据进行定量分析，尽量避免抽象的定性分析。

3. 注重时效的原则

工程项目成本分析贯穿于工程项目成本管理的全过程，这就要及时进行成本分析，及时发现问题，及时予以纠正；否则，就有可能贻误解决问题的最好时机，造成成本失控、效益流失。

4. 为生产经营服务的原则

成本分析不仅要揭露矛盾，而且要分析产生矛盾的原因，提出积极、有效的解决矛盾的合理化建议。这样的成本分析，必然会深得人心，从而受到项目经理部有关部门和人员的积极支持与配合，使工程项目的成本分析更健康地开展下去。

## 三、工程项目成本分析的内容

工程项目成本分析的内容就是对工程项目成本变动因素的分析。影响工程项目成本变动的因素有两个方面：一是外部的，属于市场经济的因素；二是内部的，属于企业经营管理的因素。这两方面的因素在一定条件下又是相互制约和相互促进的。影响工程项目成本变动的市场经济因素主要包括施工企业的规模和技术装备水平，施工企业专业化和协作的水平以及企业员工的技术水平和操作的熟练程度等几个方面，这些因素不是在短期内所能改变的。因此，应将工程项目成本分析的重点放在影响工程项目成本升降的内部因素上。一般来说，工程项目成本分析的内容主要包括以下几个方面。

1.人工费用水平的合理性

在实行管理层和作业层两层分离的情况下,工程项目施工需要的人工和人工费,由项目经理部与施工队签订劳务承包合同,明确承包范围、承包金额和双方的权利、义务。对项目经理部来说,除按合同规定支付劳务费以外,还可能发生一些其他人工费支出,这些费用支出主要有:

(1)因实物工程量增减而调整的人工和人工费。

(2)定额人工以外的估点工工资(已按定额人工的一定比例由施工队包干,并已列入承包合同的,不再另行支付)。

(3)对在进度、质量、节约、文明施工等方面作出贡献的班组和个人进行奖励的费用。项目经理部应分析上述人工费用水平的合理性。人工费用水平的合理性是指人工费既不过高,也不过低。如果人工费过高,就会增加工程项目的成本;而人工费过低,工人的积极性不高,工程项目的质量就有可能得不到保证。

2.材料、能源的利用效率

在其他条件不变的情况下,材料、能源消耗定额的高低直接影响材料、燃料成本的升降。材料、燃料价格的变动,也直接影响产品成本的升降。可见,材料、能源的利用效率及其价格水平是影响产品成本升降的重要因素。

3.机械设备的利用效率

施工企业的机械设备有自有和租用两种。在机械设备的租用过程中,存在着两种情况:种是按产量进行承包,并按完成产量计算费用的。如土方工程,项目经理部只要按实际挖掘的土方工程量结算挖土费用,而不必过问挖土机械的完好程度和利用程度。另一种是按使用时间(台班)计算机械费用的。如塔式起重机、搅拌机、砂浆机等,如果机械完好率差或在使用中调度不当,必然会影响机械的利用率,从而延长使用时间,增加使用费用。自有机械也要提高机械的完好率和利用率,因为自有机械停用,仍要负担固定费用。因此,项目经理部应该给予一定的重视。

由于建筑施工的特点,在流水作业和工序搭接上往往会出现某些必然或偶然的施工间隙,影响机械的连续作业;有时,又因为加快施工进度和工种配合,需要机械日夜不停地运转。这样,难免会有一些机械利用率很高,也会有一些机械利用不足,甚至会出现租而不用的情况。利用不足,台班费需要照付;租而不用,则要支付停班费。总之,都将增加机械使用费的支出。因此,在机械设备的使用过程中,必须以满足施工需要为前提,加强机械设备的平衡调度,充分发挥机械的效用;同时,还要加强平时的机械设备的维修保养工作,提高机械的完好率,保证机械的正常运转。

4.施工质量水平的高低

对施工企业来说,提高工程项目质量水平就可以降低施工中的故障成本,减少未达到质量标准而发生的一切损失费用,但这也意味着为保证:和提高项目质量而支出的费用就会增加。可见,施工质量水平的高低,也是影响工程项目成本的主要因素之一。

5.其他影响项目成本变动的因素

其他影响项目成本变动的因素，包括除上述四项以外的措施费用以及为施工准备、组织施工和施工管理所需的费用。

## 四、建筑工程成本分析管理过程

建筑工程成本分析一般按管理过程，分为事先分析、事中分析和事后分析三个部分。

1.事先分析

事先分析主要通过项目策划和成本策划来完成，事先分析的结果是项目标准成本和项目责任成本。它主要解决工程项目报价与工程项目成本之间的测算，完成成本管理的前期策划工作。

2.事中分析

事中分析主要是对正在执行的标准成本和责任成本的结果进行分析。事中分析的主要目的是检查标准成本和责任成本的执行情况以及产生偏差的原因和解决问题的办法。

3.事后分析

事后分析也称竣工项目成本分析。事后分析的目的是分析成本差异及其产生的原因，总结成本降低经验。

4.工程项目成本分析的基本方法

由于施工项目成本涉及的范围很广，需要分析的内容也很多，因此，应在不同的情况下采取不同的分析方法。在工程项目成本分析活动中，常用的基本方法包括比较法、因素分析法、差额计算法、"两算对比"法和比率法等。

（1）比较法。比较法又称"指标对比分析法"，就是通过技术经济指标的对比，检查目标的完成情况，分析产生差异的原因，进而挖掘内部潜力的方法。这种方法具有通俗易懂、简单易行、便于掌握的特点，因而得到了广泛的应用，但在应用时必须注意各技术经济指标的可比性。

比较法的应用，通常有下列形式：

实际指标与目标指标对比。以此检查目标完成情况，分析影响目标完成的积极因素和消极因素，以便及时采取措施，保证成本目标的实现。在进行实际指标与目标指标对比时，还应注意目标本身有无问题。如果目标本身出现问题，则应调整目标，重新正确评价实际工作的成绩。

本期实际指标与上期实际指标对比。通过这种对比，可以看出各项技术经济指标的变动情况，反映施工管理水平的提高程度。

与本行业平均水平、先进水平对比。通过这种对比，可以反映本项目的技术管理和经济管理与行业的平均水平和先进水平的差距，进而采取措施赶超先进水平。

（2）因素分析法。因素分析法可用来分析各种因素对成本的影响程度。在进行分析时，首先要假定众多因素中的一个因素发生了变化，而其他因素不变。然后，逐个替换，分别比较其计算结果，以确定各个因素的变化对成本的影响程度。

因素分析法是把工程项目施工成本综合指标分解为各个项目联系的原始因素，以确定引起指标变动的各个因素的影响程度的一种成本费用分析方法。它可以衡量各项因素影响程度的大小，以便查明原因，明确主要问题所在，提出改进措施，达到降低成本的目的。

值得注意的是，在应用因素分析法时，各个因素的排列顺序应该固定不变。否则，就会得出不同的计算结果，也会产生不同的结论。

（3）差额计算法。差额计算法是因素分析法的一种简化形式，它利用各个因素的目标与实际的差额来计算其对成本的影响程度。

（4）"两算对比"法。所谓两算对比，是指施工预算和施工图预算对比。施工图预算确定的是工程预算成本，施工预算确定的是工程计划成本，它们是从不同角度计算的两本经济账。"两算"的核心是工程量对比。尽管"两算"采用的定额不同、工序不同，工程量有一定区别，但二者的主要工程量应当是一致的。如果"两算"的工程量不一致，必然有一份出现了问题，应当认真检查并解决问题。

"两算"对比是建筑施工企业加强经营管理的手段。通过施工预算和施工图预算的对比，可预先找出节约或超支的原因，研究解决措施，实现对人工、材料和机械的事先控制，避免发生计划成本亏损。

"两算"对比以施工预算所包括的项目为准，对比内容包括主要项目工程量、用工数及主要材料消耗量，但具体内容应结合各项目的实际情况而定。"两算"对比可采用实物量对比法和实物金额对比法。

实物量对比法。实物量是指分项工程中所消耗的人工、材料和机械台班消耗的实物数量。对比是将"两算"中相同项目所需要的人工、材料和机械台班消耗量进行比较，或以分部工程及单位工程为对象，将"两算"的人工、材料汇总数量相比较。因"两算"各自的项目划分不完全一致，为使两者具有可比性，常常需要经过项目合并、换算之后才能进行对比。由于预算定额项目的综合性较施工定额项目大，故一般是合并施工预算项目的实物量，使其与预算定额项目相对应，然后再进行对比。

实物金额对比法。实物金额是指分项工程所消耗的人工、材料和机械台班的金额费用。由于施工预算只能反映完成项目所消耗的实物量，并不反映其价值，为使施工预算与施工图预算进行金额对比，就需要将施工预算中的人工、材料和机械台班的数量乘以各自的单价，汇总成人工费、材料费和机械台班使用费，然后与施工图预算的人工费、材料费和机械台班使用费相比较。

在"两算对比"法的运用过程中，应注意以下事项：

人工数量：一般施工预算应低于施工图预算工日数的10%~15%，因为施工定额与预算定额水平不一样。预算定额编制时，考虑到在正常施工组织的情况下工序衔接及土建与水电安装之间的交叉配合所需的停歇时间，工程质量检查及隐蔽工程验收而影响的时间和施工中不可避免的少量零星用工等因素，留有10%~15%定额人工幅度差。

材料消耗：一般施工预算应低于施工图预算的消耗量。由于定额水平不一致，有的项目会出现施工预算消耗量大于施工图预算消耗量的情况。这时，需要调查分析，根据实际情况调整施工预算用量后再分析对比。

机械台班数量及机械费的"两算"对比：由于施工预算是根据施工组织设计或施工方案规定的实际进场施工机械种类、型号、数量和工作时间编制计算机械台班，而施工图预算的定额的机械台班是根据一般配置，综合考虑，多以金额表示，所以，一般以"两算"的机械费用相对比，而且只能核算搅拌机、卷扬机、塔式起重机、汽车式起重机和履带式起重机等大中型机械台班费是否超过施工图预算机械费。如果机械费大量超支，没有特殊情况，应改变施工采用的机械方案，尽量做到不亏本并略有盈余。

脚手架工程无法按实物量进行"两算"对比，只能用金额对比。施工预算是根据施工组织设计或施工方案规定的搭设脚手架内容计算工程量和费用的，而施工图预算按定额综合考虑，按建筑面积计算脚手架的摊销费用。

（5）比率法。比率法是指用两个以上指标的比例进行分析的方法。其基本特点是先把对比分析的数值变成相对数，再观察它们相互之间的关系。常用的比率法有以下几种：

相关比率。由于项目经济活动的各个方面相互联系、相互依存、相互影响，因而可以将两个性质不同而又相关的指标加以对比，求出比率，并以此来考察经营成果的好坏。如产值和工资是两个不同的概念，但它们的关系又是投入与产出的关系。在一般情况下，都希望以最少的工资支出完成最大的产值。因此，用产值工资率指标来考核人工费的支出水平，就很能说明问题。

构成比率法，又称比重分析法或结构对比分析法。通过构成比率，可以考察成本总量的构成情况及各成本项目占成本总量的比重。同时，也可看出量、本、利的比例关系（即预算成本、实际成本和降低成本的比例关系），从而为寻求降低成本的途径指明方向。

# 第五节　工程质量统计分析方法的应用

1.分层法

（1）由于工程质量形成的影响因素多，因此，对工程质量状况的调查和质量问题的分析，必须分门别类地进行，以便准确有效地找出问题及其原因，这就是分层法的基本思想。

（2）例如一个焊工班组有A、B、C三位工人实施焊接作业，共抽检60个焊接点，发现有18点不合格占30%。究竟问题在哪里？根据分层调查的统计数据表可知，主要是作业工人C的焊接质量影响了总体的质量水平。

（3）调查分析的层次划分，根据管理需要和统计目的，通常可按照以下分层方法取得原始数据。

按时间分：月、日、上午、下午、白天、晚间、季节。

按地点分：地域、城市、乡村、楼层、外墙、内墙。

按材料分：产地、厂商、规格、品种。

按测定分：方法、仪器、测定人、取样方式。

按作业分：工法、班组、工长、工人、分包商。

按工程分：住宅、办公楼、道路、桥梁、隧道。

按合同分：总承包、专业分包、劳务分包。

2.因果分析图法

（1）因果分析图法，也称为质量特性要因分析法，其基本原理是对每一个质量特性或问题，采用如图所示的方法，逐层深入排查可能原因。然后确定其中最主要原因，进行有的放矢的处置和管理。图中表示混凝土强度不合格的原因分析，其中，第一层面从人、机械、材料、施工方法和施工环境进行分析；第二层面、第三层面，以此类推。

（2）使用因果分析图法时，应注意的事项是：

一个质量特性或一个质量问题使用一张图分析；

通常采用QC小组活动的方式进行，集思广益，共同分析；

必要时可以邀请小组以外的有关人员参与，广泛听取意见；

分析时要充分发表意见，层层深入，列出所有可能的原因；

在充分分析的基础上，由各参与人员采用投票或其他方式，从中选择1～5项多数人达成共识的最主要原因。

3.直方图法

（1）直方图的主要用途是：整理统计数据，了解统计数据的分布特征，即数据分布的集中或离散状况，从中掌握质量能力状态；观察分析生产过程质量是否处于正常、稳定和受控状态以及质量水平是否保持在公差允许的范围内。

（2）直方图法的应用，首先是收集当前生产过程质量特性抽检的数据，然后制作直方图进行观察分析，判断生产过程的质量状况和能力。

# 第五章 建筑工程安全与环境管理

工程安全以及工程环境对于工程进度有着重要的影响，因此本章就对建筑工程安全以及环境管理展开讲述。

## 第一节 建筑工程安全与环境管理概述

### 一、安全的相关概念

1.安全

安全即没有危险、不出现事故，是指人的身体健康不受伤害，财产不受损失，保持完整无损的状态。安全可分为人身安全和财产安全。

2.安全生产

安全生产是指在劳动生产过程中，通过努力改善劳动条件、克服不安全因素来防止伤亡事故发生，使劳动生产在保障劳动者安全健康和国家财产及人民生命财产不受损失的前提下顺利进行。

狭义的安全生产是指生产过程处于避免人身伤害、物的损坏及其他不可接受的损害风险（危险）的状态。不可接受的损害风险（危险）通常是指超出了法律、法规和规章的要求；超出了安全生产的方针、目标和企业的其他要求；超出了人们普遍接受的（通常是隐含）要求。

广义的安全生产除直接对生产过程的控制外，还应包括劳动保护和职业卫生健康。

安全与否是相对危险的接受程度来判定的，是一个相对的概念。世上没有绝对的安全，任何事物都存在不安全因素，即都具有一定的危险性，当危险降低到人们普遍接受的程度时，就认为是安全的。

3.安全生产管理

安全生产管理是指经营管理者对安全生产工作进行的策划、组织、指挥、协调、控制和改进的一系列活动，目的是保证生产经营活动的人身安全、财产安全，促进生产的发展，并促进社会的稳定。

安全管理的目标和方针是安全第一、预防为主、综合治理。

## 二、建筑工程安全生产的特点

1.作业人员素质的不稳定性

从目前的建筑市场情况看，绝大多数操作工人都是来自农村或偏远山区的临时工、外包工，文化程度总体较低，绝大多数未受过专业训练，人员素质总体较差；由于各工种专业技能和安全施工操作要点需要通过工作实践逐步积累，因此，人员素质受作业年限长短的影响非常明显，每年都有大批新民工涌入建筑市场，致使作业人员及其素质极不稳定；在建筑施工过程中，生产管理人员根据生产进度情况灵活地组织操作人员进场，施工队伍、操作人员不可避免地经常处于动态的调整过程，为适应作业量的变化、满足工期和工序搭接的需要，在同一项目工程的不同建筑之间，以及同一建筑的不同施工部位也存在施工队伍、操作人员的流动；尽管相关建筑企业管理意识不断优化，在施工队伍、操作人员中还是有一些单位的经营承包管理人员受利益的驱使，在管理和监督稍有薄弱的情况下，非法转包和招聘一些不能胜任作业的队伍、人员，导致建筑施工现场操作人员素质更不稳定。作为"人"的不安全因素，建筑工程施工操作人员素质的不稳定，是建筑工程施工现场的重要安全隐患。

2.体积庞大、受外部环境影响的因素多

建筑产品多为高耸庞大、固定的大体量产品，因此，建筑施工生产只能在露天条件下进行。正是因为露天作业这一特点，导致施工现场存在更多的事故隐患，同时，也使建筑工程施工现场的安全管理工作难度加大。

施工现场安全直接受到天气变化的制约，如冬期、雨期、台风、高温等都会给现场施工带来许多问题，各种较恶劣的气候条件对施工现场的安全都有很大的威胁；建筑产品所处的地理、地质、水文和现场内外水、电、路等环境条件也会影响施工现场的安全。

3.设备设施投入量大、分布分散

由于建筑产品体积庞大，物资和人力消耗巨大，在有限的施工场地上集中大量的建筑材料、设备设施、施工机具。露天的电气线路装置多，塔式起重机、井架、脚手架等危险性较大的设备设施多，无型号、无专门标准、自制和组装的中小型机械类型数量多，手持移动工具多，而且使用广泛、布局分散，致使安全生产管理工作的难度更加增大。

4.人力、物力投入量大、生产周期长

由于建筑产品体积庞大，物资和人力消耗巨大，往往需要长期大量地投入人力、物力、财力，少则几个单位，多则二三十个单位共同进行作业。在有限的施工现场上集中大量的人力、建筑材料、设备设施、施工机具，加之施工生产过程中各施工工序及工艺流程都需要衔接配合，连续性较强，致使安全生产管理工作要综合考虑多方面的安全隐患，稍有疏忽便有可能发生安全事故。

5.产品自身的固定性与作业的流动性

建筑产品是不同于其他行业的特殊商品，其位置保持固定，建成后就不能移动；而在生产工程中，施工机械、机具设备、建筑材料、施工操作人员等都必须根据施工流程，持续动态的流动，各设备、材料等周转使用，一个项目产品完成后，又要投入到其他新的项目产品中，人、材、机作业性流动非常大。在工程中由于"人的不安全行为""物的不安全状态"以及"组织管理的不安全因素"等原因互相影响，致使施工安全生产管理工作更为复杂。

6.建筑产品形式多样、规则性差

建筑产品在设计时，不仅要考虑结构耐久性，还要考虑其本身的经济实用性，并且满足人们对建筑产品美观上的要求；建筑产品的地理位置、民族特征、风俗习惯和所处的环境不同，致使施工工程处于不同的外部作业条件；为满足各行各业的需要，外观和使用功能各异，形式和结构灵活多变。即使同类工程、同样工艺和工序，其施工方法和施工情况也会有差异和变化，因此，建筑产品规则性差，具有突出的单件性。施工生产过程受到的制约因素较多，不可能全部照搬以往的施工经验，而且立体交叉作业的情况较多，使其生产周期很长，少则数月、多则数年，导致潜在的事故隐患较多、安全管理工作难度较大。建筑产品的上述特点，使建筑产业的经营管理，特别是施工现场安全生产管理比其他工业企业的管理更为复杂，因此，加强对建筑工程施工现场安全生产管理工作的力度意义重大。

### 三、建筑工程施工的不安全因素

施工现场各类安全事故潜在的不安全因素主要有施工现场人的不安全因素和施工现场物的不安全状态。同时，管理的缺陷也是不可忽视的重要因素。

1.事故潜在的不安全因素

人的不安全因素和物的不安全状态，是造成绝大部分事故的两个潜在的不安全因素，通常也可称作事故隐患。事故潜在的不安全因素是造成人身伤害、物的损失的先决条件，各种人身伤害事故均离不开人与物，人身伤害事故就是人与物之间产生的一种意外现象。在人与物中，人的因素是最根本的，因为物的不安全状态的背后，实质上还是隐含着人的因素。分析大量事故的原因可以得知，单纯由于物的不安全状态或者单纯由于人的不安全行为导致的事故情况并不多，事故几乎都是由多种原因交织而形成的，总的来说，安全事故是有人的不安全因素和物的不安全状态以及管理的缺陷等多方面原因结合而形成的。

（1）人的不安全因素。人的不安全因素是指影响安全的人的因素，是使系统发生故障或发生性能不良事件的人员自身的不安全因素或违背设计和安全要求的错误行为。人的不安全因素可分为个人的不安全因素和人的不安全行为两个大类。个人的不安全因素，是指人的心理、生理、能力中所具有不能适应工作、作业岗位要求而影响安全的因素；人的不安全行为，通俗地讲，就是指能造成事故的人的失误，即能造成事故的人为错误，是人为地使系统发生故障或发生性能不良事件，是违背设计和操作规程的错误行为。

1）个人的不安全因素

①生理上的不安全因素。生理上的不安全因素包括患有不适合作业岗位的疾病、年龄不适合作业岗位要求、体能不能适应作业岗位要求的因素，疲劳和酒醉或刚睡醒觉、感觉朦胧、视觉和听觉等感觉器官不能适应作业岗位要求的因素等。

②心理上的不安全因素。心理上的不安全因素是指人在心理上具有影响安全的性格、气质和情绪（如急躁、懒散、粗心等）。

③能力上的不安全因素。能力上的不安全因素包括知识技能、应变能力、资格等不适应工作环境和作业岗位要求的影响因素。

2）人的不安全行为

产生不安全行为的主要因素。主要因素有工作上的原因、系统、组织上的原因以及思想上责任性的原因。

主要工作上的原因。主要工作上的原因有作业的速度不适当、工作知识的不足或工作方法不适当，技能不熟练或经验不充分、工作不当，且又不听或不注意管理提示。

不安全行为在施工现场的表现：

①不安全装束；

②物体存放不当；

③造成安全装置失效；

④冒险进入危险场所；

⑤徒手代替工作操作；

⑥有分散注意力行为；

⑦操作失误，忽视安全、警告；

⑧对易燃、易爆等危害物品处理错误；

⑨使用不安全设备；

⑩攀爬不安全位置。

（2）物的不安全状态。物的不安全状态是指能导致事故发生的物质条件，包括机械设备等物质或环境所存在的不安全因素。通常，人们将此称为物的不安全状态或物的不安全条件，也有直接称其为不安全状态。

1）物的不安全状态的内容。

①安全防护方面的缺陷；

②作业方法导致的物的不安全状态；

③外部的和自然界的不安全状态；

④作业环境场所的缺陷；

⑤保护器具信号、标志和个体防护用品的缺陷；

⑥物的放置方法的缺陷；

⑦物（包括机器、设备、工具、物质等）本身存在的缺陷。

2）物的不安全状态的类型。

①缺乏防护等装置或有防护装置但存在缺陷；

②设备、设施、工具附件有缺陷；

③缺少个人防护用品用具或有防护用品但存在缺陷；

④生产（施工）场地环境不良。

2.管理的缺陷

施工现场的不安全因素还存在组织管理上的不安全因素，通常也可称为组织管理上的缺陷，它也是事故潜在的不安全因素，作为间接的原因共有以下几个方面：

（1）技术上的缺陷；

（2）教育上的缺陷；

（3）管理工作上的缺陷；

（4）生理上的缺陷；

（5）心理上的缺陷；

（6）学校教育和社会、历史上的原因造成的缺陷等。

所以，建筑工程施工现场安全管理人员应从"人"和"物"两个方面入手，在组织管理等方面加强工作力度，消除任何物的不安全因素以及管理上的缺陷，预防各类安全事故的发生。

## 四、建筑施工安全与环境管理的目的

建筑施工安全与环境管理是指为达到工程项目安全生产与环境保护的目的而采取各种措施的系统化管理活动，包括制定、实施、评审和保持安全与环境方针所需的组织机构、计划活动、职责、惯例、程序、过程和资源。

1.安全管理的目的

建筑施工安全管理的目的是：保护产品生产者和使用者的健康与安全；控制影响工作场所内员工、临时工作人员、合同方人员、访问者和其他有关部门人员健康和安全的条件和因素；考虑和避免因使用不当对使用者造成的健康和安全的危害。

2.环境管理的目的

建筑施工环境管理的目的是保护生态环境，使社会经济发展与人类的生存环境相协调；控制作业现场的各种粉尘、废水、废气、固体废弃物以及噪声、振动对环境的污染和危害，考虑能源节约和避免资源的浪费。

### 五、安全管理措施

要做好施工现场伤亡事故预防，就必须消除人和物的不安全因素、弥补管理的缺陷，实现作业行为和作业条件安全化。为了切实达到预防事故发生和减少事故损失，应采取以下措施：

1.消除人的不安全行为，实现作业行为安全化。

（1）开展安全思想教育和安全规章制度教育；

（2）进行安全知识岗位培训，提高职工的安全技术素质；

（3）推广安全标准化管理操作，严格按照安全操作规程和程序进行各项作业；

（4）注意劳逸结合，使作业人员保持充沛的精力，从而避免产生不安全行为；

（5）定期对作业条件（环境）进行安全评价，以便提前采取安全预防措施，保证符合作业的安全要求。

2.加强对施工现场的安全管理，消除管理的不安全因素。导致现场安全事故发生的原因除人的不安全行为、物的不安全状态因素之外，管理的缺陷也是重要的因素。因此，实现安全生产的另一重要保证就是加强安全管理。采取有力措施，加强安全施工管理，保障安全生产。建立健全安全生产责任制，严格执行安全生产各项规章制度，开展三级安全教育、经常性安全教育、岗位培训和安全竞赛等活动。安全检查、监督和切实落实各项防范措施等安全管理工作，是消除事故隐患、做好伤亡事故预防的基础工作。

# 第二节　施工安全控制

## 一、地基与基础工程施工安全控制

### （一）土石方工程

1.场地平整

（1）一般规定

1）作业前应查明地下管线、障碍物等情况，制定处理方案后方可开始场地平整工作。

2）土石方施工区域应在行车、行人可能经过的路线点处设置明显的警示标志。有爆破、塌方、滑坡、深坑、高空滚石、沉陷等危险的区域应设置防护栏栅或隔离带。

3）施工现场临时用电应符合现行行业标准的规定。

4）施工现场临时供水管线应埋设在安全区域，冬期应有可靠的防冻措施。供水管线穿越道路时应有可靠的防振防压措施。

（2）场地平整作业要求

1）场地内有洼坑或暗沟时，应在平整时填埋压实。未及时填实的，必须设置明显的警示标志。

2）雨期施工时，现场应根据场地泄排量设置防洪排涝设施。

3）施工区域不宜积水。当积水坑深度超过500mm时，应设安全防护措施。

4）有爆破施工的场地应设置保证人员安全撤离的通道和庇护场所。

5）在房屋旧基础或设备旧基础的开挖清理过程中，应符合下列规定：

①当旧基础埋置深度大于2.0 m时，不宜采用人工开挖和清除。

②对旧基础进行爆破作业时，应按相关标准的规定执行。

③土质均匀且地下水位低于旧基础底部，开挖深度不超过下列限值时，其挖方边坡可做成立壁不加支撑，开挖深度超过下列限值时，应按规定放坡或采取支护措施。

①稍密的杂填土、素填土、碎石类土、砂土，1 m；

②密实的碎石类土（充填物为黏土），1.25 m；

③可塑状的黏性土，1.5 m；

④硬塑状的黏性土，2 m。

6）当现场堆积物高度超过1.8m时，应在四周设置警示标志或防护栏；清理时严禁掏挖。

7）在河、沟、塘、沼泽地（滩涂）等场地施工时，应了解淤泥、沼泽的深度和成分，并应符合下列规定：

①施工中应做好排水工作，对有机质含量较高、有刺激性臭味及淤泥厚度大于1.0 m的场地，不得采用人工清淤。

②根据淤泥、软土的性质和施工机械的质量，可采用抛石挤淤或木（竹）排（筏）铺垫等措施，确保施工机械移动作业安全。

③施工机械不得在淤泥、软土上停放、检修。

④第一次回填土的厚度不得小于0.5 m。

8）围海造地填土时，应遵守下列安全技术规定：

①填土的方法、回填顺序应根据冲（吹）填方案和降排水要求进行。

②配合填土作业人员，应在冲（吹）填作业范围外工作。

③第一次回填土的厚度不得小于0.8 m。

（3）场内道路

1）施工场地修筑的道路应坚固、平整。

2）道路宽度应根据车流量进行设计且不宜少于双车道，道路坡度不宜大于10°。

3）路面高于施工场地时，应设置明显可见的路险警示标志；其高差超过600mm时应设置安全防护栏。

4）道路交叉路口车流量超过300车次/d时，宜在交叉路口设置交通指示灯或指挥岗。

2.土石方爆破

（1）一般规定

1）土石方爆破工程应由具有相应爆破资质和安全生产许可证的企业承担。爆破作业人员应取得有关部门颁发的资格证书，做到持证上岗。爆破工程作业现场应由具有相应资格的技术人员负责指导施工。

2）A级、B级、C级和对安全影响较大的D级爆破工程均应编制爆破设计书，并对爆破方案进行专家论证。

3）爆破前应对爆区周围的自然条件和环境状况进行调查，了解危及安全的不利环境因素，采取必要的安全防范措施。

4）爆破作业环境有下列情况时，严禁进行爆破作业：

①爆破可能产生不稳定边坡、滑坡、崩塌的危险。

②爆破可能危及建（构）筑物、公共设施或人员的安全。

③恶劣天气条件下。

5）爆破作业环境有下列情况时，不应进行爆破作业：

①药室或炮孔温度异常，而无有效针对措施。

②作业人员和设备撤离通道不安全或堵塞。

6）装药工作应遵守下列规定：

①装药前应对药室或炮孔进行清理和验收。

②爆破装药量应根据实际地质条件和测量资料计算确定；当炮孔装药量与爆破设计量差别较大时，应经爆破工程技术人员核算同意后方可调整。

③应使用木质或竹质炮棍装药。

④装起爆药包、起爆药柱和敏感度高的炸药时，严禁投掷或冲击。

⑤装药深度和装药长度应符合设计要求。

⑥装药现场严禁烟火和使用手机。

7）填塞工作应遵守下列规定：

①装药后必须保证填塞质量，深孔或浅孔爆破不得采用无填塞爆破。

②不得使用石块和易燃材料填塞炮孔。

③填塞时不得破坏起爆线路，发现有填塞物卡孔时应及时进行处理。

④不得用力捣固直接接触药包的填塞材料或用填塞材料冲击起爆药包。

⑤分段装药的炮孔，其间隔填塞长度应按设计要求执行。

8）严禁硬拉或拔出起爆药包中的导爆索、导爆管或电雷管脚线。

9）爆破警戒范围由设计确定。在危险区边界，应设有明显标志，并派出警戒人员。

10）爆破警戒时，应确保指挥部、起爆站和各警戒点之间有良好的通信联络。

（2）浅孔爆破作业要求

1）浅孔爆破宜采用台阶法爆破。在台阶形成之前进行爆破时应加大警戒范围。

2）装药前应进行验孔，对于炮孔间距和深度偏差大于设计允许范围的炮孔，应由爆破技术负责人提出处理意见。

3）装填的炮孔数量，应以当天一次爆破为限。

4）起爆前，现场负责人应对防护体和起爆网路进行检查，并对不合格处提出整改措施。

5）起爆后，应至少5 min后方可进入爆破区检查。当发现问题时，应立即上报并提出处理措施。

（3）深孔爆破作业要求

1）深孔爆破装药前必须进行验孔，同时应将炮孔周围（半径为0.5m范围内）的碎石、杂物清除干净；对孔口岩石不稳固者，应进行维护。

2）有水炮孔应使用抗水爆破器材。

3）装药前应对第一排各炮孔的最小抵抗线进行测定，当有与设计最小抵抗线差距较大的部位时，应采取调整药量或间隔填塞等相应的处理措施，使其符合设计要求。

4）深孔爆破宜采用电爆网路或导爆管网路起爆，大规模深孔爆破应预先进行网路模拟试验。

5）在现场分发雷管时，应认真检查雷管的段别编号，并应由有经验的爆破员和爆破工程技术人员连接起爆网路，并经现场爆破和设计负责人检查验收。

6）装药和填塞过程中，应保护好起爆网路；当发生装药卡堵时，不得用钻杆捣捅药包。

7）起爆后，应至少过15 min并等待炮烟消散后方可进入爆破区检查。当发现问题时，应立即上报并提出处理措施。

（4）光面爆破或预裂爆破作业要求

1）高陡岩石边坡应采用光面爆破或预裂爆破开挖。钻孔、装药等作业应在现场爆破工程技术人员指导监督下，由熟练爆破员操作。

2）施工前应做好测量放线和钻孔。

3）光面爆破或预裂爆破宜采用不耦合装药，应按设计装药量、装药结构制作药串。药串加工完毕后应标明编号，并按药串编号送入相应炮孔内。

4）填塞时应保护好爆破引线，填塞质量应符合设计要求。

5）光面（预裂）爆破网路采用导爆索连接引爆时，应对裸露地表的导爆索进行覆盖，降低爆破冲击波和爆破噪声。

3.边坡工程

（1）对土石方开挖后不稳定或欠稳定的边坡应根据边坡的地质特征和可能发生的破坏形态，采取有效处置措施。

（2）土石方开挖应按设计要求自上而下分层实施，严禁随意开挖坡脚。

（3）开挖至设计坡面及坡脚后，应及时进行支护施工，尽量减少暴露时间。

（4）在山区挖填方时，应遵守下列规定：

1）土石方开挖应确保施工作业面不积水。

2）在挖方的上侧和回填土尚未压实或临时边坡不稳定的地段不得停放、检修施工机械和搭建临时建筑。

3）在挖方的边坡上如发现岩（土）内有倾向挖方的软弱夹层或裂隙面，则应立即停止施工，并应采取防止岩（土）下滑措施。

（5）山区挖填方工程不宜在雨期施工。确需在雨期施工时，应编制雨期施工方案，并应遵守下列规定：

1）随时掌握天气变化情况，暴雨前应采取防止边坡坍塌的措施。

2）雨期施工前，应对施工现场原有排水系统进行检查、疏浚或加固，并采取必要的防洪措施。

3）雨期施工中，应随时检查施工场地和道路的边坡被雨水冲刷情况，做好防止滑坡、坍塌工作，保证施工安全；道路路面应根据需要加铺炉渣、沙砾或其他防滑材料，确保施工机械作业安全。

（6）在有滑坡的地段进行挖方时，应遵守下列规定：

1）遵循先整治后开挖的施工程序。

2）不得破坏开挖上方坡体的自然植被和排水系统。

3）应先做好地面和地下排水设施。

4）严禁在滑坡体上部堆土、堆放材料、停放施工机械或搭设临时设施。

5）应遵循由上至下的开挖顺序，严禁在滑坡的抗滑段通长大断面开挖。

6）爆破施工时，应采取减振和监测措施，以防止爆破震动对边坡和滑坡体的影响。

（7）冬期施工应及时清除冰雪，采取有效的防冻、防滑措施。

（8）人工开挖时应遵守下列规定：

1）作业人员相互之间应保持安全作业距离。

2）打锤与扶钎者不得对面工作，打锤者应戴防滑手套。

3）作业人员严禁站在石块滑落的方向撬挖或上下层同时开挖。

4）作业人员在陡坡上作业应系安全绳。

## （二）地基及基础处理工程

1.灰土垫层、灰土桩等施工，粉化石灰和石灰过筛，必须戴口罩、风镜、手套、套袖等防护用品，并站在上风头；向坑（槽、孔）内夯填灰土前，应先检查电线绝缘是否良好，接地线、开关应符合要求，夯打时严禁夯击电线。

2.夯实地基起重机应支垫平稳，遇软弱地基，须用长枕木或路基板支垫。提升夯锤前应卡牢回转刹车，以防夯锤起吊后吊机转动失稳，发生倾翻事故。

3.夯实地基时，现场操作人员要戴安全帽；夯锤起吊后，吊臂和夯锤下15 m范围内不得站人，非工作人员应远离夯击点30 m以外，以免夯击时飞石伤人。

4.深层搅拌机的入土切削和提升搅拌，一旦发生卡钻或停钻现象，应立即切断电源，将搅拌机强制提起之后，才能启动电机。

5.已成的孔尚未夯填填料之前，应加盖板，以免人员或物件掉入孔内。

6.当使用交流电源时，应特别注意各用电设施的接地防护装置；施工现场附近有高压线通过时，必须根据机具的高度、线路的电压，详细测定其安全距离，防止高压放电而发生触电事故；夜班作业应有足够的照明以及备用安全电源。

## （三）基坑工程

由于高层建筑、地下空间的开发，基坑工程向着规模越来越大、深度越来越深发展，深基坑坍塌已经成为工程中最频繁发生的事故。

基坑工程检查评定保证项目应包括：施工方案、基坑支护、降排水、基坑开挖、坑边荷载、安全防护。一般项目应包括：基坑监测、支撑拆除、作业环境、应急预案。

（1）基坑工程保证项目的检查评定。

1）施工方案

①基坑工程施工应编制专项施工方案，开挖深度超过3 m或虽未超过3 m但地质条件、周围环境和地下管线复杂，或影响毗邻建、构筑物安全的基坑（槽）的土方开挖、支护、降水工程，应单独编制专项施工方案；

②专项施工方案应按规定进行审核、审批；

③开挖深度超过5m（含5m）的深基坑土方开挖、支护、降水工程，属于超过一定规模的危险性较大的分部分项工程范围，应组织专家进行论证；

④当基坑周边环境或施工条件发生变化时，专项施工方案应重新进行审核、审批。

2）基坑支护

①人工开挖的狭窄基槽，开挖深度较大并存在边坡塌方危险时，应采取支护措施；

②地质条件良好、土质均匀且无地下水的自然放坡的坡率应符合规范要求；

③基坑支护结构应符合设计要求；

④基坑支护结构水平位移应在设计允许范围内。

3）降排水

①当基坑开挖深度范围内有地下水时，应采取有效的降排水措施；

②基坑边沿周围地面应设排水沟，放坡开挖时，应对坡顶、坡面、坡脚采取降排水措施；

③基坑底四周应按专项施工方案设排水沟和集水井，并应及时排除积水。

4）基坑开挖

①基坑支护结构必须在达到设计要求的强度后，方可开挖下层土方，严禁提前开挖和超挖；

②基坑开挖应按设计和施工方案的要求，分层、分段、均衡开挖；

③基坑开挖应采取措施防止碰撞支护结构、工程桩或扰动基底原状土土层；

④当采用机械在软土场地作业时，应采取铺设渣土或砂石等硬化措施。

5）坑边荷载

①基坑边堆置土、料具等荷载应在基坑支护设计允许范围内；

②施工机械与基坑边沿的安全距离应符合设计要求。

6）安全防护

①开挖深度超过2m及2m以上的基坑周边必须安装防护栏杆，防护栏杆的安装应符合规范要求。

②基坑内应设置供施工人员上下的专用梯道。梯道应设置扶手栏杆，梯道的宽度不应小于1m，梯道搭设应符合规范要求。

③降水井口应设置防护盖板或围栏，并应设置明显的警示标志。

（2）基坑工程一般项目的检查评定。

1）基坑监测

①基坑开挖前应编制监测方案，并应明确监测项目、监测报警值、监测方法和监测点的布置、监测周期等内容。

②监测的时间间隔应根据施工进度确定。当监测结果变化速率较大时，应加密观测次数。

③基坑开挖监测工程中，应根据设计要求提交阶段性监测报告。

2）支撑拆除

①基坑支护结构的拆除方式、拆除顺序应符合专项施工方案的要求；

②当采用机械拆除时，施工荷载应小于支撑结构承载能力；

③人工拆除时，应按规定设置防护设施；

④当采用爆破拆除、静力破碎等拆除方式时，必须符合国家现行相关规范的要求。

3）作业环境

①基坑内土方机械、施工人员的安全距离应符合规范要求；

②上下垂直作业应按规定采取有效的防护措施；

③在电力、通信燃气、上下水等管线2m范围内挖土时，应采取安全保护措施，并应设专人监护；

④施工作业区域应采光良好，当光线较弱时应设置有足够照度的光源。

**（四）桩基工程**

1.打（沉）桩

（1）打桩前，应对邻近施工范围内的原有建筑物、地下管线等进行检查，对有影响的工程，应采取有效的加固防护措施或隔振措施，施工时加强观测，以确保施工安全。

（2）打桩机行走道路必须平整、坚实，必要时铺设道砟，经压路机碾压密实。

（3）打（沉）桩前应先全面检查机械各个部件及润滑情况，钢丝绳是否完好，发现问题及时解决；检查后要进行试运转，严禁带病工作。

（4）打（沉）桩机架安设应铺垫平稳、牢固。吊桩就位时，桩必须达到100%强度，起吊点必须符合设计要求。

（5）起吊时吊点必须正确，速度要均匀，桩身应平稳，必要时桩架应设缆风绳。

（6）桩身附着物要清除干净，起吊后，人员不准在桩下通过。

（7）打桩时桩头垫料严禁用手拨正，不得在桩锤未打到桩顶就起锤或过早刹车，以免损坏桩机设备。

（8）吊装与运桩发生干扰时，应停止运桩。

（9）套送桩时，应使送桩、桩锤和桩三者中心在同一轴线上。

（10）拔送桩时，应选择合适的绳口，操作时必须缓慢加力，随时注意桩架、钢丝绳的变化情况。

（11）送桩拔出后，地面孔洞必须及时回填或加盖。

（12）在夜间施工时，必须有足够的照明设施。

2.灌注桩

（1）现场场地应平整、坚实，松软地段应铺垫碾压。

（2）进行高空作业时，应系好安全带，混凝土灌注时，装、拆导管人员必须戴安全帽。

（3）成孔机电设备应由专人负责管理，凡上岗者均应持操作合格证。

（4）电器设备要设漏电开关，并保证接地有效、可靠，机械传动部位防护罩应齐全、完好。

（5）登高检修与保养的操作人员，必须穿软底鞋，并将鞋底淤泥清除干净。

（6）冲击成孔作业的落锤区应严加管理，任何人不准进入。

（7）主钢丝绳应经常检查，三股中发现断丝数大于10丝时，应立即更换。

（8）使用伸缩钻杆作业时，应经常检查限位结构，严防脱落伤人或落入孔洞中；检查时避免用手指伸入探摸，严防扎伤。

（9）钻杆与钻头的连接应经常检查，防止松动脱落伤人。

（10）采用泥浆护壁时，应使泥浆循环系统保持正常状态，及时清扫场地上的浆液，做好现场防滑工作。

（11）使用取土筒钻孔作业时，应注意卸土作业方向，操作人员应站在上风，防止卸土时底盖伤人。

（12）灌注桩在已成孔尚未灌注混凝土前，应用盖板封严或设置护栏，以防掉土或人员坠入孔内，造成重大人身安全事故。

（13）吊置钢筋笼时，要合理选择捆绑吊点，并应拉好尾绳，保证平稳起吊，准确入孔，严防伤人。

## （五）地下防水工程

1.现场施工负责人和施工员必须十分重视安全生产，牢固树立"安全促进生产，生产必须安全"的思想，切实做好预防工作。所有施工人员必须经安全培训，考核合格方可上岗。

2.施工员在下达施工计划的同时，应下达具体的安全措施。每天出工前，施工员要针对当天的施工情况，布置施工安全工作，并强调安全注意事项。

3.落实安全施工责任制度、安全施工教育制度、安全施工交底制度、施工机具设备安全管理制度等，并落实到岗位，责任到人。

4.防水混凝土施工期间应以漏电保护、防机械事故和保护为安全工作重点，切实做好防护措施。

5.遵章守纪，杜绝违章指挥和违章作业，现场设立安全措施及有针对性的安全宣传牌、标语和安全警示标志。

6.进入施工现场必须佩戴安全帽，作业人员衣着灵活紧身，禁止穿硬底鞋、高跟鞋作业，高空作业人员应系好安全带，禁止酒后操作、吸烟和打架斗殴。

7.特殊工种必须持证上岗。

8.由于卷材中某些组成材料和胶黏剂具有一定的毒性和易燃性，因此，在材料保管、运输、施工过程中，要注意防火和预防职业中毒、烫伤事故发生。

9.涂料配料施工现场应有安全及防火措施，所有施工人员都必须严格遵守操作要求。

10.涂料在贮存、使用全过程应注意防火。

11.清扫及砂浆拌和过程要避免灰尘飞扬。

12.现场焊接时，在焊接下方应设防火斗。

13.施工过程中做好基坑和地下结构的临边防护，防止抛物、滑坡和出现坠落事故。

14.高温天气施工，要有防暑降温措施。

15.施工中废弃物质要及时清理，外运至指定地点，避免污染环境。

## 二、高处作业安全控制

凡在坠落高度基准面2m以上（含2m）有可能坠落的高处进行的作业均称为高处作业。其含义有两个：一是相对概念，可能坠落的底面高度大于或等于2m，就是说无论在单层、多层或高层建筑物作业，即使是在平地，只要作业处的侧面有可能导致人员坠落的坑、井、洞或空间，其高度达到2 m及其以上，就属于高处作业；二是高低差距标准定为2m，因为一般情况下，当人在2 m以上的高度坠落时，就很可能会造成重伤、残疾，甚至死亡。

1.一般规定

（1）技术措施及所需料具要完整地列入施工计划。

（2）进行技术教育和现场技术交底。

（3）所有安全标志、工具和设备等，在施工前逐一检查。

（4）做好对高处作业人员的培训考核等。

2.高处作业的级别。

高处作业的级别可分为4级：即高处作业在2.5~5 m时，为一级高处作业；5~15 m时为二级高处作业；15~30 m时，为三级高处作业；大于30m时，为特级高处作业。高处作业又分为一般高处作业和特殊高处作业，其中特殊高处作业又分为8类。

特殊高处作业的分类如下：

（1）在阵风风力6级（风速10.8 m/s）以上的情况下进行的高处作业，称为强风高处作业。

（2）在高温或低温环境下进行的高处作业，称为异温高处作业。

（3）降雪时进行的高处作业，称为雪天高处作业。

（4）降雨时进行的高处作业，称为雨天高处作业。

（5）室外完全采用人工照明时进行的高处作业，称为夜间高处作业。

（6）在接近或接触带电体条件下进行的高处作业，称为带电高处作业。

（7）在无立足点或无牢靠立足点的条件下进行的高处作业，称为悬空高处作业。

（8）对突然发生的各种灾害事故进行抢救的高处作业，称为抢救高处作业。

一般高处作业是指除特殊高处作业以外的高处作业。

3.高处作业的标记。

高处作业的分级以级别、类别和种类做标记。一般高处作业做标记时，写明级别和种类；特殊高处作业做标记时，写明级别和类别，种类可省略不写。

4.高处作业时的安全防护技术措施。

（1）凡是进行高处作业施工的，应使用脚手架、平台梯子、防护围栏、挡脚板，安全带和安全网等。作业前应认真检查所用的安全设施是否牢固、可靠。

（2）凡从事高处作业的人员，应接受高处作业安全知识的教育；特殊高处作业人员应持证上岗，上岗前应依据有关规定进行专门的安全技术交底。采用新工艺、新技术、新材料和新设备的，应按规定对作业人员进行相关安全技术教育。

（3）高处作业人员应体检合格后方可上岗。施工单位应为作业人员提供合格的安全帽、安全带等必备的个人安全防护用具，作业人员应按规定正确佩戴和使用。

# 第三节　建筑施工安全事故

## 一、建筑工程生产安全事故应急预案

应急预案是在发生特定的潜在事件和紧急情况时所采取措施的计划安排，是应急响应的行动指南。编制应急预案的目的是防止紧急情况发生时出现混乱，使人们能够按照合理的响应流程采取适当的救援措施，预防和减少可能随之引发的职业健康安全和环境影响。

应急预案的制定，首先必须与重大环境因素和重大危险源相结合，特别是与这些环境因素和危险源控制失效可能导致的后果相适应，还要考虑在实施应急救援过程中可能产生的新的伤害和损失。

1.应急预案体系的构成

应急预案应形成体系，针对各级各类可能发生的事故和所有危险源制定专项应急预案和制订现场应急处置方案，并明确事前、事发、事中、事后的各个过程中相关部门和有关人员的职责。生产规模小、危险因素少的生产经营单位，其综合应急预案和专项应急预案可以合并编写。

（1）综合应急预案。综合应急预案是从总体上阐述事故的应急方针、政策，应急组织结构及相关应急职责，应急行动、措施和保障等基本要求和程序，是应对各类事故的综合性文件。

（2）专项应急预案。专项应急预案是针对具体的事故类别（如基坑开挖、脚手架拆除等事故）、危险源和应急保障而制订的计划或方案，是综合应急预案的组成部分，应按照综合应急预案的程序和要求组织制定，并作为综合应急预案的附件。专项应急预案应制定明确的救援程序和具体的应急救援措施。

（3）现场处置方案。现场处置方案是针对具体的装置、场所或设施、岗位所制定的应急处置措施。现场处置方案应具体、简单、针对性强。现场处置方案应根据风险评估及危险性控制措施逐一编制，做到事故相关人员应知应会、熟练掌握，并通过应急演练，做到迅速反应、正确处置。

2.生产安全事故应急预案的编制要求

（1）符合有关法律、法规、规章和标准的规定；

（2）结合本地区、本部门、本单位的安全生产实际情况；

（3）结合本地区、本部门、本单位的危险性分析情况；

（4）应急组织和人员的职责分工明确，并有具体的落实措施；

（5）有明确、具体的事故预防措施和应急程序，并与其应急能力相适应；

（6）有明确的应急保障措施，并能满足本地区、本部门、本单位的应急工作要求；

（7）预案的基本要素齐全、完整，预案附件提供的信息准确；

（8）预案内容与相关应急预案相互衔接。

3.生产安全事故应急预案的管理

建筑工程生产安全事故应急预案的管理包括应急预案的评审、备案、实施和奖惩。应急管理部负责应急预案的综合协调管理工作。其他负有安全生产监督管理职责的部门按照各自的职责负责本行业、本领域内应急预案的管理工作。

县级以上地方各级人民政府安全生产监督管理部门负责本行政区域内应急预案的综合协调管理工作。县级以上地方各级人民政府其他负有安全生产监督管理职责的部门按照各自的职责负责辖区内本行业、本领域应急预案的管理工作。

（1）应急预案的评审。地方各级安全生产监督管理部门应当组织有关专家对本部门编制的应急预案进行审定，必要时可以召开听证会，听取社会有关方面的意见。涉及相关部门职能或者需要有关部门配合的，应当征得有关部门同意。

参加应急预案评审的人员应当包括应急预案涉及的政府部门工作人员和有关安全生产及应急管理方面的专家。

评审人员与所评审预案的生产经营单位有利害关系的，应当回避。

应急预案的评审或者论证应当注重应急预案的实用性、基本要素的完整性、预防措施的针对性、组织体系的科学性、响应程序的操作性、应急保障措施的可行性、应急预案的衔接性等内容。

（2）应急预案的备案。地方各级安全生产监督管理部门的应急预案，应当报同级人民政府和上一级安全生产监督管理部门备案。

其他负有安全生产监督管理职责的部门的应急预案，应当抄送同级安全生产监督管理部门。

中央管理的总公司（总厂、集团公司、上市公司）的综合应急预案和专项应急预案，报国有资产监督管理部门、安全生产监督管理部门和有关主管部门备案；其所属单位的应急预案分别抄送所在地的省、自治区、直辖市或者设区的市人民政府安全生产监督管理部门和有关主管部门备案。

上述规定以外的其他生产经营单位中涉及实行安全生产许可的，其综合应急预案和专项应急预案，按照隶属关系报所在地县级以上地方人民政府安全生产监督管理部门和有关主管部门备案；未实行安全生产许可的，其综合应急预案和专项应急预案的备案，由省、自治区、直辖市人民政府安全生产监督管理部门确定。

（3）应急预案的实施。各级安全生产监督管理部门、生产经营单位应当采取多种形式开展应急预案的宣传教育，普及生产安全事故预防、避险、自救和互救知识，提高从业人员的安全意识和应急处置技能。

生产经营单位应当制订本单位的应急预案演练计划，根据本单位的事故预防重点，每年至少组织一次综合应急预案演练或者专项应急预案演练，每半年至少组织一次现场处置方案演练。

有下列情形之一的，应急预案应当及时修订：

1）生产经营单位因兼并、重组、转制等导致隶属关系、经营方式、法定代表人发生变化的；

2）生产经营单位的生产工艺和技术发生变化的；

3）周围环境发生变化，形成新的重大危险源的；

4）应急组织指挥体系或者职责已经调整的；

5）依据的法律、法规、规章和标准发生变化的；

6）应急预案演练评估报告要求修订的；

7）应急预案管理部门要求修订的。

生产经营单位应当及时向有关部门或者单位报告应急预案的修订情况，并按照有关应急预案报备程序重新备案。

（4）奖惩。生产经营单位应急预案未按照有关规定备案的，由县级以上安全生产监督管理部门给予警告，并处3万元以下罚款。

生产经营单位未制定应急预案或者未按照应急预案采取预防措施，导致事故救援不力或者造成严重后果的，由县级以上安全生产监督管理部门依照有关法律、法规和规章的规定，责令停产、停业整顿，并依法给予行政处罚。

## 二、职业健康安全事故的分类和处理

1.职业伤害事故的分类

职业健康安全事故分两大类型，即职业伤害事故与职业病。职业伤害事故是指因生产过程及工作原因或与其相关的其他原因造成的伤亡事故。

（1）按照事故发生的原因分类。按照我国规定，职业伤害事故分为20类，其中与建筑业有关的有以下12类：

1）物体打击：指落物、滚石、锤击、碎裂、崩块、砸伤等造成的人身伤害，不包括因爆炸而引起的物体打击。

2）车辆伤害：指车辆挤、压、撞和车辆倾覆等造成的人身伤害。

3）机械伤害：指机械设备或工具绞、碾、碰、割、戳等造成的人身伤害，不包括车辆起重设备引起的伤害。

4）起重伤害：指从事各种起重作业时发生的机械伤害事故，不包括上、下驾驶室时发生的坠落伤害，起重设备引起的触电及检修时制动失灵造成的伤害。

5）触电：指电流经过人体所导致的生理伤害，包括雷击伤害。

6）灼烫：指火焰引起的烧伤、高温物体引起的烫伤、强酸或强碱引起的灼伤、放射线引起的皮肤损伤，不包括电烧伤及火灾事故引起的烧伤。

7）火灾：火灾所造成的人体烧伤、窒息、中毒等。

8）高处坠落：由危险势能差引起的伤害，包括从架子、屋架上坠落以及从平地坠入坑内等。

9）坍塌：指建筑物、堆置物倒塌以及土石塌方等引起的伤害事故。

10）火药爆炸：指在火药的生产、运输、储藏过程中发生的爆炸事故。

11）中毒和窒息：指煤气、油气、沥青、化学、一氧化碳中毒等。

12）其他伤害：包括扭伤、跌伤、冻伤、野兽咬伤等。

以上12类职业伤害事故中，在建筑工程领域中最常见的是高处坠落、物体打击、机械伤害、触电、坍塌、中毒、火灾7类。

（2）按事故的严重程度分类。，按事故的严重程度，事故分为：

1）轻伤事故，是指造成职工肢体或某些器官功能性或器质性轻度损伤，能引起劳动能力轻度或暂时丧失的伤害事故，一般每个受伤人员休息1个工作日以上（含1个工作日），105个工作日以下。

2）重伤事故，一般指受伤人员肢体残缺或视觉、听觉等器官受到严重损伤，能引起人体长期存在功能障碍或劳动能力有重大损失的伤害，或者造成每个受伤人员损失105工作日以上（含105个工作日）的失能伤害的事故。

3）死亡事故，其中，重大伤亡事故指一次死亡1~2人的事故；特大伤亡事故指死亡3人以上（含3人）的事故。

（3）按事故造成的人员伤亡或者直接经济损失分类，按生产安全事故（以下简称事故）造成的人员伤亡或者直接经济损失，事故分为：

1）特别重大事故，是指造成30人以上死亡，或者100人以上重伤（包括急性工业中毒，下同），或者1亿元以上直接经济损失的事故；

2）重大事故，是指造成10人以上30人以下死亡，或者50人以上100人以下重伤，或者5000万元以上1亿元以下直接经济损失的事故：

3）较大事故，是指造成3人以上10人以下死亡，或者10人以上50人以下重伤，或者1000万元以上5000万元以下直接经济损失的事故；

4）一般事故，是指造成3人以下死亡，或者10人以下重伤，或者1000万元以下直接经济损失的事故。

2.建筑工程安全事故的处理

一旦事故发生，应通过应急预案的实施，尽可能防止事态的扩大和减少事故的损失。通过事故处理程序，查明原因，制定相应的纠正和预防措施，避免类似事故的再次发生。

（1）事故处理的原则（"四不放过"原则）。国家对发生事故后的"四不放过"处理原则，其具体内容如下：

1）事故原因未查清不放过。要求在调查处理伤亡事故时，首先把事故原因分析清楚，找出导致事故发生的真正原因，未找到真正原因绝不轻易放过。直到找到真正原因并搞清各因素之间的因果关系，才算达到事故原因分析的目的。

2）事故责任人未受到处理不放过。这是安全事故责任追究制度的具体体现，对事故责任者要严格按照安全事故责任追究的法律法规的规定进行严肃处理；不仅要追究事故直接责任人的责任，同时要追究有关负责人的领导责任。当然，处理事故责任者必须谨慎，避免事故责任追究的扩大化。

3）事故责任人和周围群众没有受到教育不放过。应使事故责任者和广大群众了解事故发生的原因及其所造成的危害，并深刻认识到搞好安全生产的重要性，从事故中吸取教训，提高安全意识，改进安全管理工作。

4）事故没有制定切实可行的整改措施不放过。必须针对事故发生的原因，提出防止相同或类似事故发生的切实可行的预防措施，并督促事故发生单位加以实施。只有这样，才算达到了事故调查和处理的最终目的。

（2）建筑工程安全事故处理措施

1）按规定向有关部门报告事故情况。事故发生后，事故现场有关人员应当立即向本单位负责人报告，单位负责人接到报告后，应当于 1 h 内向事故发生地县级以上人民政府安全生产监督管理部门和负有安全生产监督管理职责的有关部门报告，并有组织地抢救伤员、排除险情；应当防止人为或自然因素的破坏，以便于事故原因的调查。

由于建设行政主管部门是建筑安全生产的监督管理部门，对建筑安全生产实行的是统一的监督管理，因此，各个行业的建筑施工中出现了安全事故，都应当向建设行政主管部门报告。对于专业工程的施工中出现生产安全事故的，由于有关的专业主管部门也承担着对建筑安全生产的监督管理职能，因此，专业工程出现安全事故，还需要向有关行业主管部门报告。

情况紧急时，事故现场的有关人员可以直接向事故发生地县级以上人民政府安全生产监督管理部门和负有安全生产监督管理职责的有关部门报告。

安全生产监督管理部门和负有安全生产监督管理职责的有关部门接到事故报告后，应当依照下列规定上报事故情况，并通知公安机关、劳动保障行政部门、工会和人民检察院；特别重大事故、重大事故逐级上报至安全生产监督管理部门和负有安全生产监督管理职责的有关部门；较大事故逐级上报至省、自治区、直辖市人民政府安全生产监督管理部门和负有安全生产监督管理职责的有关部门；一般事故上报至设区的市级人民政府安全生产监督管理部门和负有安全生产监督管理职责的有关部门。

安全生产监督管理部门和负有安全生产监督管理职责的有关部门依照前款规定上报事故情况，应当同时报告本级人民政府。安全生产监督管理部门和负有安全生产监督管理职责的有关部门以及省级人民政府接到发生特别重大事故、重大事故的报告后，应当立即报告国家。必要时，安全生产监督管理部门和负有安全生产监督管理职责的有关部门可以越级上报事故情况。

安全生产监督管理部门和负有安全生产监督管理职责的有关部门逐级上报事故情况，每级上报的时间不得超过2 h。事故报告后出现新情况的，应当及时补报。

2）组织调查组，开展事故调查。特别重大事故由国家或者国家授权的有关部门组织事故调查组进行调查。重大事故、较大事故、一般事故分别由事故发生地省级人民政府，设区的市级人民政府、县级人民政府负责调查。省级人民政府、设区的市级人民政府、县级人民政府可以直接组织事故调查组进行调查，也可以授权或者委托有关部门组织事故调查组进行调查。未造成人员伤亡的一般事故，县级人民政府也可以委托事故发生单位组织事故调查组进行调查。

事故调查组有权向有关单位和个人了解与事故有关的情况，并要求其提供相关文件、资料，有关单位和个人不得拒绝。事故发生单位的负责人和有关人员在事故调查期间不得擅离职守，并应当随时接受事故调查组的询问，如实提供有关情况。事故调查中发现涉嫌犯罪的，事故调查组应当及时将有关材料或者其复印件移交司法机关处理。

3）现场勘查。事故发生后，调查组应迅速到现场进行及时、全面、准确和客观的勘查，包括现场笔录、现场拍照和现场绘图。

4）分析事故原因。通过调查分析，查明事故经过，按受伤部位、受伤性质、起因物、致害物、伤害方法、不安全状态、不安全行为等，查清事故原因，包括人、物、生产管理和技术管理等方面的原因。通过直接和间接的分析，确定事故的直接责任者、间接责任者和主要责任者。

5）制定预防措施。根据事故原因分析，制定防止类似事故再次发生的预防措施。根据事故后果和事故责任者应负的责任提出处理意见。

6）提交事故调查报告。事故调查组应当自事故发生之日起60 d内提交事故调查报告；特殊情况下，经负责事故调查的人民政府批准，提交事故调查报告的期限可以适当延长，但延长的期限最长不超过60d。

3.安全事故统计规定

（1）报表的统计范围是在中华人民共和国领域内从事生产经营活动中发生的造成人身伤亡或者直接经济损失的事故。

（2）统计内容主要包括事故发生单位的基本情况、事故造成的死亡人数、受伤人数、急性工业中毒人数、单位经济类型、事故类别、事故原因、直接经济损失等。

（3）本统计报表由各级安全生产监督管理部门、煤矿安全监察机构负责组织实施，每月对本行政区内发生的生产安全事故进行全面统计。其中，火灾、道路交通、水上交通、民航飞行、铁路交通、农业机械、渔业船舶等事故由其主管部门统计，每月抄送同级安全生产监督管理部门。

（4）省级安全生产监督管理局和煤矿安全监察局，在每月5日前报送上月事故统计报表。有关部门在每月5日前将上月事故统计报表抄送国家安全生产监督管理总局。

（5）各部门、各单位都要严格遵守有关法律，按照本统计报表制度的规定，全面、如实填报生产安全事故统计报表。对于不报，瞒报，迟报或伪造、篡改数字的要依法追究其责任。

# 第六章　地基处理与桩基础工程

## 第一节　地基处理及加固

地基的稳定性与施工质量是建筑结构安全的基础，也是保证建筑物正常使用的关键。对于地基进行加固处理主要是为了提高软土地基承载力与稳定性。现阶段，在我国土建工程施工中，地基所面对的主要问题有强度不足、稳定性不够、不均匀沉降、渗漏问题等。针对这些问题，施工人员必须要采取有效的措施来对其进行加固，其最为常见的方法有换土处理、人工或机械夯实、振动压实、石桩挤密加固等。如果施工人员没有根据相关规定要求对地基进行处理与加固，或者没有按照相关规定要求进行施工，这就会导致工程在施工过程中出现各种安全事故与质量问题。

### 一、对建筑工程进行地基处理的目的与意义

#### （一）对建筑工程进行地基处理的目的

对建筑工程进行地基处理的最重要的目的，就是以人工置换、排水、挤密夯实以及加筋等多种方法。通过科学手段，对建筑工程本身的地质情况进行改善，具体包括以下几点。

1.对建筑工程地基的剪切特性进行改善在建筑工程中，地基所具备的抗剪强度，能够对地基整体的稳定性与剪切破坏产生直接影响。所以，为了尽可能降低地基土所受到的压力、避免地基剪切受到破坏，应通过有效的措施，使地基土整体抗剪能力得到提升。

2.对建筑工程地基的压缩特性进行改善通过采取一系列有效措施使地基土自身的压缩模量得到提升，有效的降低建筑工程容易出现的地基土沉降情况。同时，还需要采取有效措施，避免因塑性流动情况而导致的剪切变形。

3.对建筑工程地基的透水特性进行改善众所周知，地下水对建筑工程实际的地质

情况形成直接影响。所以，需要降低来自于地下水方面的压力，并把地基土转变为更有优势的不透水层。

4.对建筑工程地基的动力特性进行改善地震会导致建筑工程地基中具备松散与饱和特点的粉细沙发生液化，所以，我们需要通过一系列有效措施，避免建筑工程中所使用的地基土发生液化现象。并在这个基础上改善地基土的振动特性，使地基土自身的抗震能力得到提升。

### （二）对建筑工程进行地基处理的意义

1.提高地基土的抗剪切强度

在地基的施工中，对地基的质量造成影响的最主要因素则剪力破坏，所以在建筑物施工中，要充分考虑剪力破坏所带来的影响，如建筑物的地基承载力不够；偏心荷载及侧向土压力使结构物失稳；填土或建筑物荷载使邻近地基产生隆起；土方开挖时边坡失稳；基坑开挖时坑底隆起。地基土抗剪力强度不够是导致地基剪力破坏的主要原因，所以在施工中要采取相应的措施，增加地基土的抗剪强度，从而减轻剪力破坏的影响。

2.降低地基土的压缩性

近几年，建筑物沉降事故频繁发生，引起建筑物沉降的原因是多方面的，主要是由于地基土的压缩性所引起的，如固结沉降主要是由于填土或建筑物的荷载所引起的，同时建筑物基础的负摩擦力、基坑开挖和除水等都会导致沉降的发生，一旦地基产生沉降，则会使建筑物的质量受到严重的影响，所以在地基施工中要对地基的沉降进行严格控制。

随着城市化进程的快速进行，城市人口急剧增加，城市用地越加趋于紧张，但对建筑行业还存在着刚性的需求，所以近年来建筑物的高度呈不断上升的趋势，高层建筑和超高层建筑不断的崛起，这类建筑自身的高度较高，同时结构较为复杂，但其建筑物自身的重量则需要地基具有较好的承载力，如果地基超过所能承载的负荷，则会发生地基沉降，所以在实际施工中，要采取有效措施不断的提高地基土的压缩模量，从而使地基的沉降降低。

3.改善地基土的动力特性

动力特性是指地基土在地震时饱和松散粉细砂在震力作用下将会发生液化，或是在振动下会导致邻近的地基下沉，所以在施工中，要针对地基土的动力特性采取相应的措施改变其振动的特性，以防止其发生地基液化，增加地基的抗震性能。

## 二、建筑工程地基处理的原理和规则

### （一）建筑工程地基处理的原理

建筑工程所具备的荷载，在最后都要向地基进行传递，因为建筑工程地上部分所使用的材料有很高的强度。然而建筑工程所使用的地基土自身所具备的地基土没有很高的强度，并且有着较大的压缩性。因此，在这种条件下很容易导致建筑本身出现严重的地基变形。所以，为了使建筑本身的安全性以及使用耐久性得到切实地保证，有必要采取加固技术进行地基处理。对地基进行处理，从大的方面，主要包括基础工程措施和对岩土加固两种。在进行施工时，存在部分工程无法对地基所具备的工程性质进行改变。在这种情况下，只能选择基础工程手段。存在部分工程要求对地基土与岩石措施在同一时间进行加固，采取这种措施的最主要目的是改善建筑工程本身的性质。如果不用改变建筑工程的地基性质，就可以使建筑工程施工的地质要求得到满足的地基，我们称之为天然地基。与之相反的，如果对建筑工程的地基进行了加固处理，那就属于人工地基的范畴。对建筑工程的施工形成制约的因素有很多，其中最重要的一点就是建筑规模不断增大。现在对建筑工程的地基进行处理属于土木工程领域内的一个重点问题，因此，选择一种不但可以使建筑工程施工的需要得到满足，还能够有效降低建筑工程的投资成本的对地基进行处理的方法与技术，对于建筑工程相关技术人员有非常重要的现实意义。

**（二）加固地基的规则**

建筑物地基的加固处理应该采用经济合理、科学有效的方案来完成。在对建筑地基进行工程施工时，要设定切实有效的工程准则和建设方案，这样施工的工作人员就可以在具体操作中运用合理科学的施工办法和技术对地基进行处理，以此达到建设施工的具体要求。施工单位必须采取有效的措施对材料不达标的情况进行弥补和解决，避免带来更加严重的影响。在开始施工前，施工方应该提前对施工地点周边的地质水文条件进行调查，避免外界因素影响工程地基。

## 三、建筑工程地基处理技术的现状

建筑工程地基技术作为工程施工的主要组成部分，其施工技术水平地高低将直接影响到工程施工的整体质量。为确保建筑工程的质量，为满足社会经济的发展要求，施工企业必须重视其施工技术的选择，了解其发展现状，只有这样才能提高工程的整体质量，实现其经济效益。地基处理技术的选用应严格遵循房屋建筑的地下环境进行，其施工机理就是通过夯实、换填、挤密等方式加固地基。也可以分为地基加固技术、桩基技术与辅助地下连续墙技术。地基加固技术应用的目的就是对地基承载力进行有效增加，进而达到降低沉降量，减少变形等情况的出现。桩基处理技术的应用主要是为了向地基深层位置进行上部荷载力的传送，利用缓冲作用对其所承受的冲击力进行有效削减。辅助地下连续墙技术主要是进行侧向支护的提供，在处理地基中，必须对其地基进行改良，对其地基抗剪切强度进行有效提升，起到地基压缩性降低的作用，并对地基透水性进行有效改善，最终达到地基加固的作用。

## 四、常见不良地基土及其特点

### （一）软粘土

软粘土也称软土，是软弱粘性土的简称。它形成于第四纪晚期，属于海相、泻胡相、河谷相、湖沼相、溺谷相、三角洲相等的粘性沉积物或河流冲积物。多分布于沿海、河流中下游或湖泊附近地区。常见的软弱粘性土是淤泥和淤泥质土。软土的物理力学性质包括如下几个方面。

1.物理性质粘粒含量较多，塑性指数 Ip 一般大于 17，属粘性土。软粘土多呈深灰、暗绿色，有臭味，含有机质，含水量较高、一般大于 40%，而淤泥也有大于 80% 的情况。孔隙比一般为 1.0～2.0，其中孔隙比为 1.0～1.5 称为淤泥质粘土，孔隙比大于 1.5 时称为淤泥。由于其高粘粒含量、高含水量、大孔隙比，因而其力学性质也就呈现与之对应的特点——低强度、高压缩性、低渗透性、高灵敏度。

2.力学性质软粘土的强度极低，不排水强度通常仅为 5～30kPa，表现为承载力基本值很低，一般不超过 70kPa，有的甚至只有 20kPa。软粘土尤其是淤泥灵敏度较高，这也是区别于一般粘土的重要指标。软粘土的压缩性很大。压缩系数大于 $0.5MPa^{-1}$，最大可达 $45MPa^{-1}$，压缩指数约为 0.35～0.75。通常情况下，软粘土层属于正常固结土或微超固结土，但有些土层特别是新近沉积的土层有可能属于欠固结土。渗透系数很小是软粘土的又一重要特点，一般在 $10^{-5}$～$10^{-8}$cm/s 之间，渗透系数小则固结速率就很慢，有效应力增长缓慢，从而沉降稳定慢，地基强度增长也十分缓慢。这一特点是严重制约地基处理方法和处理效果的重要方面。

3.工程特性软粘土地基承载力低，强度增长缓慢；加荷后易变形且不均匀；变形速率大且稳定时间长；具有渗透性小、触变性及流变性大的特点。常用的地基处理方法有预压法、置换法、搅拌法等。

### （二）杂填土

杂填土主要出现在一些老的居民区和工矿区内，是人们的生活和生产活动所遗留或堆放的垃圾土。这些垃圾土一般分为三类：即建筑垃圾土、生活垃圾土和工业生产垃圾土。不同类型的垃圾土、不同时间堆放的垃圾土很难用统一的强度指标、压缩指标、渗透性指标加以描述。杂填土的主要特点是无规划堆积、成分复杂、性质各异、厚薄不均、规律性差。因而同一场地表现为压缩性和强度的明显差异，极易造成不均匀沉降，通常都需要进行地基处理。

### （三）冲填土

冲填土是人为的用水力冲填方式而沉积的土。近年来多用于沿海滩涂开发及河漫滩造地。西北地区常见的水坠坝（也称冲填坝）即是冲填土堆筑的坝。冲填土形成的地基可视为天然地基的一种，它的工程性质主要取决于冲填土的性质。冲填土地基一般具有如下一些重要特点。

1.颗粒沉积分选性明显，在入泥口附近，粗颗粒较先沉积，远离入泥口处，所沉积的颗粒变细；同时在深度方向上存在明显的层理。

2.冲填土的含水量较高，一般大于液限，呈流动状态。停止冲填后，表面自然蒸发后常呈龟裂状，含水量明显降低，但下部冲填土当排水条件较差时仍呈流动状态，冲填土颗粒愈细，这种现象愈明显。

3.冲填土地基早期强度很低，压缩性较高，这是因冲填土处于欠固结状态。冲填土地基随静置时间的增长逐渐达到正常固结状态。其工程性质取决于颗粒组成、均匀性、排水固结条件以及冲填后静置时间。

### （四）饱和松散砂土

粉砂或细砂地基在静荷载作用下常具有较高的强度。但是当振动荷载（地震、机械振动等）作用时，饱和松散砂土地基则有可能产生液化或大量震陷变形，甚至丧失承载力。这是因为土颗粒松散排列并在外部动力作用下使颗粒的位置产生错位，以达到新的平衡，瞬间产生较高的超静孔隙水压力，有效应力迅速降低。对这种地基进行处理的月的就是使它变得较为密实，消除在动荷载作用下产生液化的可能性。常用的处理方法有挤出法、振冲法等。

### （五）湿陷性黄土

在上覆土层自重应力作用下，或者在自重应力和附加应力共同作用下，因浸水后土的结构破坏而发生显著附加变形的土称为湿陷性土，属于特殊土。有些杂填土也具有湿陷性。广泛分布于我国东北、西北、华中和华东部分地区的黄土多具湿陷性。（这里所说的黄土泛指黄土和黄土状土。湿陷性黄土又分为自重湿陷性和非自重湿陷性黄土，也有的老黄土不具湿陷性）。在湿陷性黄土地基上进行工程建设时，必须考虑因地基湿陷引起附加沉降对工程可能造成的危害，选择适宜的地基处理方法，避免或消除地基的湿陷或因少量湿陷历造成的危害。

### （六）膨胀土

膨胀土的矿物成分主要是蒙脱石，它具有很强的亲水性，吸水时体积膨胀，失水时体积收缩。这种胀缩变形肚往往很大，极易对建筑物造成损坏。膨胀土在我国的分布范围很广，如广西、云南、河南、湖北、四川、陕西、河北、安徽、江苏等地均有不同范围的分布。膨胀土是特殊土的一种，常用的地基处理方法有换土、土性改良、预浸水，以及防止地基土含水量变化等工程措施。

### （七）山区地基

土山区地基土的地质条件较为复杂，主要表现在地基的不均匀性和场地稳定性两个方面。由于自然环境和地基土的生成条件影响，场地中可能存在大孤石，场地环境也可能存在滑坡、泥石流、边坡崩塌等不良地质现象。它们会给建筑物造成直接的或潜在的威胁。在山区地基建造建筑物时要特别注意场地环境因素及不良地质现象，必要时对地基进行处理。

### （八）岩溶（喀斯特）

在岩溶（喀斯特）地区常存在溶洞或土洞、溶沟、溶隙、洼地等。地下水的冲蚀或潜蚀使其形成和发展，它们对结构物的影响很大，易于出现地基不均匀变形、崩塌和陷落。因此在修建结构物之前，必须进行必要的处理。

## 五、建筑工程中的地基处理方法

### （一）排水固结法

当建筑工程处于软粘土地基上时，可以采用排水固结法来进行地基的处理，利用这种方法可以有效的排除土壤中空隙里的水分，从而使土壤逐渐固结，使得土壤的沉降量大大降低，荷载能力大大提升。通常来讲排水固结法主要是利用排水和加压两个系统来进行的，一般可以分为堆载预压法、沙井堆载预压法、真空预压法等等。所谓堆载预压法就是说在进行施工前，在需要处理的地基上，利用一些荷载或堆土的方法来对地基进行荷载预压，通过这种方法来使地基的承载力增强，并减少日后的建筑物沉降现象。此外，为了使地基承载能力进一步加强，和减少预压过程的时间，在施工过程中，常常会在地基中打入沙井，然后在进行相应的堆载预压操作，这种预压方法也就是我们常说额沙井堆载预压法。

### （二）换填法

所谓换填法就是指，将地基下需要处理部分的软土层或全部土层挖出，接下来利用高强度的砂、碎石、素土、灰土等材料来逐层的进行换填操作，换填完毕后，对换填的层面进行碾压操作，并利用夯实工具进行夯实，最后达到相关的密度和强度要求。这种方法通常被用在淤泥、湿陷性黄土、素填土、杂堆土等地基的处理中。如果地基所处位置的上层软土层比较薄弱，那么可以采取全部换填的方法进行处理。当地基所处位置只是局部存在古井、暗塘、建筑旧址等可以采取局部换填的方法来进行地基处理。一般换填法地基处理的使用深度在 3 米以内，所以采用这种方法的花费较低，比较适合于一些轻型建筑、堆料场等建筑工程的地基处理。

### （三）加筋法

所谓加筋法就是指在土壤中的软弱土层中设置树根桩、砂桩或者人工填土的路堤，也可以是在挡墙的内部设置土工聚合物来进行加筋，从而在地基土壤中形成一种人为的复合土体层，进而使地基能够承受更大的拉力、压力以及剪切力，实现地基土体的工程性质得到根本的改变。这里所说的土工聚合物主要说的是各种人工合成的纤维材料，比方说丙纶、尼纶、维纶等等材料，利用这些纤维材料制造的全新的建筑材料或构件。当前主要的土工聚合物主要有土工织物、土工膜等。这种地基处理方法可以在堤坝软土地基处理时制作挡土墙等多种情况。

### （四）深层搅拌法

这种地基处理方法的主要原理就是采用水泥浆、石材等材料作为固化剂，然后利用建筑工程中特殊的深层搅拌机器，将地基深处的软土层与配置的固化剂进行充分、完全的搅拌，搅拌过后，固化剂会与软土之间产生一系列的化学物理反应，进而使得原本的软弱土固结为一个坚硬的整体结构。通过这样的方法可以使地基的承载力大大提高。通常这种方法可以在淤泥、粉土、饱和黄土、素填土等地基的处理中进行使用，如果在进行泥炭土或地下水具有腐蚀性的地基处理时，需要进行相关的实验来确定其是否适用于该地基。此外，人们往往称深层搅拌法为湿法。

### （五）粉体喷射法

粉体喷射法的主要施工原理是，采用生石灰或水泥等粉状的建筑材料作为固化剂，并利用特定的深层搅拌机械对地基深层的软土与固化剂进行充分的搅拌，固化剂和软土之间进行一系列的物理化学反应，最终得到一种较为坚硬的搅拌土体，实现了地基的加固和处理目的。这种方法与深层搅拌法有着很大的相似性，适用范围也较为相近，但是这种方法在一些水分含量较低的粘性土体中的使用效果不是很好。与深层搅拌法相比也存在着明显的不同，这种方法可以吸收地基土体中的水分，而且吸水效果较为明显，通常被应用在一些低层的建筑中，高层建筑需要使用前，应该通过相关的实验验证后才能够使用。粉体喷射法是一种常见的水泥土搅拌法，人们往往称之为干法。

### （六）浆液灌注加固法

所谓浆液灌注加固法主要是指利用气压、液压或电化学原理，将那些可以起到固化作用的浆液灌注到土体的孔隙中去，从而使地基土体变得更加牢固和拥有较高的承载能力。这种方法所使用的浆液主要有水泥浆液和化学浆液两种，其中水泥浆液所使用的水泥应该为标号4以上的水泥，这种浆液中往往含有水泥颗粒，所以很难进入到那些孔隙较小的土体中，它主要被应用在一些碎石或延时裂缝的加固上。而化学浆液通常以水玻璃作为主要浆液，然后配合使用水泥浆液或氯化钙，也可以单纯使用水玻璃这一种浆液，这种形式称之为单液法，而添加其他溶液的则称之为双液法。通常来讲双液法大多被用在中砂、粗砂、碎石等土体的加固上，它主要是利用两种浆液在土体中进行化学反应，从而生成硅酸胶凝体，使土体形成一种坚实的胶结结构，这种方法的凝固速度非常快，而且形成后的胶状结构非常坚固，能够有效的提升土体的抗压能力。利用浆液灌注的方法来处理软土地基，从技术角度来讲是可以实现的，可以有效的提升工程的施工质量和地基承载力。这种方法还可以对采取的灌浆方法和浆液种类进行调整，从而可以适应多种地基处理环境。

### （七）强夯法

强夯法是通过840吨的霞锤从8～20m高处（最高可达40m）自由落下，对地基施加冲击能，在地基中形成冲击波和动应力，使地基土压密和振密，以加固地基土，达到提高粗粒土强度、减小软土压缩性、改善砂土抗液化条件、消除湿陷性黄土湿陷性的目的。强夯法在实践中被证实是较好的地基加固方法之一。但由于其本身的复杂性和缺乏系统的强夯现场试验以及必要的室内精确实验，有关强夯理论还不完善，还没有一套成熟的理论和设计计算方法，强夯设计还在经验设计阶段。

## 六、深层的地基处理方法

### （一）深层的搅拌法

深层搅拌法主要用在河道、湖泊附近的地基中，比较适用于土质比较软、有淤泥的地方。通过采用石灰来形成一种固化剂，搅拌机需要对深层的土质进行搅拌，将这两种相互混合在一起，能够更加的对地基进行加固，从而在更大程度的提高地基的承载力和强度。

### （二）振冲法

振冲法又称振动水冲法，是以起重机吊起振冲器，启动潜水电机带动偏心块，使振动器产生高频振动，同时起动水泵，通过喷嘴喷射高压水流，在边振边冲的共同作用下，将振动器沉到土中的预定深度，经清孔后，从地面向孔内逐段填入碎石，使其在振动作用下被挤密实，达到要求的密实度后即可提升振动器，如此反复直至地面，在地基中形成一个大直径的密实桩体与原地基构成复合地基，从而提高地基承载力，减少沉降。振冲法是一种快速、经济有效的加固方法。振冲法根据加固机理和效果可分为振冲置换法和振冲密实法两类。振冲置换法振冲置换法是利用振冲器或沉桩机，在软弱粘性土地基中成孔，再在孔内分批填人碎石或卵石等材料制成桩体，桩体和原来的粘性土构成复合地基，从而提高地基承载力，减小压缩性。碎石桩的承载力和压缩量在很大程度上取决于周围软土对碎石桩的约束作用。如刷围的土过于软弱，对碎石桩的约束作用就差。振冲置换法适用于不排水抗剪强度不小于20kPa的粘性土、粉土、饱和黄土和人工填土地基。对不排水剪切强度小于20kPa的地基，应慎重对待。振冲密实法振冲密实法的原理是依靠振冲器的强力振动使饱和砂层发生液化，砂粒重新排列，孔隙减少，使砂层挤压加密。振冲密实法适用于粘土含量小于10%的粗砂、中砂地基。

### （三）砂桩和石桩方法

通过振动器振动形成的开出成孔，在成孔的时候需要放入一些砂石和卵石，来形成比较大的石桩或者是砂桩，而这种桩体是软土和砂石混合在一起的，适合比较软的地基土质，对土质也起到了很好的土层挤密效果，也能够提升地质中的承载力，而这种地基处理方法同时也对土质地基的适用性起到决定性的作用。

### （四）水泥土挤密桩法水泥粉煤灰碎石桩法

应用机械的成孔原理，通过现有的这些材料进行相应的搅拌，在反应完之后就可以将这些水泥放入到成孔中，再结合夯实的地基处理方法，从而来形成比较结实的水泥桩，并且将附近的土层联系在一起形成复合型的地基，从而来提高地基的承载力。

### （五）水泥粉煤灰碎石桩法

改变了原来传统模式中的地基处理方法，可以对碎石桩的方法进行不断地完善，将石屑、水泥、粉煤灰混合在一起，通过加水搅拌来形成比较大的水泥粉煤灰混合桩。但是这种水泥粉煤灰碎石桩法，适合用在地基土层是粉状土、砂性土、粘性土中，如果在有淤泥的地基土质中使用，就会有很大的不确定性，所以利用这种方法需要结合地基中的土壤来进行使用。

总之，地基是土建工程施工中的基础，也是最为关键的环节，如果地基没有经过合理的处理，那么上部结构就会因稳定性不足而出现各种质量问题与安全缺陷。本文介绍了几种地基加固处理技术，各有利弊，因此在实际工作中，施工人员必须要结合实际工程的特点，采取有效的措施来提高地基土的密度与稳定性，从而有效的保证地基的强度与稳定性，保证整个工程的质量。

# 第二节　CFG桩复合地基施工

随着社会的发展，城市中出现了越来越多的高层、超高层建筑物。由于高层建筑自重荷载大，重心高，对地基强度和变形要求很高，采用传统的桩基础造价过高，且桩间土的承载力得不到充分发挥，尤其是桩间土承载力较高时，显得尤为浪费。20世纪80年代末由中国建筑科学研究院地基所研制的CFG桩复合地基技术加固效果显著，可以充分发挥桩间土的承载力，又可显著降低工程造价，经济效果明显。CFG桩具有强度高、刚度大、造价低、施工周期短等特点，既能提高地基承载力，又能很好地控制地基变形，目前在工程中已经得到了广泛应用，取得良好的经济效益和社会效益。

## 一、CFG桩复合地基概述

CFG桩复合地基是由水泥、粉煤灰、碎石、石屑和砂，加水拌和形成的高粘结强度桩（简称CFG桩），桩、桩间土和褥垫层共同作用构成的。该加固技术采用粉煤灰代替部分水泥，消耗了工业废料的同时减低了成本，而且桩体强度高，经处理后的复合地基承载力可大幅提高，且减少地基变形。目前，CFG桩成套技术已作为建设部"建筑业十项新技术"大力推广应用。

CFG桩加固地基的机理主要表现在桩体置换和桩间土挤密两方面：一是桩体置换作用。水泥经水解和水化反应以及与粉煤灰的凝硬反应后生成稳定的结晶化合物，这些化合物填充了碎石和石屑的空隙，将这些骨料黏结在一起，因而提高了桩体的抗剪强度和变形模量，使CFG桩起到了桩体的作用，承担大部分上部荷载。二是对桩间土挤密作用。CFG桩在处理砂性土、粉土和塑性指数较低的黏性土地基时，采用振动沉管等排土、挤密施工工艺，提高了桩间土的强度，并通过提高桩侧法向应力增加了桩体侧壁摩阻力，使单桩承载力也提高了，从而提高复合地基承载力。

通过CFG桩复合地基的受力原理分析我们可以看出，因为在CFG桩与承台之间通常会设置10～30cm厚的褥垫层，因此该复合地基是由CFG桩和土层来共同承担上部结构传来的荷载，然而由于桩土的应力比非常大，因此其竖向荷载由CFG桩承担的比重就比较大。同时也由于褥垫层造成了CFG桩与承台的分离，导致了绝大部分的水平荷载都被承台四周的土层以及承台底的桩间土所承担，并且由于通常CFG桩复合地基的置换率也比较低，因此其水平荷载由CFG桩基承担的比重就很小。简言之，CFG桩其实就是以承担上部结构的竖向荷载为主的。经过一系列的工程实践结果以及模拟实验数据可知，如果褥垫层在CFG桩复合地基中的厚度可以超过10cm，那么CFG桩体发生水平折断问题的机率就很低，这就意味着CFG桩在该复合地基中不会失去工作能力。不难看出，在复合地基中，CFG最突出的作用就是肩负上部结构传送过来的竖向承载力。因此，CFG桩复合地基的处理方法在取土成孔柱锤夯扩作用下是完全能够得到保证的。

## 二、CFG桩的应用特点

### （一）CFG具有高黏结性

CFG桩作为高黏结强度桩，其主要构成材料包括水泥、粉煤灰、碎石、石屑或是砂加水拌和，CFG桩与桩间土和褥垫层共同形成复合地基，这种地基沉降小，具有较好的稳定性。利用CFG桩进行地基处理时，需要合理配比原料，确保CFG桩的强度，以此来提高地基的质量。

### （二）CFG桩造价经济

由于CFG桩桩体采用粉煤灰作为掺和料，而且不配筋，因此能够有效的降低工程造价。而且在施工中采用CFG桩时，操作简便，相较于其他桩基，其造价较低，可以有效的提高工程的经济性。

### （三）CFG桩的适用范围广

在CFG桩应用过程中，其可以应用于条形基础、独立基础和箱型基础，适用范围十分广泛，而且在填土、饱和及非饱和黏性土中都具有较好的适用性。作为复合地基的代表，CFG桩在当前高层和超高层建筑施工中应用十分广泛。CFG桩复合地基通过褥垫层与基础连接，桩间土始终参与工作，而且桩承受的荷载向深土层进行传递，能够有效的降低桩间土承担的荷载，有利于进一步提高复合地基承载力，实现对其变形的有效控制。

## 三、CFG桩复合地基的施工技术分析

### （一）地基加固方案选择确定

地基处理方法的选择是由建筑物的基础形式、尺寸、深度、天然下卧土的物理力学性质、地下水及要求加固后的承载力提高值和变形量控制等因素决定。结合某工程工程实际，根据工程基础埋深、地质情况，经对多种加固方案的经济、技术及工期对比，确定采用高强度小直径CFG桩复合地基。

### （二）施工准备

1.机械的选用

桩机选用，需选择功率较大的，至少在90KW以上，保证下钻能力，需优先选择履带式打桩机，保证雨期施工地泵需优先考虑采用柴油机的，降低施工用电，保证桩机使用临水临电保证，1台桩机需考虑200KW最大施工用电，地泵需考虑冲水洗泵。

2.材料准备

所需材料需检测试验，选定合格的原材料产地或供应方后，可进行混合料的配合比试验。

3.技术准备

施工技术人员熟悉图纸，现场勘查，了解场地及周围情况，编写施工组织设计，测设控制点，并对施工人员进行培训，对班组进行施工前技术交底。

### （三）测量放线

场地平整后，根据业主提供的控制点，结合设计施工图纸给定的尺寸进行放样。

1.测定各轴线控制点，依据主控制点，用全站仪和钢尺，运用导线控制法进行测定。

2.测定桩位点，按照复验合格后的各轴线控制点进行桩位放样，具体放样时采用双控法，保证桩位定位误差≤10mm。

3.桩位放完后，及时报监理复核，绘制测量放线单，交监理签证。

### （四）桩定位放样

CFG桩施工前应将场地开挖至-5.60m处，并且应当压实、平整。依据施工平面图、规划控制点复核测量基线、水准点及桩位、CFG桩的轴线定位点。轴线控制点埋设标志。控制建筑物总体尺寸的轴线引出木桩用混凝土固定80cm深。对桩位先用圆钢钎打孔深度不小于300mm、孔中灌入石灰粉末，后插入竹签作为桩定位标志。主轴线控制网允许偏差小于20mm，桩位偏差不得大于60mm。

### （五）试桩

CFG桩试桩施工，进行成桩工艺试验，以复核地质资料以及设备、工艺，施打顺序是否适宜，确定混合料配合比、坍落度、混凝土搅拌时间、拔管速度、每延米混合料用量等各项工艺参数，通过对试桩试件28d抗压强度平均值、复合地基承载力、单桩竖向承载力的检测，如达到设计要求，并将试桩总结报监理单位确认后，方可进行CFG桩施工。

### （六）钻进成孔

钻机就位及调试完毕后，即可进行正式钻进。启动主电动机，以Ⅰ、Ⅱ、Ⅲ三档逐级加速的顺序进行钻进。在钻进过程中应严格控制钻机的垂直度。钻进的深度，应根据设计桩长（即桩底标高）进行确定，当桩尖到达钻孔深度位置时，在动力头底面停留位置处于钻机塔身相应位置作醒目标记，作为施工时控制桩长的依据。

### （七）泵送混凝土成桩

为确保混凝土的质量，本工程CFG桩采用C20商品混凝土混凝土，其塌落度控制在18~20cm之间，以确保混凝土具有良好的流动性。当成孔至设计标高后，开始泵送混凝土，当钻杆芯管充满混凝土后，方可开始提钻，严禁先提管后泵料，其钻具提升速度应达到相同时间内的泵送混凝土量略大于钻具提升量，一般宜控制在2~3.5m/min，以防缩径。成桩过程应连续进行，应避免后台供料不足、停机待料现象。钻具提升距孔口0.5m时，停止泵送混凝土。

### （八）清桩间土、凿桩头和褥垫层铺设

CFG桩施工完毕两天后，人工将桩身保护桩头挖出；采用小型的专用挖掘机清运弃土，挖掘机进入处理范围后禁止在打桩工作面行走，挖掘机不得一次性开挖到设计标高，预留10cm由人工进行清槽；测出桩顶标高位置，在同一水平面按同一角度对称放置2个或4个钢钎，用大锤同时击打，将桩头截断；桩头截断后，用钢钎、手锤将桩顶从四周向中间修平至桩顶设计标高；褥垫层材料选用碎石，粒径8~20mm，虚铺22cm后，然后用平板振动器压密至20cm，保证夯填度不大于0.9。

## 四、CFG桩体常见缺陷防止措施

### （一）堵管

在应用长螺旋钻孔和管内泵压混合料灌注成桩的施工工艺流程中最常出现的问题就是堵管，引起堵管问题的原因有很多，既有人为因素，又有水文地质条件等客观原因。施工地点本身就蕴含丰富的地下水，当钻头的出料口没有被密封好时，就会有大量的地下水在钻头不断钻进地面的过程中进入到钻杆内腔，之后当砼在压灌作用下从钻杆顶部被冲压到钻杆底部的时候就会与进入钻杆内腔的水相遇，导致砼出现离析现

象，其中所含的石子、砂、水泥浆都相互分离开来，最终堵在出料口处，即产生堵管问题。在钻头向地面钻进的过程中，钻头上其中一个或两个起到封堵作用的叶片被磨掉，导致有水进入钻杆，出现与上面一样的堵管问题。

当第一个原因造成的堵管问题已经发生时，要将钻杆及时提出，对钻头和钻杆进行相应的清理。若要避免此类情况发生，防患于未然，就要在下钻之前就做好钻头出料口的密封处理。若是第二种原因引起的堵管问题发生，同样要将钻头立即提出，或是对封堵叶片进行补焊处理，或是把备用的新钻头换上去。若要避免此类情况发生，应在开钻之前就认真仔细地检查一遍钻头，将封堵叶片焊接牢固。

二是砼在输送管道内滞留时间过久，使砼开始出现初凝现象，导致堵管。当机械设备出现故障问题时维修时间太久，导致砼在输送管道内停留太多时间，产生初凝现象。受地质环境或钻头、钻机功率选取不合适的影响，钻机从一个钻孔转移到下一个钻孔所用时间过长，致使输送管内的砼出现初凝现象。要一边修理机械设备，一边在短时间内将迅速将还未完全凝固的砼清除掉。要及时将输送管道内的砼做彻底清除处理。若要避免此类情况发生，就需要在开工之前对施工地的地质情况进行详细勘察，有全面的了解和掌握，事前就及时把障碍物清除干净，同时，选用合适的钻头和钻机功率。

三是混合料的配合比不合理。当细骨粉、粉煤灰的含量在混合料中所占比重较小时，容易使混合料的和易性变差，进而出现堵管问题。防止措施：在配比混合料时注意粉煤灰或细骨粉的用量，同时要将坍落度掌握在160～200mm范围内。

## （二）串孔

底层松软或桩与桩之间的距离设计过近以及泵压采取不当等都会引起串孔问题。处理办法，当桩间距设计距离较近时，可采用隔排跳打或跳打的方式打桩，等到上一个桩砼凝固到一定程度后后再进行第二次补打；当泵压选取过大时，砼会在被冲压进孔内时对孔壁产生较大的挤压作用力，致使孔壁坍塌，此时应根据地质、地层的实际情况调整泵压或调换合适的设备；当钻的提升速度与泵量不相匹配时，应根据所选取的砼输送泵型号选取与之匹配的提升速度，并保证所选定的提钻速度在规范要求范围内。

## （三）缩径

当单个桩体灌注的砼小于设计要求的投放量时，若钻头大小适宜，则可断定此桩出现缩径问题。当此类问题已经发生时，要及时找出问题产生原因，并在砼还未出现初凝现象或完全凝固之前再次下钻，重新进行灌注，保证砼的实际灌注量大于设计的投放量。当提升速度过快引起缩径问题时，要根据泵量对速度进行相应调整；当产生原因是输送压力不够时，应及时检查输送泵压力，将其调整到适宜压力。

## （四）桩身混凝土空芯、不饱满

主要是施工过程中，排气阀不能正常工作所致。钻机钻孔时，管内充满空气，泵送混凝土时，排气阀将空气排出。若排气阀堵塞，管内空气不能正常排出，就会导致桩体存气，形成空芯。为避免桩头空芯，施工中应经常检查排气阀的工作状态，发现堵塞及时清洗。

## （五）桩长不足

为避免和防止施工队伍操作人员对标识弄虚作假、骗取米数，开钻前施工技术人员应对标尺、刻画进行复核，消除标识误差，应使用反光贴条在每米处进行标识，粘贴在钻杆导向架上，利于夜间旁站记录人员识别读数。

## 五、CFG桩复合地基施工中应注意的几点问题

### （一）桩下土层是否应该进行钎探

钎探是在利用天然土层作为房屋基础，在基础施工前必做的一项工作，意在探明现开挖的基础标高处的土层是否符合勘察报告，是否有异常情况，根据锤击数判定该土层的承载力是否复合设计要求。那么在CFG桩施工前是否应该对基层土进行钎探呢？大部分人认为这已经是桩基础了，对土的要求不高所以就不用进行钎探了。但因为CFG桩复合地基其是利用桩、桩间土和褥垫层共同作用构成的，从这点出发对基础土层进行钎探是应该的。比如，各栋号基础底标高处的土层的承载力情况不同，个别栋号设计时不考虑桩间土的承载力，有的部分或局部其承载力为零。设计在计算推算桩间距时，首先要计算CFG桩复合地基面积置换率m值，m值的计算要用到桩间土的承载力的特征值fak。其取值来源于地基勘察部门的勘察报告，各工程具体情况不同，fak的取值也不同。设计在计算时为了施工的便捷，各栋号或者说单栋号内不出现多种桩间距，就没有分栋号进行计算而是统一取最小值0。那么在这种情况下是不用进行钎探的。目前，地基处理部分的设计一般由专业单位设计或者就是桩基施工单位，与结构设计往往不是一家，就会出现施工时在一些问题上的自圆其说，所以，即使是由其他单位进行设计结构，设计单位仍有必要对一些参数进行限定或明确，如桩间土承载力特征值。

### （二）搅拌混合料

要根据规定好的混合料配合比进行，混合料的搅拌时间和塌落度要在工艺性试验后确定的参数来进行确定和调整，但均不得少于1min。搅拌的混合材料要确保其混合料圆柱体能够顺利的通过柔性管、刚性管、变径管与弯管而进入到钻机机芯之内。

### （三）褥垫层的作用和厚度要求

1.保证桩、桩间土共同作用

若基础下面不设褥垫层，基础直接与桩和土接触，在垂直荷载作用下承载特性和桩基差不多，在给定荷载作用下，桩承受较多的荷载，随着时间的增加，桩发生一定的沉降，荷载逐渐向土体转移，桩承受的荷载随时间增加逐渐减少。

2.可有效调整桩、土应力比

由于CFG桩的桩身模量远大于桩间土，一般桩土应力比较大，但通过垫层的作用，可有效减小桩土应力比，这一特性使CFG桩具有较大的灵活性，根据相关试验表明，随着垫层厚度的增大，桩、土应力比减小，最后趋于一定值。

3.改善桩体受力状态

由于CFG桩复合地基中桩体一般不配构造钢筋，所以它抵抗水平荷载的能力比一般加筋刚性桩要低许多，当设计了褥垫层，桩体本身与基础之间就没有了连接，基础水平荷载作用力则有基础对面土抗力、侧面摩擦力计及底系数摩擦力来平衡，使得基础水平荷载传到桩上减少，水平位移减小，水平荷载主要由桩间土承担。褥垫层厚度越大，桩顶水平位移越小，即桩顶承受的水平荷载越小，大量工程实践和国内外实验表明，褥垫层厚度不小于10cm。

4.改善基础底板的受力状态

由于CFG桩属于半刚性桩，当不设计褥垫层时，桩对基础的应力集中很明显，这时就需考虑桩对基础的冲切破坏，因而在进行基础设计时就需考虑对基础进行抗冲切强度验算，必须增加基础的厚度和配筋，势必增加造价。

5.调整地基变形

褥垫层厚度的调节可以影响桩土荷载的分担，根据这一原理，在CFG桩复合地基的应用中，可以通过调整褥垫层的厚度来消除地基的不均匀性，使地基达到协调变形。因此，在施工过程中要严格控制褥垫层的厚度，所用材料尤其是碎石的级配应合理，不得使用卵石，含泥量不得过大，分层铺筑时密度均匀，密实度应达到设计要求。严禁将桩头埋入褥垫层内，严禁出现橡皮土。在质量控制时也必须作为一个重点来控制，厚度必须符合设计要求。

## 六、CFG桩复合地基施工质量控制措施

### （一）施工准备阶段对复合地基施工质量的控制措施

第一，在施工准备阶段，应根据设计要求和现场地基土的性质、地下水埋深、场地周边是否有居民、有无对振动反应敏感的设备等多种因素，因地制宜，合理选择施工工艺，这是确保CFG桩复合地基质量的前提条件。可选择下列施工工艺：长螺旋钻灌注成桩，适用于地下水位以上的粘性土、粉土、素填土、中等密实以上的砂土地基；长螺旋钻中心压灌成桩，适用于粘性土、粉土、砂土和素填土地基，以及对噪音及泥浆污染要求严格的场地；穿越卵石夹层时应通过试验确定适用性；振动沉管灌注成桩，适用于粘性土、粉土、素填土地基；挤土造成地面隆起量大时，应用较大桩距

施工；泥浆护壁钻孔灌注成桩，适用于地下水位以下的粘性土、粉土、砂土、填土、碎石土及风化岩层等地基。

第二，重点对所使用的机器设备作出细致的检查，检查的方面包括记录设备使用情况的记录器，安装在制作桩基设备的各种仪表，用来测试垂直性能设备的准确度以及测试钻进深度的刻度线等等。

第三，根据CFG桩施工工艺要求，从品种、规格、质量等方面确定施工所采用的材料，并用所选定的材料在试验作配合比。水泥是CFG桩建造中价格比较高、用量大的材料，也是对CFG桩强度起决定作用的材料，施工中通常采用425#普通硅酸盐水泥。在选择水泥生产厂家时除要求证件齐全外，还应使用有信誉、质量好的大厂大窑生产的水泥。碎石一般选择选用5～20mm的卵石或碎石，要求其针、片状颗粒含量不大于25%，含泥量不大于2%，杂质少，含泥量过大的碎石禁止使用。砂应尽可能去挑选细砂，要求其含泥量小于5%，且不含根须、块状粉土、杂质等，对于质量不合格的砂禁止使用，施工中砂避免使用含碱骨料。粉煤灰就选用III级或III级以上等级的粉煤灰。第四，施工前应进行试桩，以检验施工工艺的可靠性，并且要在桩体的芯部钻取样本，衡量混合料填入的密实程度及强度，这些实验的结果都将成为可靠的资料，为具体施工提供重要的参考。

### （二）复合地基施工质量的控制措施

施工过程中对质量的控制是最为有效的，下现对如何有效控制CFG施工质量所采取措施的作详细介绍，本环节施工步骤较为复杂，大体可以从以下几个方面入手。

第一，垂直度控制，在CFG桩成孔过程中如发现钻杆摇晃或难钻时，应放慢进尺，否则较易导致桩孔严重偏斜、位移，甚至使钻杆、钻具扭断或损坏。CGF桩垂直度容许偏差≤1%。

第二，确定打桩顺序，在对CFG桩复合地基施工打桩的方法中，最为主要的方法就是连续打桩和间歇打桩即跳打，对于地表土壤呈现饱和状态时应选择跳打的方法为宜，桩体分布过密时，应该采取由中部向四周逐渐推进的方式展开施工，或者选择有某一边向对应的另一面推进的方式，都是可行的。

第三，保护桩长是指成桩时在桩顶预留一定长度的桩长，基础施工时将其剔掉，保护桩长越长，施工质量越易控制，但浪费越大，一般预留桩长不小于0.5m。用插入式振捣棒对桩顶混合料加振3～5s，提高桩顶混合料密实度，上部用土封顶，增大混合料表面的高度，即增加自重压力，可提高混合料抵抗周围土挤压的能力。

第四，混合料的配合比、坍落度的控制，施工前应按设计要求由试验室进行配合比试验，施工时按配合比配制混合料。CFG桩混合料要有良好的可泵性，要求混合料要有适宜的流动性，能够充满整个管道并易于管线内流动。对振动沉管灌注成桩，混全料的搅拌时间不得小于两分钟，混合料的坍落度宜为30～50mm，成桩后桩顶浮浆厚度不宜超过200mm；对长螺旋钻中心压灌成桩，混合料的坍落度一般以160～

200mm为宜，坍落度过小，影响泵送效率甚至发生堵管，坍落度过大，则易产生泌水，离析，泵压作用下，骨料与砂浆分离，同样容易发生堵管。

第五，拔管速率的控制，拔管速率太快易造成桩径偏小或缩颈断桩，拔管速率过慢又会造成水泥浆分布不匀，出现桩顶水泥含量少，浮浆过多或混合料产生离析，桩体强度不均匀。对振动沉管灌注成桩，经大量工程实践证明：拔管速率控制在1.2～1.5m/min为宜，如遇淤泥或淤泥质土，拔管速度应适当放慢；对长螺旋钻中心压灌成桩，成孔到设计标高后，停止钻进，开始泵送混合料，当钻杆芯管充满混合料后开始拔管，严禁先拔管后泵料，成桩的拔管速率控制在2～3m/min为宜，成桩过程宜连续进行，应避免供料出现问题导致停机待料。

第六，褥垫层的铺设，其主要材料多为粗砂、中砂、级配砂石或碎石，最大粒径一般不大于30mm，不宜选用卵石，由于卵石咬合力差，施工时扰动较大，使褥垫层厚度不容易保证均匀。褥垫层铺设宜采用静力压实法，当基础底面桩间土的含水量较小时，也可采用动力夯实法，夯填度（夯实后的褥垫层厚度与虚铺厚度的比值）不得大于0.9。

### （三）完工后复合地基施工质量的检验工作

1.施工质量检验，应检查施工记录、混合料坍落度、桩数、桩位编差、褥垫层厚度、夯填度和桩体试块抗压强度等。

2.桩间土的检验，对CFG桩复合地基桩间土的变化可通过如下方法检验：施工后可取土做室内土工试验，检测土的物理力学指标的变化；进行土的原位测试，包括标贯试验、静力触探、侧胀试验等，必要时可做桩间土的静载荷试验。

3.低应变检测，对施工工龄达到28天的桩按桩基规范数量进行检测，判断桩身完整性。

4.单桩静载荷试验，成桩28天后按桩基检测规范数量进行单桩静载荷试验，检测单桩承载力及沉降量。

5.复合地基静载试验，桩体达到设计强度后，随机按检测规范数量抽测做复合地基静载试验，检测复合地基承载力特征值。

### 七、案例分析——闽南地区高层住宅CFG桩复合地基施工技术

### （一）工程概况

富贵华庭三期工程位于闽南地区南安市诗山镇诗溪边，由5栋32层高层住宅及1层地下室组成，场地平坦，地下水位常年保持在-5.15m左右，基础施工时值春夏雨季。其中12号和15号楼因筏板基础（标高-7.150m）坐落在凝灰熔岩残积砂质黏性土内，其天然地基承载力标准值220kPa，无法满足设计300kPa的要求，综合经济、技术、工期，采用小直径CFG桩复合地基进行加固。

地质土层分布自上而下：素填土（厚2.10～5.10m）→粉质黏土（厚0.50～

0.90m）→砂砾卵石（厚2.70～6.50m）→凝灰熔岩残积砂质黏性土（厚0.80～11.20m）→全风化凝灰熔岩（厚0.50～8.20m）→砂土状强风化凝灰熔岩（厚0.95～26.30m）→碎块状强风化凝灰熔岩（厚0.60～27.00m）→中等风化凝灰熔岩（厚1.50～16.60m）→微风化凝灰熔岩（厚2.50～10.90m）。

### （二）CFG桩复合地基设计要求

1.桩身直径400mm，间距1200mm，正方形分布，桩端持力层为强风化凝灰熔岩（砂土状或碎块状），桩身混凝土强度等级为C20，单桩承载力特征值550kN。

2.12号楼522根，15号楼514根，采用长螺旋钻机成孔，桩长以桩端进入持力层深度控制为主，且有效桩长不小于11m，不足时应会商设计单位解决。

3.复合地基承载力特征值460kPa，选取1%且不少于3个点检验复合地基进行荷载试验，并选取总桩数10%进行低应变动力试验检测桩身完整性。

4.桩顶200mm厚级配碎石（最大粒径不大于30mm）褥垫层，宽度较混凝土垫层每侧宽不小于200mm，夯填度不大于0.9。

### （三）CFG桩复合地基施工控制

1.基坑降排水与土方开挖

基坑四周采用井点降水，使水位降至桩尖以下2m，坑顶（底）设300mm×300mm明排砖水沟，坑顶水不得流向坑内。土方采用反铲挖掘机分层开挖，距桩顶设计标高500mm时停止开挖，每侧宽度比基础外边不少于1000mm，确保桩机操作面要求。集水井、电梯井等局部标高突变加深处土方暂不超挖，与整体筏板大面积土方标高持平，以利于桩机行走操作，桩施工完成后清土时再开挖至设计深度。

2.CFG桩施工方案

（1）桩放线定位

正方形分布，纵横向各设置2条控制线，采用200mm长竹（木）楔加绑易找的红色包装带以示桩位，报监理（建设）单位复核。

（2）桩机就位

确定桩的旋钻顺序后，将桩机移动对准第1个孔位（试桩位），满堂桩位偏差不应大于0.4倍桩径，即160mm；利用桩机自身调平功能，钻轴施工垂直度误差不应大于1%；作业区拉设安全警戒线，调试桩机各项功能。

（3）成孔

在各参建单位现场根据试桩情况确定施工参数标准，桩端进入砂土状强风化凝灰熔岩时保证有效桩长11m，进入碎块状强风化凝灰熔岩不小于0.5m且应通知设计和勘察单位进行判定；按旋钻顺序正式钻孔，功率由小至大逐挡加速，同时校对钻轴垂直度；结合勘察资料和试桩参数确定终孔标高，在钻杆画反光彩色粉笔作醒目标记作为控制桩长的依据，停止钻进、清理桩孔周围土方后报监理验孔。采用跳打法施工，补打时间差不小于5h。

（4）成桩

本工程桩身采用C20泵送商品混凝土，当钻轴管内混凝土充满约1.5m桩长体积后再提钻300mm，然后根据混凝土灌入量计算钻轴提升速度，宜控制在2～3m/min；钻轴提升至孔顶500mm时停止混凝土输送，利用管内余料浇灌至孔顶后停止；高压清洗钻轴内孔和钻头后重复上述流程移位继续下一根桩的施工。

（5）试块留置

成孔过程中，抽样进行混合料试验，每台机械每台班留置1组（3块边长150mm的立方体）混凝土试块标准养护，测定其抗压强度。

3.桩间土开挖和桩头凿除

（1）桩间土采用人工分层按"试验桩及复合地基先挖、先钻先挖"的原则顺序开挖，不得人为扰动地基原状土。必要时铺设运送通道，减少桩的破坏和形成橡皮土，余方利用塔式起重机垂直运输弃土，严禁施工机械进入槽内，在桩身混凝土龄期不足28d或环境温度累计不足600℃前严禁撞击桩身以免被破坏影响强度。严格控制清土标高，不得超挖或超挖后自行回填。若桩顶标高低于设计标高，应联系设计单位对桩头采取补救措施。

（2）桩头凿除顺序与桩间土清理一致，桩头超灌部分先用切割机沿四周切120mm深，然后在同一平面对称放置2个或4个钢钎同时相向锤打将其凿断，断面再采取人工精修至桩顶设计标高误差10mm内，不得缺棱掉角。

4.CFG桩复合地基承载力检测

CFG桩施工完成且龄期与试块强度达到设计要求后，由建设单位委托有资质的检测单位根据选桩会议纪要所列单桩和复合地基进行承载力、桩身完整性质量检测，单桩竖向静载桩顶需设钢筋混凝土桩帽。

试验检测报告结果表明，沉降随时间、荷载均匀变化，且基本为弹性变化，单桩竖向抗压承载力为1100kN，承载力特征值为550kN；从P-S曲线可看出，复合地基静荷载试验曲线基本属于渐进形光滑曲线，不存在陡降点，复合地基承载力特征值取值460kPa；桩身均属于完整桩或基本完整桩，符合设计和规范要求。

**（四）碎石级配褥垫层施工**

CFG桩和复合地承载力检测合格后进行粒径10～30mm级配碎石褥垫层分2层摊铺，首层摊铺120～150mm厚后用平板打夯机压实后再进行第2层施工，保证桩顶与素混凝土垫层间的褥垫层厚度不小于200mm。斜面褥垫层用1mm厚薄铁板作为永久固定模板再灌级配碎石。夯填度介于0.85～0.90。

**（五）闽南地区CFG桩复合地基施工注意事项**

1.闽南地区春夏季属于多雨季节，CFG桩复合地基从土方开挖、成孔、成桩、清土、检测、褥垫层等施工周期较长，如何避免雨水和高温对原状土的影响是该复合地基施工质量控制的关键。基坑井点降排水在施工期间确保不间断，地下水位控制在桩尖下2m以上；土方开挖预留500mm厚作为桩保护土，保留2%坡度使表面水流向四周坑底排水沟；桩间土清理和截桩头应同步施工，试验桩（点）先清理，试验完成后清理一段截一段，表面采用薄膜（或20mm厚水泥砂浆）覆盖以避免阵雨侵蚀和太阳暴晒；褥垫层随铺随压，素混凝土垫层当日同步施工完成；关注天气预报，尽量避开雨期或高温天气施工。

2.拌合料采用商品混凝土，泵管多为下坡段，单根桩混凝土量少、施工步距长，易造成泵管内混凝土离析堵管。高温天气水分蒸发快，提前做好混凝土配合比优化设计，适当添加外加剂，增加混凝土流动性，精确计划单桩混凝土用量，多车少量以减少混凝土搅拌车等待时间。

3.CFG桩复合地基在闽南地区高层住宅应用相对较少，多数参建单位对其不是很了解，设计交底、技术交底是必不可少的环节。本地施工企业施工经验少，在施工队伍选择时应多渠道联系，不能以单价为第一选择，选择有资质、管理人员专业、作业人员经验丰富的企业。

4.闽南地区地质相对复杂多变，试桩工作不容忽视。通过试桩可确定主要设备的适用性、规格和数量；初步确定施工工艺与顺序的科学性，管控参数与进度；桩身质量、地基负载力、单桩负载力与设计要求是否一致。

总之，随着建筑高度的不断增加，其建设规模也不断扩大，这也对建筑地基提出了更高的要求。在建筑地基施工过程中，为了实现对地面变形的有效控制，避免土体被破坏，则需要控制好基础施工质量。当前针对于地基处理的方法较为多样，但利用CFG桩复合地基施工技术，不仅施工周期短，成本低，而且易于进行质量控制，在建筑地基处理中进行应用取得了较好的成效。但在具体应用过程中还需要严格控制施工质量，确保CFG桩复合地基施工的质量，保证建筑地基的稳固性和强度，为建筑的质量和安全打下坚实的基础。

# 第三节　桩基础工程

随着我国建筑行业的快速发展以及生活水平的不断提高，人们对于建筑工程质量有了越来越高的要求。在各类建筑工程中，桩基础作为建筑施工的基础工程，是整个项目建设和管理的重要环节。一旦桩基础施工出现质量问题，不仅会影响到整体工程项目的质量，而且会造成严重的经济损失和伤亡事故。为此，在房屋建筑施工中做好桩基础的质量管理，对于项目建设以及建筑行业的发展都有着深远的影响。

## 一、桩基工程概述

### （一）桩基工程施工技术

桩基工程施工技术是建筑结构的基础，而且现代建筑工程的施工质量与桩基工程施工技术有着直接的联系，同时，该技术还会直接影响到建筑工程的施工安全性，它对建筑工程的使用年限也有着决定性的作用。施工技术控制具有针对性和专业性，通过有效的控制桩基工程施工技术。能够积极的预防桩基工程施工过程中可能出现的质量问题，从而为我国现代建筑工程的整体施工质量奠定坚实的基础。现代建筑工程应该把桩基工程旋工技术的管理和控制作为施工的要点。从而使整个现代建筑工程的施工能够实现施工各环节的控制和施工技术的管理。

### （二）桩基工程施工技术的分类

按桩身的材科分类，可分为预制混凝土桩和灌注混凝土桩两大类，是目前应用最广泛的桩，具有制作方便、桩身强度高、耐腐蚀性能好、价格较低等优点。预制桩是指通过打桩机将预置的钢筋混凝土桩打入地下。其优点是材省料．强度高，适用于较高要求的建筑。缺点是施工难度高，受机械数量限制旋工时间长；灌注桩是指先在施工场地上钻孔，当达到所需深度后将钢筋放入，然后浇灌混凝土而成，其优点是施工难度低，也可以不受机械数量的限制，还可以所有桩基同时进行，节省时间，其缺点是承载力低，费材料。

### （三）工程施工桩基选择

第一，根据地质环境选择桩基，不同的地质环境承载环境不同，如在硬质岩嵌岩地质环境下，可选用灌注桩，但在应用灌注桩时，对钻进方式及钻进过程中的受力程度还要进行细化计算。

第二，对有较深持力层的桩基工程，不能选择人工挖孔方式，因为在持力层较深的情况下，人工挖孔易引发坍塌，施工安全难以保证，此外人工挖孔时间较长，易造成成本失控，且不利于排水，因此可选择预制桩进行施工。

第三，对于岩石风化较为严重且易侵水软化的地质，若选择应用预制桩进行施工，施工人员须对地质情况进行更加深入的勘测，并强化预应力管桩选型，才可保障施工质量。

### （四）施工前的注意事项

1.选址

桩基施工最重要的就是看选址周围的环境，以及当地的土质情况。一般在施工地址的选择上会尽量避免周围已经在进行施工的地点，这样能够防止基桩工程被正在进行的工程所影响。而且在施工的时候一定要按照计划进行。

2.进行桩性测试

因为桩基的种类不同，每种桩基的特点和性能也就不同。在施工前要根据具体情况来选择桩基，这就需要对桩基的数据分析，要保证桩基的承载力符合要求，能保证工程的质量，才能够被投入使用。在进行桩基性能测试的时候，一定要保证测试得模拟真实性，要高度还原施工现场的情况，这样才能够保证测出来的结果是和现实情况最接近的。如果测试出来的结果不准确就盲目进行施工，会对桩基工程的质量产生很严重的影响，还可能会引发安全事故问题。

3.合理安排打桩顺序

在桩基工程中，一定要重视打桩挖基。打桩的水平影响着后期的工程质量，因此要选择合适的位置，一定要根据图纸精确施工，合理安排打桩顺序，不能随意更换，这样才能更好的保证建筑物的稳定性。

## 二、常用桩基础施工技术

### （一）静力压桩技术

根据施工现场的勘察报告，确定桩基的类型以及深度，在横向荷载下建筑物的承载能力和稳定性都存在一定的问题，这些结构产生的荷载不能够直接传递到地面，所以目前对于桩基础的使用也在不断完善。根据施工现场，对于桩和桩系统的需求，有很多先进的桩基础施工方法。静力压桩技术是将预制混凝土桩压入地下室的土层中，一般是使用分割的方式，确定好桩基的长度，由于受到重力和自身重量的影响，桩就会沉入到地基中，使用这种技术的优势是在施工过程中产生的噪声和震动比较小，不会对周围环境产生太大的干扰，在压桩的过程中一定要掌握好压力表的读数，根据压力的变化随时调整，使用静力压桩技术，过程中一定要保证压力计必须合格，这对于整个桩基础的施工都有很重要的影响，使用静力压桩技术的时候必须要根据施工场地的压缩性选择合适的支撑结构。

### （二）灌注桩技术

目前使用的灌注桩施工方法主要有沉管成孔以及作业成孔两种方式。灌注桩在实际施工过程中，施工人员将钢筋笼放入到已经完成的孔桩中，混凝土浇筑硬化以后开始进行整体的桩基浇入工作。沉管成孔方法主要是通过震动法和冲击法进行施工工作，在施工过程中一定要做好噪声和震动的控制工作，尽量减少对周围环境产生的影响。使用作业成孔方法主要有机械钻孔和人工钻孔两种方式，大多数的施工现场都能够使用机械钻孔的方式，但是如果施工现场的土质粘度比较高，这时就应该选择人工钻孔的方法，这样才能够保证施工质量符合工程建设的要求，如果钻孔的位置比地下水位更低，应及时进行止水和排水，如果施工现场有粉土或沙土，这种情况下更适合使用机械钻孔的方法。

### （三）混凝土桩

一般在工程建设中使用的混凝土桩都是预制混凝土桩分为方桩和管桩两种。使用的管桩施工技术包括沉桩法和静压法，在实际的施工过程中，经常会出现挤土现象，所以应提前做好预防措施。在进行桩基工程施工过程中，使用其他的混凝土施工技术也会遇到一些问题，因此应在施工之前制定完善的应急方案，保证桩基础的施工质量。通常高层建筑工程桩基施工过程中采用以下两种方法，第一预制桩。一般预制装的成桩方法主要有振动成桩法和精力压桩法，在实际的施工过程中都具有很好的应用效果。第二，灌注桩。在进行桩基础施工过程中使用混凝土灌注桩，需要对其影响因素进行严格的控制，选择合理的施工材料，保证施工材料能够符合工程建设的要求，确保桩基础的施工性能。此外，在施工过程中还要做好监测工作，在进行每一个阶段的施工工作以后应进行相应的监测，根据施工计划和相关标准，对桩基础的施工过程进行严格的检测，保证灌注桩的施工质量。

## 三、桩基施工关键技术

### （一）测量定位

当施工现场完成三通一平之后，应当按照图纸对桩位轴线方格网及高程基准点进行测定，借此来对桩位中心进行确定，并打上木桩做好标记。桩位定好之后，应由相关人员进行检验，确认合格后方可开挖。

### （二）桩孔开挖

在对桩孔进行开挖的过程中，土层和砂卵石可以使用短镐和锄头等工具进行挖掘，如果遇到质地比较坚硬的岩层，则可采用风镐进行掘进。孔内的弃土可以使用吊桶进行装载，并以电动绞架进行提升，每个桩孔每天的平均挖深深度可控制在1.0m左右，同时，为减少流沙现象的发生，对沙层进行掘进时，应保证水位降至桩底标高以下。如果孔内出现大量渗水的情况时，则应先在孔内挖设一个深度较大的集水井，并用潜水泵将地下水从孔内排出，边挖边加深集水井的深度。

### （三）护壁

当第一节的挖深深度达到0.5m左右时，应及时浇筑钢混护筒，再向下挖深1.0m后，安装护壁钢模板，并浇筑混凝土护壁。在施工过程中，应当按照桩孔的中心点对模板进行校正，以此来确保混凝护壁的厚度、桩孔尺寸与垂直度。同时，依据设计要求配置护壁钢筋，并浇筑混凝土，上下护壁之间的搭接长度控制在50mm，并用钢筋插实，这样可以保证护壁混凝土的密实度。当混凝土的强度达到75%以后，便可将模板拆除，拆模后，应及时对不合格的部分进行修整。施工时应对如下事项加以注意：孔口位置处的第一节混凝土护壁应当比地面高出20cm，并确保孔口周边无杂物；从孔内挖出的弃土，应当倒运至距离孔口1.5m以外的位置处；孔口周围应设置临时护栏，高度不低于1.2m，所有非施工人员不得进入孔口周边的作业区域；在施工间歇时，必须将孔口用临时盖板封闭起来，以免人员坠落引发安全事故。

### （四）钢筋笼下放

钢筋笼采用分段的方法进行加工制作，接头部位采用焊接的方式进行连接，并严格依据国家现行规范标准的要求进行操作；加劲箍筋应当设置在主筋的外侧，如果施工工艺有特殊要求时，也可设置在主筋的内侧；对钢筋笼进行制作前，需要先对钢筋进行试验检测，确认合格后，用电焊机以双面焊的形式进行焊接，搭接长度为5d，应确保焊缝表面完整，与母材之间应当圆滑过渡，焊缝宽度应当超出坡口2mm～3mm左右，主筋的焊接必须在同一条中心线上进行，在同一个断面内，焊接点的数量最多不得超过50%；制作好的钢筋笼应当在检验合格后方可进行下放，对于体量较大的钢筋笼可以采用吊车进行下放，小的钢筋笼则可使用扒杆进行下放；在钢筋笼进行搬运和吊装的过程中，应当采取有效的防护措施避免钢筋笼变形，下放时应当对准孔位，缓慢起吊、缓慢下放，以免触碰到孔壁，当钢筋笼就位之后，应进行检查，看钢筋笼的中心是否与桩孔中心重合，确认合格后应及时进行固定。

### （五）灌注混凝土

在对混凝土进行灌注前，应当对桩孔的质量进行检查，确认合格后方可施工，并将成孔时，没有清理干净的沉渣从孔底清除，随后将孔底的地下水抽干，避免影响成桩质量；准备好相关的施工机具，并确保混凝土泵车的行进路线畅通，同时对渗水量进行测定，如果涌水量小于0.3L/s，可以采用常规的方法进行浇注，若是涌水量大于0.3L/s，且桩孔内的积水超过1.0m时，则应采用水下灌注混凝土的方法进行施工作业；本工程中，采用的商品混凝土，强度等级为C30，灌注前，需要进行坍落度试验，确认坍落度在12～14之间方可使用；灌注时，用泵车将混凝土输送至孔内，通过软管导入到孔底，每层混凝土的灌注高度均应控制在1.0m以内，分层进行振捣密实，直至桩顶。对混凝土进行振捣时，采用加长的振捣棒，每50cm振捣一遍，避免过振或漏振。桩顶混凝土应当超灌50cm，在初凝前，进行抹压整平，以免出现早期裂缝；桩芯混凝土必须一次性完成浇筑，并按照桩顶标高在护壁上划出控制线，每根桩基均应做一组试件，以备查验之用。

### （六）成品保护

挖好的桩孔应当使用盖板盖好，避免杂物或人员坠落，同时应由专人负责对挖好的桩孔进行质检验收，及时下放钢筋笼，并灌注混凝土，缩短施工工序的间隔时间，避免引起塌方现象；孔口应当高于地面20cm，以免地表水倒灌；加工制作好的钢筋笼应当进行妥善堆放，避免扭曲、变形，同时应防止钢筋笼被泥土污染；灌注混凝土时，钢筋在顶部应进行牢靠固定，防止钢筋笼上浮；桩身混凝土浇筑完毕后，应对桩位及桩顶标高进行复核，确认无误后，可以采用塑料覆盖的方式进行养护，避免混凝土开裂；施工中，应当对现场内的轴线桩和水准点进行妥善保护。

## 四、建筑工程桩基工程施工技术控制要点

### （一）桩基工程施工准备阶段的技术控制

首先，进行建筑工程的地质勘查作业，依据建筑工程实际施工作业情况撰写地质

勘查报告；其次。合理设计施工图纸及各项施工作业方案，地质勘查作业是撰写地质勘查报告的前提，必须以实际桩基工程为依据，进行全面细致的地质考察，从而确保地质报告的准确性。

### （二）混凝土桩基施工阶段控制

在混凝土桩基工程中，预制桩要避免桩位偏差过大、倾斜过大以及断桩的情况出现。钻孔灌注桩要控制好坍孔及桩身夹泥渣等问题。人工挖子L灌注桩要确保施工安全等问题。如果出现问题，不仅会加大工程的成本。延误工期。严重情况下，还会对后期工程留下安全隐患。因此. 在混凝土桩基工程中，旋工人员要对桩基的类型进行分析. 再制定施工方案。在技术控制中，不仅要对施工工艺的技术参数进行控制，也要对影响桩基施工的外界因素进行有效的控制。

### （三）灌注桩施工技术的控制

在桩基工程施工过程中，由于灌注桩不受施工地形的约束。在旋工过程中噪声小、无振动，不需要接桩等特征，一般适用于建筑密集的区域。在灌注桩施工后。需要进行很长时间的养护，混凝土全部凝固后才可以投入使用。同时，由于在灌注之前需要进行地面凿孔作业，会造成大量泥浆、渣土的排出。所以，在灌注过程中就需要先对场地进行清理，之后再定位。确定桩位，等到桩机就位之后进行凿孔作业。在钻孔时要保证钻杆的垂直性，还要避免钻杆晃动过度，致使孔径太大。

### （四）静态泥浆的配比方面

泥浆是保证孔壁稳定的重要因素，因为钻机施工中泥浆可以防止孔壁坍塌、抑制地下水、悬浮钻渣等作。静态泥浆作为威孔过程的稳定液。主要作用是护壁，可在孔壁处形成一薄层泥皮，使水无法从内向外或从外向内渗透。由于地基岩土中又夹有亚粘土层、砂层的特点。可调制出良好泥浆的各项性能指标很重要，重新调整泥浆配比. 控制泥浆比重，提高泥粉质量，增加粘性及润滑感，添如处理剂，增强絮凝能力，可保护壁泥皮的厚度及强度。在初次注入泥浆，尽量竖直向下冲击在桩孔中间，避免泥浆沿护筒侧壁下流冲塌护筒根部. 造成护筒根部基土的松软。在正式钻进前，再倒入2～3袋膨润土，启动钻机的高速甩土功能，进行充分搅拌，提高膨润土的含量，增大护筒底部同基土结合处护壁泥皮的厚度，防止钻进过程孔口渗漏坍塌。

### （五）对成桩的质量进行控制

对成桩的质量控制. 首先要对较浅的桩孔进行质量监督检查，确保桩孔比较清洁，符合施工作业环境要求。其次，对桩身混凝土质量也要有严格的检验要求，可以采取分段浇筑等方式对混凝土桩身进行浇筑。要确保时间控制在合理范围内，如果时间较短也会影响混凝土的强度，所以，施工作业人员必须时刻掌握混凝土的浇筑情况，利用专业的施工技术及操作方法，按照一定质量要求完成相关作业，在施工作业中若是发现任何质量问题都要在第一时间给予解决。这样才能从根本上确保成桩的质量。

## 五、高层建筑桩基工程施工技术

近年来，随着我国社会经济的高速发展，人们的生活得到逐步提升，与此同时土地资源也出现短缺现象，在这种情形下，高层建筑成为当前建筑工程中的主流类型，受到人们的广泛关注。高层建筑不仅能缓解城市土地资源紧张问题，还能为人们带来更为舒适的居住空间，为了保障高层建筑工程质量，则必须重视高层建筑工程的施工环节。

### （一）高层建筑桩基工程施工技术实施前准备工作解析

1.桩基施工的准备工作

施行高层建筑桩基工程施工技术之前，应当对施工场地加以详细的查验，确保施工场地平整有序。实际在开展对于高层建筑桩基工程施工场地的查验作业时，查验人员应当充分明确自身的职责，有效做好高层建筑工程施工技术的前期工作，并仔细阅读该工程项目相关的文件资料。完成针对高层建筑桩基工程施工场地的查验作业后，还应当按照高层建筑物的整体面积、设计图纸、地面情况等因素而决定需要临时构筑的施工道路。

2.桩基选择

施行高层建筑桩基工程施工技术，还应当充分确保桩基的设计较为合理，因此一定要做好桩基选择工作，只有选择好最为适合的桩基，才能保证后续的工程施工具备较高的运行水平。选择高层建筑的桩基时，应当基于建筑物的实际建设状况而选择出最为适合的桩基，以此来保证所选择的桩基充分具备高层建筑的使用优势。与此同时，在实施高层建筑基桩工程之前，更应当对桩基的设计流程加以充分的把控，而后再按照工程项目的实际需求状况而确定出桩基的建设状况，充分保证所修建的桩基能够充分达到合理的水平。

### （二）高层建筑桩基工程施工技术实施方法探究

1.放线

为保证工程项目测量工作具备较高的准确度，应当对各轴加以反复的检查作业，有效避免各种不确定性因素而对工程施工造成负面影响。除此之外，项目管理人员还应当对施工过程实现相应的质量监控作业，当桩基设计通过认证后，更应当依照相关的规定而继续实施桩基施工作业，在保证项目施工质量的同时再根据相关的设计规定而开展项目施工。为有效避免高层建筑基桩工程施工当中出现操作误差，可以安排专门的人员来对桩基加以定期的检查工作，并随时对桩基进行相应的改正工作，以此种手段来充分保证项目施工具有较高的运行水平。

2.桩基础施工

对高层建筑基桩工程的桩基础实施相应的施工作业时，会重点运用到灌注桩施工技术。高层建筑施工普遍使用的一体化桩主要有打孔浇灌桩以及沉管浇灌桩两种，而其中的打孔桩其本质就是存放在液体里的洞，之后就是用正确的用具将浮起来的液体灌入至洞中。实际操作时，应当按照具体的施工要求而选择出最为适合的灌注桩施工技术，因为对于不同的灌注桩作业其相应的施工要求不一样。使用灌注桩施工技术的优势是能够有效排除泥墙施工操作，其所具备的灌桩方式特别适合在施工地点开始实施工程建设作业。

对于高层建筑基桩工程的桩基础施工作业来讲，其在实际运行当中还会使用到静力压桩技术。挑选后注浆灌注桩时应当按照实际的地质勘探结果而选择出最为适合的后注浆灌注桩，实际的地质勘探结果应当囊括后注浆灌注桩的使用要求、所要使用的桩基种类、桩基的延伸长度此三方面内容。由于在横着载重中房屋的载重水平状况和稳定情况都比较低，所以以此种方式构造出来的载重根本不可以有效传输到地表当中。基于此，对于后注浆灌注桩的使用要求正在不断增加，这是由于针对桩体系技术以及系统的需要正在不断攀升，相应得而出现了更多好的桩基础施工方式。如新出的固体石棉技术，其是通过静态石棉堆机制而相应产生的，该种技术的施行步骤即就是将水泥桩有效埋在地底里，通常会使用切割方式，然后在引力以及自重的作用下桩体就会慢慢沉到地底。该种技术的应用优势是振幅小、噪声小。当桩体下沉的时候，应当密切关注桩体的压力数值，即当压力变化时应当对相关的任务操作实现必要的改变。

**（三）高层建筑桩基工程施工技术优化策略研究**

现阶段，高层桩基工程施工技术管理中存在的问题，主要有：一是在设计高层建筑桩基工程施工方案的时候，缺乏科学性和合理性。其并未深入到施工现场进行实地考察，以致于对施工现场周围环境、地质地形特点不够了解，所掌握的测量数据也难以保障其准确性，导致最终设计的施工方案与实际不相符，不具备可行性。尤其是在计算实际桩承载力和设计值之间，存在着较大的误差，导致桩基工程施工难以顺利开展；二是在高层建筑桩基混凝土施工质量方面，还存在着些许不足，受各方因素的影响，混凝土质量未能得到有效保障，所选择的施工技术还有待改进。

1.对高层建筑桩基工程的施工管理体系实现必要的完善

实现对于高层建筑桩基工程施工技术的必要优化，应当首先对高层建筑桩基工程的施工管理体系实现必要的完善工作，以此来促使高层建筑桩基工程施工技术得以顺利施行。实际在对该项发展策略进行部署时，可以在实施任务施工前就相应计划好较为完备的施工作业管控方案，并且在工程施工的每一个步骤中都要开展相应的任务调整工作。制定好相应的桩基工程管控方案，能够促使高层建筑桩基工程相应的监管作业实现有效的强化，因此，制定好高层建筑桩基工程管控计划之后，并相应安排好施工技术管理部门，指派专门人员负责项目整体运行工作。除此之外，更应当制定好桩基工程施工技术的管控方案，有效规定好相关技术专家以及项目管控者的具体职能，并委派专业人员来管理相关的施工任务。

2.对项目的质量管理工作加以必要的强化

（1）建立健全的技术管理体系

在高层建筑桩基工程施工过程中，应当建立健全的技术管理体系。一方面要将技术管理工作贯彻落实于整个工程建设中，每一个工程建设阶段都应当注重技术管理工作。要加强对施工现场的管理，成立专门的技术组织来予以现场指导，确保技术应用的合理性和科学性；另一方面，要制定完善的技术管理制度，管理人员应当明确自身职责，严格按照相关制度的要求来执行工作，及时发现技术应用中存在的问题，并予以解决。

（2）强化施工人员的技术水平

高层建筑桩基工程并不是一项简单的工作，其具有一定的复杂性，涉及到多方面的内容，为了保障桩基工程的施工质量，应当强化施工人员的技术水平。施工人员在进行技术操作的时候，不可一味地凭借自身所谓的施工经验，而忽视了技术操作的规定和要求，所有的技术操作都应当遵循相关制度规定，规范施工人员的技术操作，以免在施工技术应用中埋下安全隐患。在高层建筑桩基工程施工之前，施工过程中都应当积极开展技术培训工作，引导施工人员学习新的技术，掌握技术操作的各项要求，并在施工之前做好技术交底工作，以为高层建筑桩基工程施工提供重要保障。

## 六、桩基础工程施工中常见的质量问题

### （一）沉桩没有达到最终的设计要求

桩基础工程中沉桩没达到设计要求的原因。

1.勘探点不够或者勘探资料不够详细，没有明确工程施工区域的地质情况尤其是持力层的起伏标高，造成设计考虑持力层和选择桩端标高偏差。

2.勘探工作是以点带面，不能通过局部的硬夹层软夹层透镜体了解全部，尤其是工程地质条件复杂，出现地下障碍物像大块孤石或者混凝土块等。打桩施工遇到这种情况，就很难达到设计要求的施工控制标准。以新近代砂层为持力层时，由于新近代砂层结构不稳定，同一层土的承载力差异很大，桩打入该层时，进入持力层较深才能求出贯入度。而群桩施工时，特别是柱基群桩，由于布桩过密或打桩顺序安排不合理，砂层越挤越密，导致出现沉不下去的现象。

### （二）单桩承载力不符设计要求以及桩基倾斜的问题

桩基础工程中单桩承载力低于设计要求的原因分析：桩沉入深度不足；桩端未进入设计规定的持力层，但桩深已达设计值；最终贯入度过大；其他，诸如桩倾斜过大、断裂等原因导致单桩承载力下降；勘察报告所提供的地层剖面、地基承载力等有关数据域实际情况不符。

桩基倾斜过大常见原因：预制桩质量差，其中桩顶面倾斜和桩尖位置不正或变

形，最易造成桩倾斜；桩基安装不正，桩架与地面不垂直；桩锤、桩帽、桩身的中心线不重合，产生锤击偏心；桩端遇石子或坚硬的障碍物；桩距过小，打桩顺序不当而产生强烈的挤土效应等。

### （三）桩位偏差以及标高误差超出允许范围的问题

桩基础工程中桩位偏差以及标高误差超出允许范围的问题也比较常见，并且处理这些问题不仅加大成本，延误工期，同时还会留下隐患，因此需要严格控制桩位偏差问题，如超出允许范围，即为施工质量不符合标准要求。必须统一桩基施工质量验收标准，认真审核桩基施工图，发现问题，及时修正。其中最主要看承台边缘尺寸是否适合，桩顶标高是否准确，标高易高不易低，一般来说，钢筋混凝土沉桩标高应高出混凝土垫层面200～250mm。重视破桩方法，规范破桩要求。全破桩和四角凿开不符合实际施工要求。不合理的桩基处理为：桩位超偏，及时签发通知单，督促施工单位通过设计确定方案，一般是局部加大承台截面。桩顶标高超偏处理，正偏差可通过增加高度解决；负偏差一般将桩顶四周混凝土垫层局部加深，形成升笋底，以满足桩顶嵌入承台长度。

## 七、桩基础工程施工中常见质量问题的预防措施

### （一）严格审核施工设计的图纸

桩基础工程施工前，要严格审核设计人员设计的施工图纸，到现场进行实地勘察，研究地势、地形，根据实际的自然条件制定出科学、合理的施工图纸，确保图纸的可行性。在实际施工中，要经常对比实际的施工情况与设计图纸之间的差距。明确桩的间距是否合理，承台边缘的尺寸是否合理，对于出现偏差的位置要严格处理，如果在施工时遇到特殊情况，要变更设计图纸时，要找到专业的设计、技术人员进行整改和审核，以便后续施工的顺利进行。

### （二）加强对桩基础工程施工的质量管理

要保证桩基础工程施工的质量问题，首先就要加强管理，对施工中所需的各种材料、设备、机器等进行严格的质量检查和管理，明确施工的技术和流程，制定科学、合理的施工方案，全面考察桩基础工程施工的地理位置，明确其地理环境和条件，并制定好有针对性的措施，在施工时严格按照设计方案进行，对于出现的问题要及时解决，避免给后续施工带来影响。在施工时，要加强监督管理，对桩基础工程施工的每一步骤进行检查，确保每一步都符合设计标准，没有质量隐患。

### （三）提高施工人员的素质

桩基础工程施工过程中的许多操作都是由人来完成，所以提高施工人员的素质是十分必要。首先要对施工人员进行岗前培训，使他们明确施工的流程和技术，在实际的操作时减少失误的出现。由于锤击桩的任务是由单个机器和人来完成的，所以要努

力提高操作者的水平，使其具备较强的专业技术能力，并且具有高度的责任感，在施工时，能够认真、负责任的进行，确保捶打桩的工作顺利进行。也保证建筑工程地基工作的有效进行，使整个建筑的质量得以实现。

**（四）严格验收桩基础工程**

桩基础工程施工后，要严格按照质量标准进行验收，以确保工程的质量。建筑施工单位要派专业的技术检验人员到施工现场对桩基础工程进行质量检验，及时发现存在的质量问题和隐患，并进行整改，确保整个建筑的地基质量牢靠，为后续的建筑打下坚实的基础。对桩进行验收时，要进行全方位的检验，获得真实可靠的数据和信息，以指导后续的工作。在对桩进行检验时，要对它的承载能力、完整性进行测量，保证桩的质量，在整个建设结束后，不会因桩基础的问题而出现建筑下沉、倾斜等质量、安全问题。

**（五）应用合理的方法处理桩基础工程的质量问题**

桩基础工程是整个建筑施工的基础和保障，所以一旦发现桩基础工程施工存在问题，就要第一时间向上级反映，并及时解决，为建筑工程达到牢固的基础。常见的处理桩基础问题的方法有一下几种：首先是补沉法，当桩进入土的深度不够，或者出现桩上升的情况都可以使用这种方法。其次是补桩法，这种方法需要花费大量的费用，但是操作起来简单方便，主要在一个桩的承受力不够，或者桩出现断裂时使用。最后是扩大承台法，如果桩的位置偏差比较大，或者由于桩基础的质量不高，为了避免下沉，提高抗震的能力，就要使用这种方法。对于不同的桩基础的问题要采取不同的方法解决，使桩基础的质量得以保证。

总之，桩基础工程施工是现代建筑工程最常用的基础形式之一，其质量高低将会在很大程度上影响到整个施工工程的质量。并且桩基础工程作为现代建筑工程的基础，需要通过预防其常见质量问题，才能保证桩基工程质量，从而提高桩基的稳定性能，减少建筑工程的安全隐患。

# 第七章　砌筑工程

## 第一节　砌体材料

砌体工程的质量与工程整体质量紧密相关，所以，出于保证工程安全的考虑，在施工过程中，必须加大对砌筑施工的重视力度，并在施工管理中采取必要的质量控制措施。材料对砌筑施工质量有着巨大影响，因此，在施工时应慎重选择材料，以降低材料质量风险。

### 一、砌体材料的种类和特点

砌体材料主要有烧结类砖、非烧结类砖、混凝土小型空心砌块、石材四类。不同的砌体材料其制作工艺、成分、功能、砌筑工艺、配合的砌体粘结物质都有一定的区别。其中，烧结类砖的用途是相对比较广泛的，其主要以粘土、粉煤灰、页岩作为原材料，压制成型之后，高温（900℃～1100℃）烧制而成，其制作工艺简单，原材料廉价，制作成本相对较低，其主要有抗风化、隔热、隔音、具有一定强度的特性；由于烧结普通砖类的比重比较大，相关制造人员对其的制作加以改良，实现了烧结多孔砖、烧结空心砖的加工与制作，新工艺的烧结砖类多用于非承重墙或者框架结构的填充墙，进一步节省了制砖的材料成本。非烧结类砖主要是经过高压蒸馏或者粘合剂粘贴等方式制成，而非高温烧制而成；最具代表性的非烧结类砖主要有蒸压灰砂砖、炉渣砖等，主要用于工业或者民用建筑的易受冻融合干湿交替作用建筑部位，可以有效的降低收缩裂缝的生成。混凝土小型空心砌块是以水泥、砂石等混凝土材料制作而成，在高层或者大跨度的建筑中应用广泛，具有较强的抗震性能，已成为砌体材料的主力军。

砌体粘结砂浆主要采用水泥、石灰膏、黄沙等原材料，其比例大概以1：1：4为宜，考虑砂浆的强度需求可以配比不同强度等级的砂浆，确保其和易性。除了粘结砂浆之外还有砌筑砂浆，主要有水泥砂浆、石灰砂浆等等，在多层建筑物砌体工程中主要使用 M1～M10 的砌筑砂浆，地下室砌体工程多使用 M2.5～M10 的砌筑砂浆。另外，具有装饰性、功能性的抹面砂浆也在普遍使用开来，其具有防水、防潮、保温的特性，是对砌体抹面砂浆的一大创新。

## 二、砌体结构材料强度检测

选择合适的检测方法是获取准确的检测数据的前提，有了准确的检测数据，才能准确的推导出材料强度的标准值，为后续的结构鉴定和加固打好基础。《砌体结构现场检测技术标准》针对砌体中的砖、砂浆给出了多种检测方法。

### （一）砌筑块材的强度检测

《砌体结构现场检测技术标准》中针对烧结普通砖和烧结多孔砖引进了回弹法，该方法最终得出的结果为烧结普通砖和烧结多孔砖的抗压强度推定等级。该方法因对结构无破损，易操作等特点，广泛应用于正在使用中的砌体工程。且根据作者的检测经验，既有砌体结构中砖的回弹值绝大多数是比较稳定的，得出的变异系数不大于0.21，检测所得出的推定等级基本都能与设计相符。针对其它种类的砖，材料强度检测还是得采取直接取样法，然后根据相应规程得出抗压强度等级。取样法检测的数据真实可靠，但是会对结构造成局部破损。

### （二）砂浆强度检测

《砌体结构现场检测技术标准》中给出的砂浆强度的检测方法有推出法、筒压法、砂浆片剪切法、砂浆回弹法、点荷法和砂浆片局压法。其中推出法属于原位测试，可用于烧结普通砖、烧结多孔砖、蒸压灰砂砖或蒸压粉煤灰砖墙体的砂浆强度检测，该方法检测结果真实反映了材料的质量和施工质量，但是对结构造成局部破损；筒压法、砂浆片剪切法、点荷法和砂浆片局压法属于取样检测，会造成取样部位局部损伤，此四种方法适用于烧结普通砖、烧结多孔砖墙体的砂浆强度检测；砂浆回弹法属于原位无损检测，适用于烧结普通砖、烧结多孔砖墙体的砂浆强度检测，主要适用于砂浆均质性的检查，且不适用于砂浆强度小于 2MPa 的墙体。砂浆强度检测最终给出的结果是检测单元的砂浆强度推定值。

无损检测方法因其简便快捷、操作性强，被广泛应用。但是无损检测方法具有一定的检测范围，尤其是砂浆强度的检测，《砌体结构现场检测技术标准》中特别指出砂浆回弹法主要用于砂浆的均质性检查，根据作者大量的检测经验，九十年代以前的砌体房屋采用该方法检测砂浆强度时，离散度非常大，大量的工程会出现推定值小于2.0MPa 的测区。局部破损检测方法相对无损检测，得出的检测结果直接、可靠，但是对于正在使用中的房屋，从结构中现场大量取样出来，困难因素较多，有时不得不划大检测批容量，但是这样抽样比例又太小，漏判与错判的概率会加大。

### 三、砌体工程新材料的研发

随着人们对环境问题的重视，黏土烧结的实心砌体材料的革新已经成为了当今可持续发展的首要选择。砌体工程新材料主要是指，除实心黏土砖以外采用新一轮的技术，对新材料生产的所有砌体材料。当前的砌体材料的发展方向是：利用工业的废渣去满足建筑工业需要的材料，这样能够减少材料的利用率，让更大的投资花费在机械上，能够提高机械化施工速度，提高建筑物体的防害能力。

#### （一）发展砌体工程新材料的必要性

随着对环境问题的高度重视，人们更加重视循环资源的利用。部分非可生的能源对于人们来说是非常宝贵。应该提高能源的利用率。建筑业是能源消耗中的重要角色，砌体材料的革新与建筑节能有着很大的关联，建筑的本身具有节能效果。另外，还能改善建筑物的热工性能，要对砌体的革新与建筑的节能结合起来进行实施。

1.减少土地资源的损耗

随着我国政府对城乡建设的高度重视，城乡建设快速发展，对建筑材料的需求也越来越多，新型的砌体工程材料的应用减少了对耕地面积的破坏，能够缓解我国用地紧张关系。

2.极大地降低了能源的消耗

对新型的砌体工程新材料的应用，能够更有效的利用资源，减少不必要的能量的消耗，促进建筑事业的发展。

3.大力推进建筑节能事业的发展

大力发展新型砌体材料，用来代替耗能和对于天地有害的黏土砖，在现在的发展中，必须使用新型的材料进行工程建设，促进节能事业的发展。

#### （二）新型砌体材料的发展趋势

随着生活水平的改善，人们更加注重对环境问题的管理。新型材料相比传统的材料研制而言，更具有环保性、安全性和稳定性，传统的建筑材料已经满足不了人们的生活需求，因此生产方向会朝向"复合型技术""复合型材料"发展，使人们在生活当中，避免对环境造成污染的生活方式。

#### （三）新型砌体材料的特性

新型的砌体材料的构建，主要使用普通的混凝土砌块，蒸压器砌块，烧结空心砖等方面的性能产品。

1.新型砌块材料干缩值大

新型的砌块的材料大多是混凝土制品或者水凝混凝土研制而成。当气候在一定条件的干燥时期，会因为缺少水分而收缩，但是新型的材料因为研制所用材料的原因而收缩缓慢。

2.吸水率与黏土砖接近

一般情况下，普通的混凝土对雨水的防范措施不强，有的材料的吸水率和黏土很是接近，但是平衡水力都非常的差。如果在下雨的时候，没有做好雨水的防范措施，含水率可接近各自的吸水率，水泥制品和硅酸盐制品的吸水速度比黏土砖要慢。

3.配套规格多

黏土砖的尺寸大孔率是比较高的，砌块的新型材料大部分都有板材、施工效率比较高。但是也存在了一些问题，它的尺寸太大，不利于应力的更好释放。因此更容易产生新型的砌块空隙率比较高，容易吸水，不能像黏土那样进行砍凿。

**（四）新型砌体材料的应用及推广**

新型砌体材料具有保温性能好、防水等优势。因为容重小，能减少材料和能源的使用，提高运输效率，与粘土砖相比，砌块尺寸比较大，若操作不当，会造成粉刷开裂一系列问题，给装饰工程带来一定的危害。为了预防危害发生，砌块要足够湿，墙体与混凝土处要设钢丝网片。因为墙体材料在加工时使用了工业废料，在某种情况下砌体会产拉、压应力，引起开裂的现象。砌块墙体要从技术、施工、等方面，遵照相应的施工技术方案，满足建筑工程的质量的要求。

1.粉煤灰的应用

因为粉煤灰是从煤粉炉中采集出来的，对环境有一定的保护性，更够达到社会效益与经济效益相结合，但是过量使用会使降低混凝土的碱性，而降低混凝土的抗炭化作用和对钢筋的保护作用。粉煤灰混凝土不适宜用在冬季施工中，适合在炎热的气温中。

2.发展新型墙体材料

我国新型墙体材料是以砌筑材料为主，板材为辅的产品结构。根据当前新型墙体材料结构来说，墙体材料应增加空心砖混凝土砌块、轻质板材料的发展。

3.差异性发展

不同的地区应该根据当地的资源条件和建筑问题，建一批技术装备，提高竞争能力的多功能、高质量、低能耗的新型墙材生产线。我国应该大力推广新型墙体建材。发挥新材料的研究、开发、应用、施工、等各有关部门的作用，达到经济效益与社会效益相结合。

随着建筑科学的不断发展，要正确的认识目前砌体施工现状分析、选择有质量材料、控制好施工材料质量的检测、施工过程中防止工程质量问题。在砌体工程中要有较强的责任心，要处理好各方面可能遇到的问题，充分做好对工程质量的管理，提高工作人员的素质与技术能力，提高砌体工程的施工管理，提高工作质量，保证砌体工程新材料的质量。

# 第二节　脚手架工程

目前，国内建筑业发展迅速，随之而来的建筑行业脚手架工程施工技术要求越来越高，一项工程要实现工程正常进行、进度有效完成，选择脚手架变得越来越重要。国内外对于脚手架的选择和搭建的研究也是很多的，国外的一些建筑专家同样也有很多的研究，他们都是本着以安全为基础，降低成本为辅这样一个原则。大部分研究焦点都集中在悬挑式脚手架的研究上，这种方式主要的特点是钢管投入量低、工程的周期短，成本较低，这些特点使得脚手架工程施工技术在高层建筑施工中得到普及应用。

## 一、脚手架的前沿发展

脚手架的起源是很早的，自中国古代建筑始，脚手架便开始投入使用，只是当时的脚手架比较简单，主要是一些木板木棍组成的。例如中国的古塔、城墙、楼房、佛殿等建筑的建造过程中都要用到脚手架。

在新中国成立之前以及20世纪50年代初期，脚手架一般都采用竹或木材搭设的，自60年代始才开始推广使用扣件式钢管脚手架，这类脚手架具有加工方便、搬运方便、通用性能强的优点，但其施工效率低、安全性差，不能满足高层建筑施工需求。

20世纪70年代，我国从国外引进门式脚手架体系，因为门式脚手架既可以作为建筑施工的内外脚手架，又可以作为梁板模板的移动脚手架，所以被称为多功能脚手架。

20世纪80年代，国内开始仿制门式脚手架，门式脚手架因此得到了发展，在工程中被大量推广使用，但由于出自各厂的脚手架规格不同、质量标准不一致，给施工单位的使用和管理带来了一定困难。

20世纪90年代，门式脚手架没有得到发展。但在1994年项目部选定"新型模板和脚手架应用技术"为建筑业推广应用10项新技术之一以来，脚手架工程又有了新的发展。新型脚手架是指碗扣式脚手架、门式脚手架、方塔式脚手架以及高层建筑推广的整体爬架和悬挑式脚手架。碗扣式脚手架是新型脚手架中推广应用最多的一种脚手架，但使用面还不广，只有部分地区和部分工程中应用。

随着我国市场的日益成熟和完善，竹木式脚手架将推出建筑市场，只有一些偏远落后的地区正在使用。普通扣件式钢管脚手架占据中国国内70%以上的市场，具有较大的发展空间。

我国现在使用的用钢管材料制作的脚手架有扣件式钢管脚手架、碗扣式钢管脚手架、承插式钢管脚手架、门式脚手架，还有各式各样的里脚手架、挂挑脚手架以及其它钢管材料脚手架。

### 二、脚手架技术

#### （一）扣件式钢管脚手架

扣件式脚手架是由外径48mm，壁厚约为3mm的钢管以及相配套的扣件搭设而成的支撑体系或防护体系。扣件脚手架广泛应用于工业、民用建筑支撑架及外防护架体等。同时还可以应用在桥梁等结构满堂支撑体系。由于不受模数的限制，具有极强适应性，操作方便、灵活，目前市场所占份额仍然处于优势，约为70%。

#### （二）碗扣式钢管脚手架

碗扣式脚手架沿袭国外同类脚手架节点特性基础上，结合国内实际情况及需要研发而成的新型支撑体系。碗扣式脚手架具有节点构造整体|！生能好，从而提高了整体稳定性。加上其自锁功能，保证了工程应用中的安全性能需求。

#### （三）轮扣式钢管脚手架

轮扣式脚手架是一种具有自锁功能的直插式体系，其立杆轴向传力，整体稳定|！生能高，具有自锁功能，能够满足施工过程中安全要求。轮扣式脚手架具有拆装简便、构造简单、很好地规避了零部件的损耗，同时通用性强，承载力高，安全可靠。

#### （四）键槽式钢管脚手架

键槽式脚手架水平杆、立杆两端采用坚固、新颖的铸钢插头、插座，相互配合进行连接。节点通过敲击使其插头、插座无缝隙，接近刚性连接。该体系力学性能高，装拆灵活，操作简易，拼积木式搭设架体，同时插头、插座耐用，经济适用。

#### （五）附着升降脚手架

附着升降脚手架是一种在施工时仅需要搭设一定高度并附着于工程结构上，依靠自身的升降设备和装置，结构施工时立直结构施工逐层爬升，装修作业时再逐层下降，具有防倾覆、防坠落装置的外脚手架。附着升降脚手架具有节省大量钢材，可实现遥控控制的优点。

#### （六）附着式液压升降脚手架

附着式液压升降脚手架具有如下特点：同步功能，防止架体变形破断；超欠载保护功能，防止超限破断而发生坠落。提升设备无须每次拆装搬运，提升设备本身不易损坏，工人操作劳动强度低；提升设备承载能力大，具有自锁保护功能；有更高的安全性能、综合经济效益和社会效益。

附着式液压升降脚手架是在高层建筑、高耸筒塔建筑的外墙和内筒施工过程中使用的一种节材、省工、快捷、安全的操作防护脚手架。其还适用于剪力墙、框架剪力墙和框架结构的施工，可适应主体结构施工和外墙装修施工的不同作业要求，可根据施工需要布置成单片、分段、整体升降；适用于层高变化、外形变化、台阶收缩等各种部位施工。

### （七）电动桥式脚手架技术

电动桥式脚手架是一种导架爬升式工作平台，沿附着在建筑物上的三角立柱支架通过齿轮齿条传动方式实现升降，可替代普通脚手架及电动吊篮，平台运行平稳，使用安全可靠，且可节省大量材料。用于建筑工程施工，特别适合装修作业。

### （八）全集成升降脚手架

全集成升降脚手架是在附着升降脚手架的基础上，集防护钢丝网、型钢脚手板、架体折叠单元、导轨一体的新型脚手架，其具有工业化程度高、安装拆卸快捷的优点，能够减少劳动量，缩减工期。

## 三、建筑脚手架工程质量控制

### （一）建筑脚手架搭设概况分析和问题分析

1.建筑脚手架搭设概况分析

建筑脚手架由于具有投入资本较少、周转速度较快、构造较简单等特点，使得建筑脚手架的搭设也变得日益普遍。随着经济的快速发展，建筑施工对建筑脚手架的搭设技术和质量规格的要求日益严格。在建筑施工中搭设的成功与否与整个工程的施工进度、工程质量和人身财产安全有密切关系。在建筑脚手架搭设要求方面，由于近些年楼层的不断增高，加上其本身特殊的传递路线、复杂的技术要求。建筑脚手架本身高度较大、稳定性也较差，并且在建筑施工时需要加固的非常可靠才可使用。面对如此严峻的形势，我们必须尽快提出更加科学、合理的改进方案和理论设计。不断规范建筑施工中建筑脚手架的搭设步骤，并对搭设过程中遇到的问题和解决方法及时备案。确保脚手架搭设过程安全、顺利进行。

2.建筑脚手架搭设问题分析

建筑脚手架的搭设与施工前的技术设计密切相关，科学的施工设计能促进脚手架搭设的安全顺利进行。相反，设计上的失误也会让脚手架搭设过程障碍重重，影响着搭设速度和施工进度，甚至会影响到施工人员人身安全。例如，只考虑施工电梯、转料平台接口处的搭设，没有充分考虑爬梯等处的搭设技巧，则很容易导致事故发生。管理员盲目指挥也会给建筑脚手架的搭设造成不好影响。操作人员安全意识不明确，对于存在安全隐患的地方不加重视，导致了事故发生。个别操作人员工作不认真，违规作业，这也会导致搭设质量的降低。

### （二）做好脚手架材料的进场检验

在正式搭设脚手架之前，现场专业工程师要对已进场的脚手架材料进行验收，确认其符合规范要求，以及与专项施工方案的一致性。脚手架所用的主要材料和构配件一般包括钢管、扣件、脚手板和连墙件。

钢管一般采用直径48mm，壁厚3.5mm的钢管，横向水平杆最大长度为2.2m，其它杆最大长度为6.5m。钢管对新钢管和旧钢管两类分别有具体要求：新钢管应有产品质量合格证和质量检验报告，钢管的表面应平直光滑，不应有裂缝、结疤、分层、错位、硬弯、毛刺、压痕和深的划痕。钢管必须涂有防锈漆。而旧钢管要每年进行一次锈蚀检查，检查时，要在锈蚀严重的钢管中抽取三根，在每根锈蚀严重的部位横向截断取样检查，当锈蚀深度超过规定值时不得使用。

扣件由可锻铸铁制作，新扣件应有生产许可证、法定检测单位的测试报告和产品质量合格证。旧扣件使用前要进行质量检查，有裂缝、变形的严禁使用，出现滑丝的螺栓必须更换。脚手板可采用钢脚手板、木脚手板和竹脚手板，每块脚手板质量不得大于30kg。新、旧钢脚手板均应涂防锈漆，新脚手板应有产品质量合格证，不得有裂纹、开焊和硬弯。木脚手板多采用杉木或松木制作，木脚手板的厚度不应小于50mm，宽度不应小于200mm，其两端应各设直径为4mm的镀锌钢丝箍两道。腐朽的脚手板不得使用。竹脚手板一般采用由毛竹或楠竹制作的竹串片板、竹笆板。

### （三）建筑脚手架工程的质量控制

1.在脚手架工程的质量控制

主要采用的是双排钢管脚手架，以基坑为基础，在其边上的回填土上进行搭设。一般来讲，对于内装修，其主要是通过活动架的方式进行搭设，而对于外架安全防护来讲，则需要在了解建筑物形式的基础上，结合相关的尺寸要求，掌握施工图的设计要求，以工程实际情况为主要依据，进行脚手架工程的编制。通常工程的基础要求为脚手架立杆下沿纵向铺设通长50厚木板，并在其周围设置排水沟，加强工程的防护安全性能。

2.脚手架工程质量控制措施

一般工程外架采用双排钢管脚手架，在基坑边的回填土上开始向上搭设。浇筑砼搭设满堂脚手架，内装修搭设活动架。外架安全防护采用密目安全网，大部分工程架子工程采用Φ48×3.5钢管搭设。为了能确保本工程脚手架满足施工要求，搭设脚手架前先熟悉施工图，了解建筑物的构造形式，如几何尺寸、门窗口、阳台位置及建筑物周围的地基等情况，编制脚手架工程的施工组织设计，并经上级技术主管部门批准。对脚手架基础要求，脚手架立杆下沿纵向铺设通长50厚木板；沿脚手架四周设置排水沟；垫板不晃动，底座不滑动、不下沉；回填土要分层夯实，回填土面层铺一层混凝土垫层。回填密实，无下沉、积水等现象。脚手架搭设要点：搭设原则为横平竖直，拉结安全、防护可靠；脚手架搭设允许偏差应满足有关规定要求；斜撑杆的布置密度为整架面积的1/2～1/4，斜撑杆必须双侧对称布置；连接点为垂直方向每隔两步，水平间距3～4根立杆设一处。

3.脚手体系安全监理实施要点

脚手架搭设前，监理工程师应根据工程的特点和施工工艺对脚手架搭设和拆除方案进行审批，主要审查内容包括构造要求及技术措施、搭设及拆除施工工艺、材料及质量保证体系、文明施工要求、稳定承载计算、施工详图及大样图。

（1）审查过程中应注意

施工方案必须有针对性，能有效指导施工，并应注意方案与现场的一致性。在脚手架的搭设过程中，应对照已经申报的脚手架搭设方案对脚手用材及搭设构造等进行逐项检查。务求做到立杆基础应平整夯实，混凝土硬化。落地立杆垂直稳放在金属底座、混凝土地坪或预制块上。脚手架的连墙件必须采用可承受拉力和压力的构造。连墙件的水平距离不大于7m，垂直距离不大于4m，并应规范合理设置脚手剪刀撑。

（2）脚手架使用中应定期进行检查

杆件的设置和连接、连墙件、支撑、门洞桁架等的构造是否符合要求；地基是否积水，底座是否松动，立杆是否悬空；安全防护措施是否符合要求；是否超载；高度在24m以上的脚手架，其立杆的沉降与垂直度的偏差是否符合规范规定。脚手架拆除时应做好相应防护工作，由上而下逐层进行，严禁上下同时作业。连墙件必须随脚手架逐层拆除，严禁先将连墙件整层或数层拆除后再拆脚手架。

4.在建筑手架搭设期间，应在建筑物外围加强警戒

保护好周围行人的人身安全。在脚手架安全完毕后，应做好全面细致的检查，确保每个螺栓拧紧并固定好。在建筑物外围，搭设封闭式的安全网保护施工人员安全作业。并在脚手架下方铺设竹片确保施工人员正常作业。一旦发现异常情况，应立即停止作业，并进行细致的检查维修。当拆除脚手架时，应先检查好架体上各个扣件的连接点，并根据其松紧度进行修正，确保拆除过程中架体其他部位稳固。

5.在升降机作业过程中，依据升降机操作规范进行施工操作

脚手架上只准电控操作人员站立，其他施工人员和施工物品必须撤离脚手架，电控操作人员应佩戴好安全保护装置。在电控箱运行时，严禁移动，并确保电控箱外壳良好接地。在施工结束后，操作人员应及时关闭电源，并锁好电控箱。升降机应在其他人员的监护下进行作业，以确保其安全运行。提升机挑梁、垫块、拉杆等组件安装严格依照施工组织操作规范进行。检查提升机吊钩与承力架吊环钩挂是否符合要求，吊钩保险装置质量是否过关。并清除升降机上下方的障碍物，确保升降机正常升降。在升降间歇时候，施工人员应及时检查脚手架的拉杆、升降机挑梁等是否出现变形或者松动现象。一旦发现问题，立即由技术人员维修或者更换。

## 四、脚手架工程监理验收

### （一）脚手架搭设前的监理工作

1.必须做好施工方案的监理审查工作

按照《危险性较大的分部分项工程安全管理办法》的要求，碗扣式钢管脚手架、扣件式钢管脚手架搭设前都应具有专项施工组织设计技术文件（施工方案），这些方

案除由项目经理、工程技术负责人签字外，还要上报上一级主管技术负责人签字。方案中应包含脚手架的施工简图、连墙件构造要求、立杆基础、地基处理要求及脚手架等安全防护计算书、施工单位聘请专家组织的论证意见等。项目监理单位安全监理工程师要参与审核，报总监审核批准签字，方可生效。特别重大的支撑体系还要经过监理单位的技术负责人审核批准。

2.必须做好施工作业人员的资格监理审查工作

安全监理工程师要审查施工单位上报的脚手架工程作业人员资质是否符合安全管理规定要求。现场监理工程师在施工现场要核实检查施工作业人员是否经过安全技术培训并取得特种作业操作证的上岗作业；上岗作业前是否由项目经理、工长、安全员向取得特种作业操作证的架子工按《建筑安装安全技术规程》等相关规范和标准，并结合实际施工工艺的特点逐项做好了安全技术交底。所有这些监理检查、审查工作一定要有文字记录。

3.必须做好进场施工搭设脚手架材料的监理审查工作

钢管脚手架主要由钢管、扣件、脚手板和底座等组成。钢管有φ48mm×3.5mm和φ51mm×3.0mm两种，大多采用前者，严禁φ48mm×3.5mm与φ51mm×3.0mm的钢管混用。钢管之间连接的直角扣件、旋转扣件、对接扣件、上下碗扣件等必须由正规生产厂家生产并出具合格证。脚手板可采用冲压钢脚手板、木脚手板、竹脚手板等，每块脚手板的重量宜<30kg，作业面脚手板要满铺并锁住，杜绝飞跳现象的存在。立杆底座主要有标准底座和焊接底座两种，多数使用焊接底座，有的还要经检测机构进行二次检测合格后，方准使用。所有这些材料使用前必须经过现场监理工程师的检查验收，验收后在规定的验收记录上签字。

**（二）监理现场验收要符合规范标准要求**

1.立杆

脚手架的立杆是平行于建筑物并垂直于地面的杆件，是组成脚手架结构的主要杆件。脚手架上的荷载通过横向水平杆传递给纵向水平杆，由纵向水平杆传给立杆，最后由立杆传递给基础。所以立杆是承受荷载传递中最重要的杆件，水平杆若发生变形只会影响脚手架的局部，若立杆发生变形或不均匀沉陷，则会影响脚手架的整体稳定性。因此，搭设立杆前必须将基础处理好，用钢尺测量立杆间距，使立杆荷载均布分开，使各杆受力一致。

当立杆需要接长时，必须采用对接方法，不准采用搭接。通过钢管脚手架立杆接长应采用对接扣件，使上下钢管轴心传力且以钢管的截面积承载来传递压力。如果采用搭接方法，则使上下钢管轴线不在同一中心线上，使扣件销轴受剪切，从而降低立杆的承载能力。立杆的接头应交错布置，错开50cm以上并要求相邻两立杆接头不设在同一步距内，接头位置距节点处<步距的1/3。

为达到合理有效使用长度为6m的立杆并符合《扣件式钢管脚手架安全技术规范》

的要求，首层立杆应为 2.2m、3.8m、6m 或 2m、4m、6m 长并交错使用。每根立杆底部应设置钢管底座和垫板。钢管底座有可锻铸铁制造的标准底座与焊接底座两种，底座的面积为 15cm×15cm=225cm²；垫板采用木板厚度 5cm，宽度>20cm，板长 2m 时，垂直于墙面铺设；板长>3m 时，沿墙面纵向铺设。

## 2.横向水平杆

横向水平杆承受脚手板传下来的荷载。在双排脚手架中，杆的两端各用一个直角扣件分别固定在里、外大横杆上。双排脚手架里排立杆距墙 50cm 时，横向水平杆伸出里杆 35～40cm，伸出外杆 10cm；单排脚手架的横向水平杆，插入墙内长度兰18cm。同时横向水平杆必须在立杆与纵向水平杆的交点处设置，紧靠主节点且严禁拆除。当遇作业层铺设脚手板时，应在两主节点中间处再增设一根小横杆，当非作业层拆除脚手板时，增设的横向水平杆可随时拆除，但主节点处横向水平杆不准拆掉。

横向水平杆是脚手架的受力杆件，横向水平杆不仅承受脚手板传来的荷载，同时还将里外立杆连接，以此提高脚手架的整体性和承载能力。当工地因大型工具不配套，横向水平杆被过量拆除后，双排脚手架实际上已形成里、外两片脚手架单独工作，承受荷载后，会过早变形失稳。如果横向水平杆设置时的扣件只紧固一端，同样因不能将里外排脚手架连接在一起而不能共同工作。

## 3.纵向水平杆

纵向水平杆向立杆传递荷载时，由于纵向水平杆是附在立杆的一侧，所以立杆是偏心受压。为减小立杆受力后变形，把纵向水平杆设置在立杆的里侧。这样脚手架承受荷载时，里、外排立杆的变形是对称地向外弯曲，但由于在节点处设置了横向水平杆，所以就使里、外立杆的变形相互抵消，从而提高脚手架立杆的刚度和整体稳定，提高承载能力。

纵向水平杆的间距称为步距。步距的大小直接影响着立杆的长细比和脚手架的承载能力。在其他条件相同时，当步距由 1.2m 增加到 1.8m 时，脚手架的承载能力将下降 26% 以上。所以施工中纵向水平杆的布距不得随意加大，不得擅自拆掉纵向水平杆。

## 4.剪刀撑搭设

设置剪刀撑可增强脚手架的纵向刚度，阻止脚手架倾斜，并有助子提高立杆的承载能力。试验表明：设置剪刀撑可提高承载力 10% 以上。按规范要求应在脚手架外侧设置剪刀撑，跨越范围为 5～7 根立杆（不小于 6m），剪刀撑与地面夹角为 450～600。剪刀撑斜杆与立杆及外伸的横向水平杆交点处用回转扣件紧固。

剪刀撑底部落地并垫木板，随脚手架的搭设同时设置剪刀撑。当脚手架高度低于24m 时，除在脚手架的两端各设置一组剪刀撑外，其中间可间断每隔 9～15m 设置一组；脚手架高度大于 24m 时，应连续设置。同时，剪刀撑在脚手架中是承受拉杆或压杆的作用，而杆件承拉或受压力的大小主要是靠扣件的抗滑能力，所以在剪刀撑斜杆上扣件设置得越多其受力效果越好。斜杆的接长采用搭接，搭接处不少于2个回转扣件，搭接长度1m。

## 五、建筑工程脚手架工程施工安全管理

### （一）常见脚手架安全事故类型

1.倒塌事故

脚手架安全事故中倒塌事故最为常见，根据倒塌事故发生原因与伤害程度，将其分成全体倒塌事故与部分倒塌事故。除此之外，全体倒塌事故还可以分成倾倒型倒塌与垂直型倒塌；部分坍塌事故同样分成上述两种，但受力部分主要为脚手架的局部结构。

2.高空坠落

脚手架高空坠落事故分成两类：安装与拆卸脚手架时，施工人员没有严格按照技术规定进行，随意安装与拆除脚手架，或部分施工人员安装或拆卸中没有执行安全规定，造成高空钢管坠落事故；脚手架结构本身没有问题，但作业人员缺乏安全意识、防护不到位或违章操作等，造成高空坠落事故的发生。

### （二）建筑施工中脚手架安全管理的重要性

1.保证建筑工程的总体效益

在建筑工程中脚手架的安全具有不可替代的关键性作用，促使脚手架的安全管理形成集中化、规范化、全面性的优势，从而针对性的维护建筑工程的施工建设质量。建筑工程项目的不断发展促使城市的现代化建设脚步不断的加快，在常见的建筑施工过程中脚手架安全管理成为杜绝施工安全事故的关键。实施对于脚手架的安全管理有效地保障了施工人员的人身安全，提高建筑工程的经济收入，并提高施工企业的安全管理形象，对建筑企业的信誉发展奠定良好的基础。

2.避免和杜绝了建筑工程的施工中安全事故

落实脚手架安全管理制度，保障脚手架的施工人员的专业能力提高，并在日常施工的安全检查过程中，更加注重对于脚手架设备的检查，提高了脚手架的利用价值，避免施工中因脚手架质量问题导致的工程进度延误和施工缓慢的结果。及时的进行施工现场的安全检查避免施工安全事故的发生。

### （三）落地式脚手架的作业要求

1.脚手架搭设前必须编制专项施工方案，按规定要求进行计算，审批后方可实施。

2.立杆基础要夯实平整，要有底座和垫板，要设置纵向及横向扫地杆，应有有效的排水措施。立杆、大横杆、小横杆等杆件间距应符合规范规定和施工方案要求，架体要按规定与建筑物之间作有效连接。作业层应满铺脚手板，不得出现探头板，作业

层要设置防护栏杆和挡脚板。外侧按规定设置安全网全封闭。

3.卸料平台应该制作工具化、定型化的结构，禁止与脚手架连接。周围按规定设置防护栏杆及挡脚板并用安全网封严。在施工中还要做到以下几点。

（1）严禁直径为48mm和51mm的钢管及其相应扣件混用，在设置第一排连墙件前，应约每隔6跨设一道抛撑，以确保架体稳定

（2）杆件端部伸出扣件之外的长度不得小于100mm。边脚手架的纵向水平杆必须在角部交圈并与立杆连接固定，作业层的栏杆和挡脚板一般应设在立杆的内侧。

### （四）悬挑脚手架的技术要求

1.一次悬挑脚手架高度不宜超过20m。悬挑梁宜采用双轴对称截面的型钢。悬挑钢梁型号及锚固件按设计计算确定，且钢梁截面高度不应小于160mm。锚固型钢悬挑梁的U形钢筋拉环或锚固螺栓直径不宜小于16mm。锚固的U形钢筋拉环或螺栓应采用冷弯成型的圆钢。

2.杆的底部必须支托在牢靠的地方，并有固定措施确保底部不发生位移。定位点离悬挑梁端部不小于200mm。当型钢悬挑梁与建筑结构采用螺栓钢压板连接固定时，钢压板尺寸应不小于100mm×10mm（宽×厚）；当采用螺栓角钢压板连接时，角钢的规格应不小于63mm×63mm×6mm。螺杆露出螺母应不少于3扣。

3.悬挑钢梁锚固位置设置在楼板上时，楼板的厚度不得小于120mm；楼板上应预先配置用于承受悬挑梁锚固端作用引起负弯矩的受力钢筋，否则应采取支顶卸载措施，平面转角处悬挑梁末端锚固位置应相互错开。底部应设置纵向和横向扫地杆，扫地杆应贴近悬挑梁（架），纵向扫地杆距悬挑梁（架）不得大于20cm；首步架纵向水平杆步距不得大于1.5m。

### （五）建筑施工脚手架安全管理中存在的问题

1.脚手架搭设方面

在建筑施工期间，脚手架搭设环节是极易引发安全事故的。在施工处理当中，时常存在未根据设计要进行脚手架搭设处理，或是在高处搭设脚手架过程中，部分操作人员没有根据安全规定操作，没有配备安全防护设备，埋下安全隐患。另外，在脚手架搭设期间，因整体稳定程度不够常常会发生脚手架局部倒塌或整体倒塌，严重威胁施工人员安全。例如，2013年9月，在广州市花都区，就曾发生一起五层在建厂房脚手架部分倒塌事故，造成2人死亡、5人受伤；2014年10月19日，广州市白云区一物流园工地脚手架部分坍塌，导致3人死亡；2014年12月，北京清华附中体育馆施工工地发生脚手架倒塌事故，造成10人死亡、4人受伤；今年1月2日下午，湖南一起脚手架垮塌事故，造成6人不幸遇难。如此多的生命或应死神召唤而去，或与死神擦肩而过，时刻提醒着安全监管责任重大，"脚手架搭建安全问题"亟待解决。

2.施工管理方面

我国脚手架、高支模体系施工安全事故多发，一方面是由于脚手架材料、技术方

面的原因；另一方面，脚手架设计、施工管理混乱所导致的技术方案不合理、施工人员违规操作、安全检查制度形同虚设等问题也难辞其咎。具体说来，一方面，我国建筑施工从业人员素质普遍较低，导致脚手架施工人员难以管理，易于发生安全事故。相关统计表明，我国建筑业从业人员中2/3以上是农民工，其中50%～60%的农民工没有参加岗前培训或岗前培训的质量不能满足要求，不具备施工所需的相应基础和知识，缺乏必要的安全技能。另一方面，施工单位安全意识淡薄，安全管理制度不完善，安全措施落实不到位，安全检查和安全交底制度形同虚设，导致施工现场安全环境恶劣，施工人员漠视安全风险，不按照施工规范和设计要求施工。

3.施工人员素质方面

脚手架搭设施工要求较高，但实际上，大部分施工人员对于脚手架搭设专业知识的了解并不充分，也不清楚一些处理细节。部分从事脚手架施工的人员都是没有经过严格培训的农民工，文化程度较低。不但实际操作不够规范，同时安全意识也比较薄弱，因此往往会因此而引起安全事故；施工人员没有正确理解施工图纸内容；脚手架搭设队伍人员素质相差较大，业务学习能力不强，导致施工方面没有得到全面落实，其作用也无法得到充分体现。

**（六）建筑工程脚手架工程施工安全管理措施**

1.市场管理问题

由于建筑和租赁市场混乱，缺乏公开、公正、公平的交易环境和严格的质量监督措施，许多施工和租赁企业只图价格便宜，忽视产品质量，使一些设备好、技术强、质量高的厂家利益得不到保护，造成企业停产或转产，而许多设备简陋、技术落后厂家的劣质低价产品大量流入施工现场，给建筑施工带来很严重的安全隐患。要解决以上问题，最关键是要有严格的质量管理体制和有权威的质量监控机构。如日本劳动省授权设工业会三项职能。

（1）产品质量认证对模板、脚手架进行产品质量检查，产品合格者发质量认证书，产品上可打印工业会的产品认证标记，要求施工企业购买有质量认证标记的产品，使生产厂家自觉地提高产品质量。

（2）产品安全认可对脚手架、钢支柱、脚手板等产品，除质量认证外，还必须通过安全认可，由工业会发给安全认可证书的产品才能在施工中使用。

（3）产品标准制定和实施对模板、脚手架产品制定标准，并定期组织标准培训班和产品质量检验等活动，提高生产和施工企业的质量意识和管理水平。我国政府职能还没有下放给协会，协会无法对生产厂和施工企业的模架进行质量监督和安全认可。因此，建议政府将某些职转到有关协会，使协会担负起模架的质量认证、安全认可、定期检查和产品检测等监控职能，保证模架施工安全和模架技术的健康发展。

2.完善脚手架工程安全专项施工方案编制、审核、施工程序严格

按照《危险性较大的分部分项工程安全管理办法》有关要求，建立建设项目脚手

架工程、模板支撑体系施工专项方案的编制、审核、施工交底、施工检查等施工程序。明确不同部门或者单位在建设项目脚手架工程、模板支撑体系施工安全管理中的责任，提高脚手架工程、模板支撑体系施工技术设计水平。

3.加强施工单位管理，建立健全安全保证体系

要提高脚手架、高支模体系的施工安全管理水平，就必须加强施工单位管理，建立健全安全保证体系。首先，施工单位必须设置安全员专职负责本单位的安全检查、安全监控、险情排查以及安全教育等等基本的安全保障措施，安排专人进行日常的安全检查，检查要有计划、有内容、有重点、有记录，通过检查发现问题，解决问题；其次，努力提高脚手架工程从业人员的基本素质，做到优胜劣汰，杜绝因为操作不当、安全意识淡薄等等所引起的安全事故；最后，在行业内推行建筑意外伤害险，保障一线施工人员的切身利益。除此之外，政府部门也应当加强对施工的质量、安全监督，使脚手架施工安全得到保障，进而促进建设行业安全问题的逐渐改善。

## 六、案例分析——高坪站站场工程脚手架工程施工技术

拟建高坪站位于宜万铁路 K1251+040 处（东距巴东站 26.89km，西距建始站 39.04km），车站位于半径 1600m 的曲线地段，站坪范围全部为路基、坡度为 1‰。本次设计分别在既有线两侧各新铺设 1 条到发线（有效长 880m）、增设基本站台（550m×7m×1.25m，含雨棚）和侧式站台（550m×7m×1.25m，含雨棚）各 1 座。基本站台雨棚总长度 546.46m，站台宽度标准段为 7m，屋面投影面积 3825.11m2。站台雨棚柱立于站台中间；平行股道方向柱距 8.97m/8.626m，垂直股道方向悬挑长度 3.5m，雨棚檐口离股道侧建筑完面退距 30mm；雨棚采用站台中间立柱，两侧悬挑的钢筋混凝土形式。

### （一）主杆基础

必须要确保脚手架的底座稳固，将长脚手板铺设在基础表面，安装立杆时保证其与脚手板保持垂直和稳定。本工程施工时基础底板的强度为 C40 混凝土，厚度是 500mm。立杆基础的承载能力可以满足脚手架的搭设要求。

### （二）悬挑钢梁

1.设置悬挑钢梁的间距应该和立杆之间的间距对应上。

2.因为悬挑工字钢的支点设计在平台梁板上，所以这部位模板支撑必须要等到结构混凝土强度达到设计要求时才可以拆除。即便是混凝土 100% 凝固后拆除模板支撑后也应该马上在悬挑工字钢下对应的部位安装支撑杆。整个拆除过程需要按照顺序进行，分段进行，随拆随顶。

3.如果悬挑工字钢碰到洞口，那么就需要对工字钢进行加长处理，确保两端都安装在洞口梁两边，在梁上安装地锚钢筋。

**（三）横向斜撑和剪刀撑**

1.在水平和高度方向上，从架子两端转角的位置开始连续设置剪刀撑，所有剪刀撑的宽度应该超过4跨，同时应该超过6m。保证斜杆和主节点保持相交，且整体上呈现为连续布置。

2.需要同时在脚手架的两侧安装横向斜撑，并且没间隔6跨安装一道横向斜撑，应该在同一节间，顺着从下到上呈之字型连续布置。

3.通过搭接的方式实现剪刀撑斜杆的接长处理，同时保证搭接长度超过1m，并且利用3个旋转扣件对其进行固定，杆端与端部扣件盖板边缘之间的距离需要超过100mm；通过旋转扣件将剪刀撑斜杆固定在与其相交的立杆或者横向水平杆伸出端上，主节点与旋转扣件中心线之间的距离控制在150mm以内。

**（四）连墙件及水平拉杆**

在高坪站站场工程脚手架工程施工中，脚手架连墙件全部根据"二步三跨"的方式来设置刚性连墙件，框架梁与框架柱之间通过钢管抱箍的方式进行连接，在楼板内部设置地锚埋件以达到固定连墙件的目的，连墙件的连接点选用的是对拉螺栓。如果连墙件拉结点无法达到"二步三跨"的设置要求，那么就应该分别在竖向和横向两个方向上采取加密措施。

1.选用刚性连墙杆，在竖直方向上连墙杆间距为2倍步高，也就是3m，在横向方向上，连墙杆间距为立杆纵距的3倍，也就是4.5m。在搭建脚手架时，从底层第一步开始进行纵向水平杆的搭建时就需要均匀地布置充足并且牢固的连墙点，连墙点的部位位于大横杆与立杆相交的部位附近，距离节点不超过300mm。为了保证本工程脚手架搭建的稳定性，脚手架通过与基坑侧壁加固实施斜撑。

2.对于脚手架的特殊部位，比如转角处、端头、顶端等，需要使用更多的连墙杆。在现场施工过程中如果需要对连墙杆进行临时拆除时，需要采取对应的补救措施，确保脚手架的安全和稳定，且所采取的措施必须经过安全部门和技术部门的同意后才可以实施。

3.连墙件中的连墙杆一般情况下都是进行水平布置，如果无法进行水平设置的时候，那么就应该使之与脚手架进行下斜连接，不得采取上斜的方式进行连接。

4.连墙件的构造必须能够承受足够的压力和拉力，连接件和结构实体的连接必须要确保安全稳固，不得在稳定性差、不牢固的建筑部件上安装连接件，防止脚手架出现失稳的现象。

**（五）地锚钢筋**

本脚手架工程施工中的悬挑钢梁预留地锚吊环，采用的材料为一级钢筋，且直径大小为20mm，锚固的长度大小为直径的30倍。在平台板或者平台梁上埋设地锚钢筋，通过一级钢筋冷弯得到锚环。不得通过氧气嫂弯钢筋的形式来制作锚环。同时确保预留出准确的高度和位置。

### （六）悬挑钢梁拉筋

1.利用钢丝绳进行拉筋，确保使用的材质能够得到设计以及相关标准规范的要求。

2.将拉筋尽可能拉紧，保证其能够发挥应用的作用，在拉筋和脚手架连接的位置应该使其兜住悬挑工字钢，保证连接部位的稳定性和牢固性。

3.在悬挑钢梁钢丝绳拉结的部位应该焊接短钢筋，避免其出现滑移现象。也可以在上部焊接短钢筋，这样可以更好的控制双排脚手架的距离。

4.使用的钢丝绳夹必须也专业匹配的，每端使用的绳夹数量需要超过3个，每两个绳夹之间的距离为钢丝绳直径的6~8倍，离吊环最近的绳夹应该尽可能缩小与吊环之间的距离。紧固绳夹的时候需要确保不同绳夹之间均匀受力，避免距离吊环最远处的绳夹出现单独受力的情形。

5.工字钢与钢丝绳的连接方式见图。在工字钢下部进行双面满焊处理，两端各伸出工字钢100mm。

### （七）固定排架

为确保站场工程脚手架工程的稳定性，部分地方在脚手架外侧再搭建了一排脚手架，同时在中部和两端安装剪刀撑实施加固处理。在确保连墙件符合相关要求的条件下，在一些关键部位搭建两道四排脚手架作为加强措施，在角落部位与落地式脚手架呈45°方向上搭设6m的长斜杆，并使之与落地式脚手架相连接，将两个方向上的脚手架连成为一个整体，通过这样的方式可以进一步确保脚手架的稳定。

总之，脚手架是建筑工程施工中必不可少的设施，脚手架坍塌及坠落事故也是近年来建筑行业多发性事故之一。造成事故的主要原因是多方面的，像脚手架架设不规范、施工作业中脚手架上的荷载超重、随意拆除拉结或受力杆件等都有可能造成安全事故。因此，加强对脚手架的安全施工管理非常重要。

# 第三节　砌体工程的施工

建筑工程建设中必不可少的环节就是砌体工程，它的施工对建筑整体质量发挥着生死攸关的影响，使用适当的施工技术完善砌体工程建设质量，是新时期建筑工程施工及技术人员关注的焦点。就目前来看，建筑砌体工程主要分为混凝土砌块、框架填充墙以及配筋等几种类型，施工人员要想通过技术控制，提升建筑的砌体工程质量，就必须结合具体的砌体类型，对其进行科学合理的技术处理。

## 一、砌体结构的特点及适用范围

### （一）砌体结构特点

砌体结构在建筑工程中的应用非常广泛，但是砌体结构也有缺点。

1.优点

砌体材料抗压性能好，保温、耐火、耐久性能好；材料经济，就地取材；施工简便，管理、维护方便。

2.缺点

砌体的抗压强度相对于块材的强度来说低，抗弯、抗拉强度则更低；粘土砖所需土源要占用大片良田，更要耗费大量的能源；自重大，施工劳动强度高，运输损耗大

### （二）砌体结构适用范围

1.砌块

砌块的使用范围要以根据从其原料和特点进行分析，砖、砌块根据其原料、生产工艺和孔洞率来分类。由粘土、页岩、煤矸石石或粉煤灰为主要原料，经熔烧而成的实心或孔洞率不大于规定值且外形尺寸符合规定的砖，称为烧结普通砖；孔洞率大于25%，孔的尺寸小而数量多，主要用于承重部位的砖称为烧结多孔砖，简称多孔砖砖的强度等级用"MU"表示，强度等级分MU30、MU25、MU20、MU15和MU10五级蒸压灰砂砖。

2.砂浆砂浆质量对于建筑砌体工程质量有着重要的影响，砂浆可使砌体中的块体和砂浆之间产生一定的粘结强度，保证两者能较好地共同工作，使砌体受力均匀，从而具有相应的抗压、抗弯、抗剪和抗拉强度。

砂浆按组成材料的不同，可分为纯水泥砂浆、水泥混合砂浆、石灰、石膏、粘土砂浆。砂浆强度等级符号为"M"规范给出了五种砂浆的强度等级，即M15，M10、M7.5、M5和M3.5当验算正在砌筑或砌完不久但砂浆尚未硬结，以及在严寒地区采用冻结法施工的砌体抗压强度时，砂浆强度取0。

3.砌体国家对建筑砌体工程的相关实验进行了详细的规定，具体来说，轴压试验分三个阶段。第I阶段，从加载开始直到在个别砖块上出现初始裂缝，该阶段属于弹性阶段，出现裂缝时的荷载约为0.5～0.7倍极限荷载。第II阶段，继续加载后个别砖块的裂缝陆续发展成少数平行加载方向的小段裂缝，试件变形增加较快，此时的荷载小到极限荷载的0.8倍。第III阶段，继续加载时小段裂缝会较快沿竖向发展成上下贯通整个试件的纵向裂缝。试件被分割成若干个小的砖柱，直到小砖柱因横向变形过大发生失稳，体积膨胀，导致整个试件破坏。

## 二、砌体工程的选材

### （一）砖块的选择和准备

砖块是砌体工程中最重要的材料，也是撑起建筑骨架必备的材料，一套房子的质量绝大部分取决于砖块的质量，因此，砖块的选取显得尤为重要，砖块的种类有很多，砖块的选取要考虑他的质地和成本，还要考虑它的使用性。如果按照砖块的生产工艺来看，主要分为烧结型和非烧结型两种，烧结性的砖比较牢固，但是投入的人工比较多，他的成本也高，近几年，随着科技的发展，很少有人再去烧砖，在市场上，很少见到烧砖。在将砖进行施工之前需要对砖进行一定的处理，要保持砖的湿度，因为太干，不利于砖的保存。一般要不定时的给砖浇水，保持砖的湿度。如果砖的含水量较低，砖不利于施工的正常进行。再次，在进行施工之前，需要根据工程高度来确定放线的尺寸，在根据尺度来确定砖的尺寸和砖的数量。拉线的尺寸不一定准确，只是在一个范围之内，砖和水泥是不可分割的，砌砖时必须要用水泥来做原料，将砖分开。

### （二）选择保湿隔热材料

保湿隔热材料的选取对施工质量起决定性的作用，一般北方比较干燥，冬天比较寒冷，因此，保湿隔热一般使用于北方地区，通过保湿工程可以有效对墙体进行保护，如果对墙体不采取保护工作，墙体很容易脱皮，水泥刚弄上还不牢固，如果干了，很容易掉下来，不利于施工，尤其是冬天，可以使墙体免受低温的洗礼，提高工程的使用寿命。选取保湿隔热材料，要有一定的标准，如果达不到标准，不仅不会达到保湿隔热的效果，还会适得其反。选取适合标准的保湿隔热材料，首先要符合施工设计的要求，具有很好的保湿隔热性能，其次，要选择无污染的材料，不会对空气造成任何的污染。要符合绿色施工的要求。在使用过程中，要仔细阅读要求和使用方法，保证正确使用保湿隔热材料，不能错用或乱用，一方面可以会对施工造成影响，另一方面会造成资金的损失。

## 三、砌体工程的具体施工程序

### （一）摆砖样

摆砖样是砌体工程施工的第一步，也是正常施工的前期工作。在确定了基本的砖砌体之后就可以进行摆砖样，摆砖样基本不需要很多人力，物力，是对施工建筑的一个整体规划，因此，摆砖样起这很重要的作用，摆出的砖样的大小直接代表着施工建筑的大小。摆砖样要有一定的技术，最初始的摆砖样应该从基本的定线开始，门窗的摆砖很重要，要注意建筑门窗位置的摆砖，尽量将砖块和门窗之间的缝隙缩减到最小，在调整过程中可能有些砖块的大小不统一或者会有多余部分，所以要砍掉多余部分，以保证建筑的协调性，以及一定的美观性和稳定性。

### （二）树干立皮

一般在砌墙时，为了保证砌起的墙的竖直，不会在砌墙的过程中出现倾斜，要悬挂准线。墙是从底部一层一层往上砌的，在砌墙的过程中，要用到水泥，用水泥将砖与砖之间隔开，以保证砖与砖之间不留缝隙，因此，水泥在砌体施工中显得尤为重要，在砌墙过程中，如果只是砖和砖的叠加，会导致砌的墙不牢固，而且这样砌墙时很容易倾斜，不能很好的把握它的竖直高度。在砌墙时设置准线，通过观察准线，施工人员可以很好的衡量墙体的竖直程度，同时也是检测施工质量的重要手段，也是砌墙工程重要的一个过程。

### （三）砌筑

随着科技的进步，我国经济的发展，我国的人们生活质量的提高，人们的不仅仅满足于物质生活需求，更注重于精神的享受，因此砌体工程也面临着巨大的挑战。以前人们生活质量不高对砌筑的要求也不高，而且砌体一般是在农村，一些小城市，特别是在农村房屋的砌墙，人们的要求不高，只要能满足居住就可以，导致施工人员相对较随意，而且并不是严格规范。施工人员也没有一定的技术，他们只是为了挣钱而挣钱，不会特意去注重砌筑的技术性，因此，建造的房屋只适合住，安全性也没有一定的保障。所有的砌体工程都是一样的，完全没有创新。后来因为人们的要求高了，对砌体的要求也高了，以往的方式已不能满足人们的需求，很多人都去外地学习新的砌筑技术，学成之后，返回到自己的家乡，根据当地人的要求，结合传统习俗，在原有的基础上，运用新学到的技术进行创新，进而满足人们的需求。将我国的砌体技术传承下去。

### （四）清理和匀缝

墙面的清理是伴随着砌墙的过程的，在砌墙的过程中要及时的清理墙面，以避免因墙体的一些不利因素造成对墙体的正确的判断。正常情况下，每砌10皮砖的高度就要对墙体进行清理一次，清洁好的墙体可以更直观对竖直程度，而且有利于施工人员的正常施工，另外在墙体砌筑过程中，会有很多的材料掉下来，比如像水泥，像砖，掉到墙体下面，不仅影响正常的施工，也会浪费材料。砌体施工本来成本就低，这也是为什么人们选择这一技术的主要原因，因此，在施工过程中要尽可能的减少原料的浪费。要对施工过程中掉下来的原料进行及时的处理，另外及时清理掉下来的材料，有利于施工的正常进行。也可以在砌墙完成后进行，匀缝可以提高墙面的美观程度，它是一种技术活，需要有一定的技术，才能完成这一工作，当然墙面的美观度和施工人员的技能也有关系，这就需要施工人员具有很好的砌筑经验和应变能力，要能够及时根据墙体的变化，适时进行调整。

## 四、砖砌体工程

砖砌体工程一般就是指用普通的黏土砖、承重黏土砖以及蒸压灰砂砖等多种小型的砌块和石材进行砌筑的工程，这一工程在整个建筑工程当中都有着非常关键的作用，因此，我们在房屋建筑工程的建设和施工当中也一定要对其予以高度的关注和重视。

### （一）基础砌筑

#### 1.砖基础的断面形式

砖基础的种类是根据基础砌体大放脚收坡方式的不同来分的，可以分为间隔式和等高式两种断面形式。等高式断面是每一皮一收，基础的每边都收进来6cm；间隔式断面形式指的是每两层皮一收和一皮一收相互间隔，基础的两边同样也是收进6cm。

砖基础有自己的受力性能，基础的底面宽度必须有合适的尺寸，大小不能超过基础自身"刚性角"允许的最大尺寸，超过了这个尺寸，基础很可能就会在上面荷载的作用下产生裂缝。所以，我们也经常把砖基础叫做"刚性基础"。荷载的大小也决定了断面的形式，通常情况下，荷载大时选择等高式断面的形式，间隔式的断面形式应用在荷载小的基础上。施工过程中要严格遵守有关的规定，避免基础裂缝导致的工程质量不达标现象的发生。

#### 2.垫层

垫层的目的就是为了更好的使基础均匀的分担上面传下来的荷载，这样就能够保证墙体不坍塌，垫层的施工有利于基础修建的快速施工，通常情况下砌体工程的下面都会铺设垫层。垫层所用的材料有很多，一般都会就近取材，所用的材料一般有卵石、灰土、碎石等，还可以铺设标号较低的混凝土作为垫层。

#### 3.防潮层

由于砖砌体中砖的吸水性，砌体往往会从土壤中吸收水分，从而造成墙面上的抹灰脱落或霉变，更有甚者会造成墙身因冻胀作用而破坏，所以在墙砌体中设置防潮层是非常必要的。一般在室内地平以下60cm设置相应的防潮层。

通常我们在做砖砌体工程中采用的是防水砂浆，就是在水泥砂浆里面加入3%～5%的防水材料。有些砖砌体工程要求的防水等级要高，这是可以把油毡纸铺在砂浆层上。建筑中的地梁也是一种很好的防潮层，不过要在室内地平下50cm处，才能够更好的起到防潮效果。

### （二）砌筑前的准备工作

#### 1.材料准备

首先是砖体的品种和强度等级一定要满足设计的基本要求，同时还要保证墙面和柱面砖的颜色均匀，边角应该保持整齐的状态。其次是在常温状态下进行砌筑施工的时候，砖应该提前一天到两天进行浇水养护，但是在养护的过程中要注意的一点就是不能因为浇水过多而使得砖体的表面出现一层水膜，流淌的砂浆会对墙面产生一定的污染。灰砂砖和粉煤灰砖的含水量应该控制在8%～12%之间。再次是施工的时候所砌筑的蒸压灰砂砖和粉煤灰砖的龄期一定要在28天以上。

2.技术准备工作

（1）抄平

砌筑基础施工之前一定要对垫层的表面进行抄平，表面上如果有一些部分出现了不平整的现象，或者是其高差超过了30cm的地方应该使用C15强度等级的混凝土来找平，不能仅仅使用砂浆，而是要在砂浆当中掺入一定数量的细碎转或者是碎石对其进行填平处理。在对各层墙进行浇筑施工之前也需要抄平工作，这样才能保证各个砖墙底部的标高都能完全符合设计的基本要求。

（2）放线

在砌筑施工之前，应该将砌筑位置进行全面的清理，同时还要做好放线工作。在砖基础施工之前，一定要在建筑物的主要轴线位置布置标志板，标志板的表面应该标注基础和墙身的标高，对外形和构造相对比较简单的建筑而言，也能够使用控制轴线来发挥标志板的功能。之后要按照标志板或者是引桩在垫层的上面放出基础的轴线和底边的宽线。

（3）制作皮数杆

在工程施工的过程中，为了更加严格的控制墙体的标高，我们应该预先使用方木或者是角钢来完成皮数杆的制作，同时还要充分的按照设计的标准和要求砖体的规格和砖缝的厚度，在皮数杆上清晰的标明竖向构造变化的具体位置。

**（三）砖砌体施工工艺**

1.摆砖（摆底）

摆砖是在放线基面上选择组砌的形式，采用干砖进行试摆，同时还要在砖和砖之间预留一些竖向的灰缝。摆砖的目的通常是为了更好的使得纵墙和横墙能够准确的按照放线的位置进行砌筑施工，同时还要使得门窗的洞口位置能够满足砖的模数，这样就能够很好的减少坎砖的数量。此外，也能使得砖砌体的灰缝更加的均匀，在宽度上也更符合设计的要求。

2.立皮数杆

在对基础进行砌筑的时候，一定要在垫层转角的位置上进行。交接的而为之和高低位置上要设置好基础皮数杆。在对墙体进行砌筑的时候，应该在砖墙的转角位置和交接的地方设置皮数杆。皮数杆之间的间距应该在15m之内，在支立皮数杆的时候，一定要保证标高线和抄平确定的设计标高能够完全的一致。

3.盘角和挂线

砖砌体的角部在施工中是保证砖砌体平整的一个非常关键的依据，因此在砌筑的过程中，我们应该充分的按照皮数杆在转角和交接其位置的实际情况来砌筑，同时还要保证其垂直性和平整性，这一工程是盘角，在每次盘角的过程中一定要在5皮之内，之后再在中间拉准线，按照逐皮砌筑的方式来完成中间部分的砌筑施工，砌筑一砖半厚度及以上的砖砌体的时候还需要使用双面挂线的方式。

4.砌筑

砌筑砖砌体时首先应确定组砌方法。砖基础一般采用一顺一丁的组砌方法，实心砖墙根据不同情况可采用一顺一丁、三顺一丁、梅花丁等组砌方法。各种组砌方法中，上、下皮砖的垂直灰缝相互错开均不应小于1/4砖长（60mm）。多孔砖砌筑时，其孔洞应垂直于受压面。方型多孔砖一般采用全顺砌法，错缝长度为1/2砖长；矩形多孔砖宜采用一顺一丁或梅花丁的组砌方法，错缝长度为1/4砖长。

砌筑操作方法可采用"三一"砌筑法或铺浆法。"三一"砌筑法即一铲灰、一块砖、一挤揉，并随手将挤出的砂浆刮去的操作方法。这种砌筑方法易使灰缝饱满、黏结力好、墙面整洁，故宜采用此法砌砖，尤其是对于抗震设防的工程。当采用铺浆法砌筑时，铺浆长度不得超过750mm；当气温超过30℃时，铺浆长度不得超过500mm。砖墙每天砌筑高度以不超过1.8m为宜，以保证墙体的稳定性。

5.成品保护措施

（1）施工中应采取措施防止砂浆污染墙面，在临时出入洞或井架通道口，应用草垫、木板或塑料薄膜覆盖。

（2）墙体拉结钢筋、抗震组合柱钢筋、各种预埋件、暖卫管线、电气管线均应注意防护，不得随意碰撞、拆改或损坏；安装暖、卫、电气设备和管线时，也不得随意拆、打、剔、凿墙体。

（3）安装脚手架、吊放预制构件或安装管道时，要专人指挥，认真操作，防止碰撞砌好的墙体。雨天施工下班时，应适当覆盖墙体表面，以防止雨水冲刷。

（4）砖墙面上脚手架眼洞应用与原墙体相同规格、色泽的砖嵌砌严密，不留痕迹。

## 五、填充墙砌体工程施工

在大多数的建筑工程中，墙体是建筑的主要组成部分。根据墙体的受力情况，可分为承重墙体与非承重墙体。其中非承重墙体即为填充墙，虽然它不属于建筑结构的主要部分，但是填充墙的质量依然与建筑工程质量息息相关。如果填充墙砌筑不合格，会造成墙体开裂、渗水，严重的还会发生垮塌现象。因此，对填充墙砌体工程必须加大研究力度，认真落实施工质量的管理措施，以确保填充墙的质量与建筑物的使用安全，做出人民满意和放心的建筑工程。

### （一）填充墙砌体工程的概念与使用材料

1.填充墙砌体工程的概念

填充墙砌体工程是指在一定的技术方法指导下，利用砌块、砂浆或其它材料对建筑结构非承重的墙体进行砌筑，以形成整体性的墙体，并达到相应的质量标准，这就是填充墙砌体工程。总结我国的砌体工程实践，砌体工程一般有砖砌体、砌块砌体以及块石砌体。在填充墙砌体工程中，由于其不承担结构荷载，所以块石砌体很少使用；同时烧制的黏土砖对于农田的占用过多，其使用也受到了限制，因此填充墙砌体工程主要以砌块砌体为主。

2.填充墙砌体工程的主要材料分析

填充墙砌体工程施工中所使用的主要材料为砌块和砂浆，也有少数工程使用非黏土砖，如混凝土多孔砖、蒸压粉煤灰砖等。下面分别对填充墙砌体工程的主要材料分析如下。

（1）砌块。填充墙砌筑砌体工程的砌块包含轻集料混凝土小型空心砌块、蒸压加气混凝土砌块和普通混凝土小型空心砌块。其中蒸压加气混凝土砌块是在水泥、矿渣、砂与石灰中添加了发气剂，并通过搅拌、蒸压和养护等多道程序而制成的，按其质量性能的高低可。

（2）砂浆。砌体砂浆主要由水泥砂浆、混合砂浆等组成，水泥砂浆多用于基础工程，填充墙砌体一般使用的是混合砂浆，而在蒸压加气混凝土砌块砌筑时需要使用与砌块性能相配的粘结砂浆。填充墙砌筑的混合砂浆材料包括水泥、砂与石灰膏，并掺入一定比例的水搅拌混合而成。砂浆强度等级从MU20～MU2.5，也可根据情况加入防冻剂、早强剂、防水剂等适量的外加剂。

### （二）在建筑工程中应用填充墙砌体施工技术的必要性

1.符合现代化施工要求

随着我国经济的不断发展，城市化水平得到了迅猛的提升，建筑行业也快速崛起。随着建筑项目工程将越来越多，建筑行业在工程建设中应用现代化的施工技术，有助于提升建筑工程项目的整体水平，同样在建筑工程中应用填充墙砌体施工技术，满足了现代化施工要求。

2.保障建筑工程质量

在建筑工程中应用填充墙砌体施工技术能够保障建筑工程的质量。填充墙相较于其他墙体具有的优势不仅体现在填充墙的压力比较小上，还体现在所用的填充墙材料比较轻，因而在填充墙的施工上较为困难。填充墙与整个建筑工程项目质量息息相关，但我国当前对填充墙的施工水平较低。因此，加强应用科学的填充墙施工技术刻不容缓，只有这样才能为建筑项目工程提供一定的质量保障。

### （三）建筑施工中填充墙砌体工程施工技术

填充墙在建筑工程项目中对压力的载荷能力虽然要小于承重墙，但是填充墙会对建筑工程项目中的结构产生一定的压力，例如填充墙的压力作用会传递给建筑工程项目结构中的梁柱、楼板等等。一些建筑工程项目为了降低填充墙工程给自身带来施工压力，通常情况下会采用质感较轻的填充墙材料，砌体工程就是在这种情况下发展起来的。砌体工程一般在建筑工程项目对填充墙施工时，会采用一些质感极轻的施工材料，比如现阶段我国建筑工程项目填充墙施工常用的"空心砖"施工材料，在这种施工技术的影响下，我国填充墙对建筑工程项目的楼板称重压力得到极大的降低，并且减缓了下层建筑承重柱的压力。同时砌体工程还伴有着极佳的隔音效果，使得建筑工程项目的施工质量更高，但是填充墙砌体工程依旧不能够承受来自建筑工程的压力。

1.施工准备工序

施工单位要在开展填充墙砌体工程之前做好施工准备工作，首先要准备施工材料，将需要施工的砌砖进行码放，并要整齐的码放在施工材料专门的保管场地中。施工单位要重视施工材料保管场地的管理，要将场地夯实并保持干燥平整，使得砌砖可以高质量的保存。要在运输施工砌砖材料的时候，要求施工工作人员轻拿轻放，并在运输车中码放整齐，避免因为乱堆乱放，造成运输过程中砌砖损坏。同时要在运输砌砖的过程中，尽可能的降低二次倒运的过程。如果一些施工单位选择在建筑工程楼板中存放砌砖，那么就要注意砌砖的码放高度，一般高度控制在15m左右。

其次，要开展填充墙砌体施工前，要确定施工基础面，可以依据建筑工程楼板地面的标高线，明确施工面的水平，然后依据实际施工墙体的准确尺寸以及施工材料砌砖所需要的规格进行预排，通常情况下会在施工面的位置上进行预排，从而减缓施工现场对砌砖的切割情况。在此要注意的是，施工工作人员要根据建筑工程的实际结构以及门窗洞尺寸进行施工设计，从而提高填充墙砌体工程的施工质量。再次，进行填充墙砌体工程施工时，施工工作人员要对施工面划分出+500mm的标高线，从而将实际的砌快层数进行分层，并要规划好施工灰缝的厚度。

最后，在建筑工程施工过程中，施工现场的环境以及建筑工程的结构都会对填充墙砌体工程的施工质量产生着一定的影响，因此，施工工作人员要做好施工环境的考察工作，并要保障施工条件处在规范标准的范围内，从而提高施工质量管理。例如施工工作人员可以对建筑工程项目的施工称重结构进行验收，并要反复核查建筑工程中的门窗洞口线以及墙边线，要注明皮数杆的标高尺寸等等。

2.填充墙砌体工程施工技术

在进行填充墙砌体工程施工时，要依据建筑工程的实际是施工情况进行合理的施工技术应用。要保障施工队伍中施工工作人员对重点施工工艺的掌握，从而提高填充墙砌体工程的施工效果，使得填充墙砌体工程的施工质量能够达到建筑工程项目的要求。在这个过程中，施工队伍中施工工作人员的专业技能以及施工经验都显得极为的重要，对施工工艺的规范化以及标准化要求都极为的明显，可以有效的降低填充墙砌体工程施工中出现的常见问题。

首先，施工工作人员要做好铺灰施工工序，要选用合格的铺灰施工材料，尤其是铺灰施工工程中的砂浆类施工材料，施工工作人员要做好施工材料的质量管理工作，将砂浆的浓度控制在50mm～70mm之间，并要在现场进行经验，检验结果符合标准后，即可开展整体的铺灰施工。同时施工工作人员要重视分段铺灰施工的重要性，进每一段的铺灰施工工序控制在5m左右，如果在冬季施工或者是在夏季施工，施工工作人员要将铺灰施工的长度再进一步缩短。

其次，当施工工作人员完成了铺灰施工后，就要开始吊装砌砖，这个时候，施工工作人员要采用先远后进、由上至西以及从外到内的施工工序进行砌砖吊装。当将砌砖吊装至施工段时，施工工作人员要预留出一部分空间，给衔接的施工段设置出一个梯形的斜槎。接着施工工作人要对砌砖的水平度以及垂直度进行检查，一般采用托线板检查，对出现问题的地方要及时的采用撬棍进行处理。

最后，施工工作人员要开展填充墙砌体工程缝隙灌注施工，一般情况下会采用砂浆类的施工材料进行灌注。

3.建筑施工中填充墙砌体工程施工技术注意要点

在建筑工程施工环节中，填充墙砌体工程施工的重要性不言而喻，因此对其的施工管理极限的极为的重要。如果填充墙砌体工程施工质量出现问题，极为容易对施工工作人员的人身安全造成极大的影响，同时在建筑工程项目后期的使用过程中，也会对用户的生命安全以及财产安全造成极大的影响，并且会降低建筑工程项目的使用寿命。因此要在建筑工程填充墙砌体工程的施工过程中做好施工管理，首先，要提高施工单位对施工质量管理的重视程度，从而组建一支专业技能较强的施工团队，并要对施工工作人员的专业技能进行培训，从而提高施工质量。其次要重视砌体工程中的施工质量问题，现阶段，我国填充墙砌体工程施工质量问题主要是常见砌体裂缝、砌体错位以及砌体变形等问题，因此施工单位要在施工中注意砂浆的质量，要使用符合标准的水泥，并计算准确的搅拌时间，以此提高工程质量。

**（四）填充墙砌体工程的施工质量管理分析**

1.使用材料的质量管理

在建筑项目填充墙砌体工程施工前，必须采取措施，严格管理施工所用的材料。砌筑砂浆应认真执行《砌筑砂浆配合比设计规程》，并通过试验确定配合比；混合砂浆要具有良好的和易性，其稠度需保持在60～80mm，分层度应小于30mm；砂浆需现拌现用，不得拌合后长期不使用造成砂浆的性能变化。

进场的砌块要对其产品性能检验报告、产品合格证书等资料与外观尺寸较小检查，并开展抽检；抽检是按照每一万块砌块抽检一组，不足一万块的按一批计算；轻集料混凝土空心砌块如果吸水率大则需要提前一两天浇水以保持湿润；蒸压加气混凝土砌块产品龄期不少于28天，堆放时的高度小于2米，且不得被雨淋湿。

2.施工工艺的控制

坚持正确的施工工艺是填充墙砌体工程施工质量的保证，也是施工质量管理的重要内容。总结一般的填充墙砌体工程施工流程，主要包含这些内容：处理基层→填充墙体放线→植筋→制作砂浆→砌块堆放排列→铺砂浆→分层砌筑→检查校正→勾缝→

验收。其中处理基层是一项很多施工班组容易忽视的工艺流程，它是要确保填充墙砌筑地面的结实、稳定和没有杂物垃圾，处理的方法是用铁锹、凿子和扫帚把地面上的泥土、浮浆和碎渣清理干净；如果地基松软，就需要进行换填或者夯实来保证不发生填充墙砌体的沉降。每一道施工工艺完成后，要经过检查确定合格后方可进入下一道施工工艺流程。

3.施工过程的质量管理

（1）砂浆灰缝的质量控制。依据填充墙与砌块的高度、灰缝厚度，经过认真计算，确定皮数；轻集料混凝土空心砌块砌筑的灰缝厚度应控制在8～12mm，而蒸压加气混凝土砌块的灰缝厚度一般是3～4mm，且其竖缝的宽度也应该维持在这个范围内，并运用粘结砂浆砌筑；施工班组与质量员必须通过5皮以上砌块的高度来计算出灰缝厚度是否符合要求，灰缝宽度可以通过测量2米的填充墙砌体长度来测算出；质量员对于填充墙砌体工程要检查其砂浆饱满度，确保其要在80%以上，一般是一个检验批不少于检查5处。

（2）植筋的质量管理。植筋的施工步骤有定位→钻孔→清孔→注胶→植筋→养护。注胶前要清理孔内粉、渣，清理工具是吹风机和毛刷，并且用无脂棉签沾丙酮搽拭干净；注胶数量要根据钢筋直径、孔深、孔径通过试验来确定，光圆钢筋安装前应进行除锈；填充墙砌体工程与承重墙、梁柱利用植筋连接时，要开展抽检。如果检验批小于90个，则抽检的锚固钢筋要达到5个以上；检验批在90与150个之间，抽检的锚固钢筋要多于8个；检验批在150和280个之间，抽检的锚固钢筋不少于13个；抽检试验要保证轴向受拉时其非破坏承载力达到6.0KN，荷载作用2分钟下的荷载值不得下降超出2%。

（3）砌块的砌筑质量管理。填充墙砌筑前须仔细研究合理的排砖组合，以决定砌块的层数；砌筑要错缝，普通混凝土小型空心砌块与蒸压加气混凝土砌块搭砌长度应小于砌块长度的1/3，而轻集料混凝土空心砌块搭砌长度须大于90mm；如果砌筑需要零星非整体砌块，则须运用板锯或者手提电锯来切割砌块，不得使用瓦刀和斧子；填充墙砌到梁板底，须预留空隙。待全部砌体工程完成的7天后，再利用斜砖或者立砖来补砌和挤紧。质检员要检查斜砖的密实度，确保其砂浆填满且封堵严实。填充墙砌体工程完成后需检查其垂直度、平整度以及轴线位置，砌体工程高度在3米以下和以上时，其垂直度偏差要分别控制在5mm和8mm之内，其表面平整度不得大于8mm的偏差。填充墙砌体工程完成后应该组织检查验收，只有检验合格后方可投入下一道工序的施工，以保证填充墙砌体工程的施工质量。

## 六、砌体工程的质量控制

砌体工程的质量是这一工程必须要注意和关注的，加强砌体工程的质量控制，有几个方面的控制：第一，保证施工材料的质量，要在根本上保证砌筑质量，首先要对施工材料的质量进行保证。施工材料直接决定施工建筑的质量，如果施工材料的质量不能保证，之后的施工就算很仔细，也不能保证施工建筑的质量，因此，采购材料时，一定要保证施工材料的质量，在对进入砌筑工程的所需材料一定要严格把关，在成本的预计范围之内保证材料的质量。第二，要做好技术交底工作，将工程交给施工人员，需签订一定的合同，要保证施工的质量，就要将工程承包给一些有较强技术的施工人员，相关的施工操作人员必须对施工过程中具体的操作技巧，施工方法了如指掌，才能保证施工过程中的质量、施工要求做到完整而且详细的了解，促进工程完成。第三，要改进工艺，优化选择砌筑方法。砌筑方法的选择在这一施工中起着很重要的作用。砌筑方法也对施工人员的要求比较高，必须要有一定的技术。最后的匀缝对砌体建造的质量也有一定的影响，砌工完成之后要对砖缝进行详细认真的处理，保证所有的砖缝都要平整和牢固。所有的工作做完之后，还要保证一段时间的保湿处理。

**（一）砌块材料质量控制**

1.蒸压加气混凝土砌块

在许多工程项目中工程人员都会运用蒸压加气混凝土砌块，不过这种施工材料许多厂家的质量都是不相同的，工程人员应该选用质量最好的厂家，同时在签订合同的时候最好把施工材料的质量要求以及装卸车的办法也写到合同中。首先提供一些样品，之后再依照样品进行收货，将一千块蒸压加气混凝土砌块作为一批。在施工材料接收之后，工程人员应该随机选取50块这种材料进行不断地检验，检验的重点就是尺寸是否存在偏差以及质量是否达标，假如发现材料中出现质量不达标的，那么工程人员就应该拒绝收货。

由于蒸压加气混凝土砌块在受到碰撞的时候很容易出现损坏的情况，所以工程人员应该让厂家运用木托盘作为支撑，运用塑料带进行打包。之后再卸货的时候运用汽车自带的吊车进行上下车，将蒸压加气混凝土砌块安置在工程场地比较平整硬化的区域。在运输上下楼层的时候，工程人员最好是使用塔吊，对其进行整包的吊运，这样就能够降低因为人工搬运而出现损坏以及碰撞的概率。

2.页岩实心砖以及页岩多孔砖

工程项目中人们通常会在厨房以及卫生间等地方运用页岩多孔砖，这种施工材料要比原本的页岩实心砖更加的环保，同时它还有节省资源的作用，达到绿色施工的目的，降低楼层的荷载，对于改善结构非常有用。不过在后塞以及底部三线工程人员还是应该运用页岩实心砖，其他的地方就都可以运用页岩多孔砖。施工人员在运用这两种施工材料的时候，最好是专门制作一种线槽砖，将其用作预留预埋砌体内线管，这样在进行工程施工的时候就能够避免开槽工艺了。

**（二）砌筑砂浆的质量控制**

在对砌体工程进行施工的时候，人们通常都会运用到砌筑砂浆，这种施工材料施工人员应该运用机械进行搅拌，并且进行搅拌的时间一般都应该大于120s。对于砌筑砂浆来说，工程人员应该进行一边搅拌一般使用，如果是楼层中的砌筑砂浆，工程人员就应该做到不进行随处乱放。工程人员最好是运用模板制作一种木盆，运用木盆盛放砌筑砂浆，对于砂浆工程人员应该重复应用，一定要避免砌筑砂浆在楼面上因为失水而失去作用，同时防止砌筑砂浆污染楼面，降低地坪清理时的难度。搅拌之后施工人员应该在3h内运用完，假如对工程项目进行施工的时候温度大于30℃，那么工程人员就应该将砌筑砂浆在2h内运用完。砌筑砂浆中不能够混入树叶、塑料等杂物，这样就能够防止砌筑后灰缝内存在杂物。

### （三）砌筑工艺质量控制

1.喷涂皮数线制作及皮数杆使用

专门制作铝合金喷涂皮数杆，最上一格190mm高，钻50mm长10mm宽孔，孔下侧距杆顶200mm，下面按115mm高再钻一50mm长10mm宽孔，依次向下，喷涂皮数杆2400mm高，能满足大部分需要。在砼柱墙上有砌体的位置皮数杆顶紧梁底，依次用红油漆喷涂皮数线，喷涂出的效果为梁下200mm为顶砌砖后塞高度，其下为115mm高的砖高，10mm的灰缝，在这10mm的灰缝内，植拉墙筋，避免了墙筋与灰缝错位。直接将砖位置及灰缝位置定好，若砖厚度存在误差，必须控制在±2mm内，灰缝宽度相应在8～12mm内调节，每面墙选用同批次砖，偏差一致，灰缝大小统一，对观感无影响。在未与砼柱墙相接的砖墙端，固定好皮数杆，与柱墙上皮数线相对应。从楼地面开始砌筑一至三线页岩实心砖，调节水平灰缝高度，使实心砖上口为最下端皮数线下口。

2.砌体砌筑质量控制

（1）砌体施工前清洁楼层，在柱墙上弹出1米标高控制线，施工线、检查控制线，一般称作三线。砌体放线以结构施工内控点为依据转角应进行直角检查，确保实测实量方正度在［0，10］mm内。

（2）阳露台、雨蓬、女儿墙、卫生间、空调机位、外挑线条根部、室外楼梯侧墙根部、烟风道水管井出屋面或车库面根部底部做C20砼导墙（或称混凝土反边），一般高于结构面200mm，露台高于结构板面300mm，烟风道水管井出屋面或车库面300mm范围内与板一起的浇筑。厚度与墙体同宽，施工前应将导墙底部的混凝土楼板面凿毛，凿毛率大于50%，与柱墙接触面也要凿毛。用清水冲洗干净后，打定位钢筋，安装模板，内部用砼内撑顶紧，低于模板面20mm，用木夹具加固。现全部进行覆膜养护，在砼收面后立即覆盖，既保证了质量，又减少了作业强度。砼导墙成型质量要求不能出现露筋、蜂窝、疏松、孔洞、夹渣、胀模、错台超过15mm，避免大面修补、拆模过早破坏、导墙偏位超过15mm等现象。

（3）砖门窗宽度较大时设置砼边框或构造柱，较小时门窗洞两侧砌筑页岩实心砖，安装门窗需要在门窗洞两侧设置砼砌块嵌砌。因外门窗及入户门洞尺寸偏差为实测实量检查内容，要求在［－10，+10］mm 范围，需在砌筑时重点控制，仔细量测。在边框、构造柱模板安装时，必须量测模板间内空，在［－8，+8］mm 范围内。并加固牢靠，不能在施工时涨模移位。

（4）填充墙与承重主体结构间的空隙部位施工，除了墙长在 500mm 范围内的短墙垛，为防止未顶牢固定易倾倒或变形可一次性顶砌到位外，其余墙均应在填充墙砌筑 14 天后砌筑，采取用页岩实心砖斜砌，上下顶紧梁底和砖面，角度保证在 60 度以上，高度在 190～200mm 间，200mm 厚墙，100mm 厚左倾，100mm 厚右倾，交叉斜砌，在墙体的左右端头用定做三角形砼块砌筑。确保砌筑后外观美观。

（5）填充墙长超过 5m 时应在墙中间设置间距不大于 4m 的构造柱，并宜优先在纵横墙交叉处或大于 2.1m 的门窗洞口两侧设置，此外，无框架柱的填充墙转角处、悬臂墙自由端（墙端部不与柱、填充墙或剪力墙相连）也应设置构造柱。砌体墙与构造柱成马牙槎状连接，先退后进，填充墙与构造柱的马牙槎边缘安装模板前应粘贴双面胶，防止浇筑砼时漏浆，并在支模时设顶部撮箕口，高出柱顶 50mm，保证顶部砼浇筑密实，后剔除突出墙面部分。构造柱支模时采用穿过柱身的对拉螺杆，不得穿透砌体支模，丁字形或转角位置等特殊位置构造柱，采用螺杆穿砖墙进行加固，支模应伸到顶，马牙槎符合规范，钢筋设置符合规范和设计要求，顶部应密实，成型质量好。

（6）窗台处需设置砼压顶，要求伸入两侧墙不小于 100mm 或满足规范及图纸要求，压顶下禁止全为空心砌块且孔朝上。浇筑压顶时，考虑向外按 10% 找坡。现场二次浇筑的窗台压顶，原先基本未进行浇水养护，常常出现开裂等现象，考虑到现场压顶比较分散，浇水养护难以落实，改为全部进行覆膜养护。既保证了质量，又减少了作业强度。

（7）过梁搁置长度要满足 250mm，过梁按设计长度浇筑时，有时不易控制两端长度，可将搁置长度一边延长 50mm，按搁置长度 300mm 考虑。现浇过梁和预制过梁需充分考虑到门框高度，确定及控制好其标高，特别是入户门处和电梯门处。宽度超过 300mm 的洞口上部均需设置钢筋砼过梁，高度超过 4 米的砌体中部需设置砼现浇带，按设计高度及配筋施工。

（8）对砌体工程中的水电预留预埋采取砌体免开槽施工工艺，将页岩空心砖和多孔砖部位采用专门的线槽砖，在砌筑时侧面开孔，将预先安装好的线管套入线槽砖内，同其他页岩空心砖、多孔砖一起砌筑，减少了开槽工作量，避免了线管部位质量通病的出现，极大的提升了砌体工程的质量。对外墙蒸压加气混凝土砌块部位，一般也没有多少水电线管，需在开槽前放线，再切割，且一般均竖向开槽，水平开槽不超过 500mm，抹灰前将管槽用细石砼灌实，表面修补平整，不突出墙面，不能出现修补细石砼开裂现象。

# 第八章　建筑施工安全监督管理

## 第一节　建筑施工安全监督管理概述

随着我国社会经济的高速发展，建筑工程事业也随之蓬勃发展，取得了不错的成绩。在日益激烈的市场竞争中，建筑施工不仅要关注于质量方面的问题，还应当意识到安全施工的重要性，必须严格按照当前建筑工程施工相关法律法规的要求，来实施高效的建筑施工工作。在进行建筑施工的时候，需要将安全放在首位，开展有效的安全监督管理工作，从而保障建筑施工的安全性，降低建筑施工的风险系数，避免施工安全事故的发生，以推动建筑施工的可持续发展，实现建筑施工效益最大化。

### 一、建筑工程施工安全监督与管理的重要意义

#### （一）现代企业制度建设的要求

我国社会主义市场经济体制，自改革开放以来日趋完善，建筑工程施工企业面对着不断变化的内外部环境。受到市场经济带来的竞争压力，以及同行之间的相互竞争，建筑工程施工企业想要屹立不败，就需要随着时代的发展，转变自身的思想观念，对施工管理模式加以采用，使建筑工程施工质量能够得到有效的提升，实现建筑工程的如期竣工，在保证质量的同时，还能够保证数量，才能够满足建筑工程建设的要求，才能够在如此激烈的竞争环境下保持自身的优势，得到不断的发展。

#### （二）满足市场不断发展和完善的内在要求

由于我国缺乏完善的市场相关法律法规，建筑工程市场中还有许多需要改善的环节，例如，不正当的企业竞争等，企业必须要加强管理，建立完善的建筑施工管理理念，以此来满足建筑工程建筑市场发展的要求。我们需要将管理落实到位，对具体措施进行采用，通过对有效的方法的应用，使建筑工程能够得到更加良好的发展。随着技术的日益发展，需要重视对施工技术人才的培养，想要获得良好的建筑工程施工管

理，就需要对先进的科学技术加以掌握，并在实际开展建筑工程建设的过程中，落实这些技术，才能够获得更高的建筑施工管理水平高质量的建筑，并且，能够保证企业在激烈的市场竞争中维持自身的发展，并在日后获得更好的发展。

### （三）对企业的经济效益进行提升

在整个建筑工程开展的过程中，需要专门将专业的技术管理应用于施工环节中，使技术问题对建筑工程施工造成的损失能够得以减少，在一定程度上，对施工效率和经济效益的提升起到了极大的帮助作用。对建筑工程的资金进行合理的控制，是建筑工程施工现场重点管理的内容之一，有效控制和管理使用、购买以及施工进度等环节，对施工技术水平进行不断的提升，能够使建筑工程降低施工成本，使建筑工程企业社会效益和经济效益能够实现共同发展。

## 二、建筑施工安全监督管理模式

我国建筑施工安全监督管理模式一直备受重视，专业化和规范性兼具，且朝着法制化方向发展。据统计，因管理不当导致的施工安全事故高达90%以上。这充分体现了创新建筑施工安全监督管理模式的必要性。施工单位要结合建筑工程背景及施工要求，明确安全管理重要性，降低安全事故发生率，助推建筑行业发展，使之安全、质量都得到保障。

### （一）建筑施工安全监督管理模式

建筑施工安全监督管理模式，贯穿施工准备、施工过程、工程竣工三个阶段，是对该过程中一系列安全监督管理工作的统称。建筑工程安全监督管理系统中，包括工程管理、人员管理、起重机械管理、深基坑监管等一系列内容。

建筑施工初始阶段，与安全监督机构沟通，使之参与其中。并参照具体标准和安全管理规章制度，审查施工、监理单位安全管理员资格，评价施工现场安全生产环境，结合现场实际，按时交付安全文明施工费用，统一管理。这与传统预先交付安全文明施工费用的方式存在明显差异。采用专业方法，把各类监督制度制定出来，统一管理相关费用，力求公平、公开、公正。具体工程实践中，每隔一段时间都要对工程项目重点环节、施工部位等进行安全检查，既可以是集中检查，也可以是巡检抽查。该过程中，一定要明确责任主体，把安全责任制度与工程实体安全充分结合起来。优选动态监督管理方法，对施工现场责任主体、施工安全防护措施、施工人员行为等进行监督，并在第一时间排除和解决实体防护中的各类安全隐患，对相关责任主体进行督促，使其积极履行安全管理责任，依据实际工程背景，对施工安全管理工作进行细化。项目竣工后，还要检查施工现场安全，在较短时间内，把各类工程安全隐患排除掉，综合评价整体工程是否安全。倘若项目工程没有通过安全评价，暂且停止验收工作，直至达标后，方可继续。上述一系列工作结束后，搜集整理施工环节各类监督管理材料，并存档。

## （二）施工准备阶段安全监管模式

建筑施工安全监督管理工作不是一朝一夕的事情，而是一个相对比较完整的流程，直接影响建筑施工安全及质量。

1.安全监督注册工作完成，且手续齐全后，依据项目工程背景及施工要求，安排安全监督管理机构，监督建筑施工过程，并对施工、监理等单位的各项安全生产管理体系、制度、安全施工方案、人员信息等进行全方位审查。在建筑施工现场，安全监督机构参与其中，检查工地围挡、危险区域是否有安全标识、警示牌等，并对施工现场环境进行准确判断，预估其是否存在安全隐患。工程资料经检查合格后，安全监管机构要及时给出评价意见，向上级部门申请安全文明、临时防护设施等各类施工费用。建设单位也要结合评价意见，把施工许可相关手续申报下来，依据现场勘验情况，开展具体施工及安全管理工作。

2.在施工准备环节，给出评价意见后，安全监督管理员还要把建筑工程安全管理专项档案落实下来。搜集整理建设、施工、监理三方专项方案、安全管理架构、人员信息、各类资格证书等，以档案形式，保留下来。

3.安全监督员要积极编订具体工作方案。该过程中，除了考量施工现场情况之外，还要关注施工、监理单位的专项方案，设备数量，危险类工程清单等。该方案内容要详尽，对重点工程监督内容、方法等加以明确。部分工程危险性大，存在诸多安全漏洞、隐患，监督管理方案力求完整、详尽，既要包含各类工程安全监管方法，还要囊括一系列注意事项。

4.建筑工程施工工作开始后，安全监督员要把具体工作方案作为参照指标，与设计、施工、监理、建设、勘察等单位进行沟通，以会议形式，把施工安全监督管理交底工作落实到位，并对各主体安全管理责任加以明确。实际工作中，还要明确安全监督管理工作过程中涉及到的各类重难点内容，及时与各责任主体沟通协调，积极听取采纳对方意见，倘若责任主体存在质疑，一定要及时交流，统一意见。完成上述工作后，填写《工程监督交底记录表》，并与交底人员沟通，确认或签章。

## （三）施工生产阶段安全监管模式

施工生产阶段在建筑施工安全监督管理工作中非常关键，具体实施内容包括以下四个方面。工程项目实践中，始终秉承"预防为主"的安全生产方针及原则，从人员、材料、机械设备、施工方法、环境这五个方面，对该环节各类安全因素进行控制。依据实际工程背景及情况，对施工作业、内容等进行灵活安排，始终注重用电防火安全，将层级安全生产责任制度、安全生产奖惩制度等落实到位，并以制度方式，对安全生产检查工作进行约束，依次把安全技术交底及教育学习工作落实到位。

1.安全监管内容

该工程环节涉及到的安全监管内容比较多，不仅要检查各责任主体安全行为、施工单位安全管理体系、规章制度等相关落实情况，还要定期或不定期抽查实体防护安全。实际操作过程中，依据建筑工程背景，检查各个施工主体安全生产管理责任是否落实到位，其中，始终把监理、施工单位的专项施工方案编制及审批工作作为重点，还要关注安全检查整改、安全教育、技术较低等一系列工作，明确各参建单位把安全管理职责，注重落实。在安全管理体系、规章制度落实方面，把人员到岗、履职情况作为检查重点，并对比履职情况是否与规章制度要求相符合。实体防护因工作内容特殊，抽查过程非常严格，囊括机械设备、临时用电、外脚手架、模板支撑等一系列内容，依据实际工程进度，对相关内容进行抽查。抽查实体防护时，关注监理、施工单位动态，确保其将各类安全责任落实到位。

2.安全监管处理方法

建筑施工安全监督管理工作中，倘若经过检查不达标，需要结合实际情况，选择整改、停工整改、立案调查等。如果发现各责任主体存在违规或违法行为，需要在企业信用评价系统中录入。

3.加强安全文明施工监管

在建筑施工安全监督管理模式中，安全文明施工非常关键，一直都被作为监管重点。这对施工安全监督管理工作非常不利。还要结合当地情况，将安全文明施工费用措施拟定出来，统一管理，评估合格后，申请拨款。先投入，再拨付，严格监管费用投入情况，确保安全文明施工中有充足的资金投入，对施工单位形成激励，使之认识到安全文明施工重要性。

4.科学管理安全监督档案

建筑施工安全监督管理工作质量与档案管理情况也有关系。此类档案相对比较复杂，囊括安全监督检查记录、工作方案、整改通知书、安全会议记录等一系列资料、内容。除此以外，还涉及专项方案、审批及验收记录、监管主体资料等。专项方案存档过程要求严格，起重机、高边坡、深基坑、脚手架等安全监管表格一定要完备。以专项档案形式，对工程实施过程中的安全监管职责加以强化，将各类责任落实到人的同时，还要把安全事故发生概率降到最低，并对监督人员履职、监管情况进行考察。

### （四）竣工阶段安全监管模式

竣工阶段是建筑工程的收尾环节，这其中安全监管也非常重要。这一时期，参建主体要将施工安全评价工作落实到位，并填写相关表格，及时向安全监督管理机构，上报各类竣工资料，后者需要应严格审查这些竣工资料，仔细核查现场情况，评估其是否与报送资料相符合。组织召开建筑施工项目安全竣工会，施工、建设、监理等各单位都要参加。通过会议形式，汇报总结各项建筑施工安全管理工作，对各项目施工环节安全评价情况进行综合考虑，对该工程安全评价结果加以明确。

## 三、建筑施工安全监督管理存在的问题

### （一）没有有效的进行贯彻安全管理的制度以及措施

大部分的工程企业当中都没有明确的对安全管理的责任进行划分，这就致使相应的施工安全管理的方法没有办法有效的进行贯彻落实，在进行施工的过程当中，会存在很多安全的因素，严重的情况会发生无法估量的严重后果。其中致使安全事故发生的因素非常的多。在对工程进行建设的过程当中，大部分都是本地区的建设行政单位或着是通过授权来进行委托相关的部门，而上述的这些单位以及部门没有比较完善的安全管理机制以及比较有效的方法，甚至有的单位还没有施工许可证或者是质量监督的相关证明就进行施工的情况。

### （二）施工安全管理知识相对匮乏

在所有的施工单位当中，大部分的管理人员都比较缺少安全管理方面的专业知识，所以就会在一定程度上忽略可安全管理工作的重要性，不仅没有有效的落实安全管理的办法，更没有对安全管理的内容进行学习以及深入的进行研究工作，从而致使安全管理的工作意识比较薄弱。相关的施工单位对管理人员当中的安全教育培训的工作没有足够的进行，这也是管理人员的安全管理知识比较缺乏比较重要的一个原因。还有部分施工单位在对其进行安全教育以及培训的过程当中，只是注重表面的形式，没有对所培训的效果加强重视，这也就失去了进行培训应该起到的作用，从而致使安全管理的工作人员在专业知识方面比较缺乏。

### （三）资金使用不合理

项目资金合理的、科学的进行使用，能够有效的确保整个工程的建设工作能够顺利的进行。想要施工可以按照规定的时间完成工程的建设工作，就一定要对相关的施工材料方面的采集工作不断的进行优化，尽可能的以最低的成本来达到相关规定的要求，这样才可以使建设项目的经济收益有效的得到确保。可是，在对工程实际进行建设的过程当中，要想能够做到资源合理化的进行配置相对来说是比较困难的，有情况还会出现浪费材料的情况，这就致使工程的整体成本大大的增加。

### （四）对内在危险的警惕性低

在进行施工安全管理的过程当中，由于相关管理人员对于危险没有一个足够的认识、没有详细的了解安全施工的相关规定等等。

## 四、安全监督管理体系的完善方法

### （一）科学建立安全管理评价标准

只有不断的完善施工的质量管理体系才可以更好地进行监管施工现场当中每一个

环节的质量安全，并且一定要对每一个环节有效的保障，一定要杜绝在进行招投标的阶段当中有违规的现象发生。相关的管理人员一定要严格的认真的仔细的检查生产的许可证以及合格证书，并且一定要安排专业的检测人员来进行抽检的工作，当抽检合格之后，才可以将建筑原材料进入到现场，并且就能够应用到路桥工程施工建设当中。此外，相关的施工单位一定要根据相关的施工方案设计对相关的施工计划进行严格的严谨的编制，对比较先进的施工技术以及施工的工艺一定要合理的进行应用。最后一点问题，相关的施工单位一定要对路桥工程的养护施工严格的仔细的进行监管，在在最合适的时间之内有效的保证养护的工作能够顺利的进行。

### （二）建立安全管理责任制

在对工程进行施工之前，一定要按照建设项目当中实际的特点以及工程实际的性质还有具体的规模等等，一定要进行制定安全管理的责任机制，一定要进行明确工程责任的大小，并且一定要成立安全管理的专业小组，安排专业的人员来进行负责施工工程当中的安全管理工作。

### （三）落实施工现场的安全管理工作

在进行施工的过程当中的安全是管理以及有效控制的重点内容，施工的现场当中的安全控制能够有效的避免安全事故的发生。提高现场施工人员的综合素质可以比较有效的减少发生安全事故的概率，从而就可以比较有效的使市政路桥工程当中实际的现场管理水平得到有效的提高。施工单位必须要严格的选择考核上岗的制度；在上岗前，必须要对相关的施工人员专业的知识还有专业的技能进行培训的工作，不断的激励施工人员积极的进行学习。

### （四）提高安全监管人员的管理能力

为了有效的确保建筑施工的安全，相关的施工单位一定要不断的提高安全监管人员专业的素质，从而才能够有效的提高安全监管的质量问题；一定要对监管的人员提供很好的学习机会，一定要定期的进行培训，从而才能够提高安全监管人员的管理能力。

总之，建筑施工安全监督管理，并不是一项简单的工作，其是系统化工程，需要进行综合考虑，从各个方面来予以相应的管理措施，以提升建筑施工安全监督管理效益。

# 第二节　建筑施工现场安全管理

现如今，建筑工程在社会生活中的应用非常普遍，但是在建设施工过程中，往往还存在着一些安全问题需要引起重视。建筑施工现场安全保护措施做的不够到位，就会对施工人员人身安全造成严重影响和危害，同时也对建筑工程本身产生不利影响，进而影响整个工程的进展，降低整体经济效益，对于企业的成本也有一定影响。所以在建筑施工过程中，必须要加强安全措施的管理工作，对于在施工中使用的材料和设备也要先经过严格的检测，对于质量不达标的材料和设备，一律不予使用。在建筑工程施工过程中，需要引起高度重视的就是施工人员的安全问题，对施工过程采取科学的管理，制定安全的保护措施可以保证施工人员的人身安全，进而保障工程在施工过程整体的安全，促进建筑工程更好的发展，提高企业的效益。

## 一、建筑工程现场施工安全管理工作的重要性

### （一）保证施工人员人身安全

在施工建筑过程中，首先要保证对于施工人员的人身安全，因为在一个工程建设施工过程中，施工人员才是最主要的力量，只有施工人员团结协作，共同努力，才能够提高整个工程的效率和进展，使整个工程得以正常完工。在实际施工过程中，首先，日常应做好基础的防范，在工作过程中，安全帽必须时刻戴在头上，在进行高层建筑物施工时，一定要系好安全带；其次，安全设备在使用之前也应该先进行全面检查，及时发现隐患问题，避免可能导致发生危险的因素存在。在建筑工程过程中，施工人员大多都是进城务工的人员，文化水平和整体素质都不是很高，因此对于安全施工的理解不够到位，对安全问题的重视不足，不具备主动学习的能力，因此，相关管理人员要积极耐心的加以管理和指导，在充分保障其人身安全的前提下做好施工监督管理工作，保障施工过程的正常进展，同时提高工程施工效率，提高企业经济效益。

### （二）有利于促进建筑行业发展

在进行施工的过程中，在保证施工人员安全的同时，一定要保证整体工程的安全性，只有加强建筑施工整体的安全措施和安全管理才能让整个工程更加健康的运行。在工程施工过程中，对于安全措施的管理还有待加强，因为在很多施工过程中都会或多或少的存在相应的隐患，而对于目前的建筑工程施工，首先，要做好设备的安全检测，因为在此过程中，施工设备所起到作用非常重要，无论施工中的哪一部分，都离不开施工设备的辅助作用，因此在选择和使用施工设备的时候，一定要经过反复的检测，保证设备没有任何的安全隐患，才可以投入使用，而一旦施工设备存在安全隐患的情况下仍投入使用，不仅会对施工人员和管理人员的人身安全造成重要影响，对于建筑工程整体的安全性会造成更为严重的影响，不利于建筑工程按时完成。目前大多数建设工程的目的都是为人们生活提供更优质的物质条件，如果施工设备和施工材料质量不过关，施工管理工作不到位，对于建筑物后期的使用，以及居住者的感受及体验都会产生负面影响，不能够达到人们对于生活质量要求的实现，同时还会影响身心健康，而对于建筑施工整体的发展起到了一定制约作用。同时，施工相关设备在使用过程中，会直接影响到施工人员的人身安全。尤其是如今高层建筑越来越多，多种高空作业逐渐增多，其危险性与日俱增，对于设备安全度的要求就需要进一步提高，因

此在工程施工过程中，一定要提高现场施工安全管理的工作，这样才能保证工程的正常进展，同时促进建筑行业的整体效率。

### （三）有利于促进经济可持续发展

工程施工过程中，在保障施工人员和施工设备质量和安全的同时，也要注重施工材料的安全和质量，对施工材料合理利用，杜绝材料浪费现象的发生。施工材料的入场检测环节要加强重视，通过检验资质和质量，确定其是否符合建筑施工要求，建筑工程管理人员和材料建筑材料管理人员要齐抓共管，互相约束，在各项安全措施均做到位的前提下，才能开展施工，只有施工材料和施工设备等相关部分符合施工工程安全需要，才能够更好地提高工作效率，同时促进企业的经济效益。更好地完成工程施工建设，不仅可以促进企业的经济效率，同时也对社会的经济发展具有十分有利的促进作用。因此，建筑工程在现代社会中对于社会经济的发展是十分重要的一部分，为了更好地促进经济可持续发展，对于建筑工程应该加强重视，对于工程中的安全管理，应该制定有效的措施，杜绝一切危险发生的可能性。

## 二、建筑工程现场安全管理存在的问题

### （一）安全意识薄弱、安全教育覆盖面小

建筑工程施工期间，经济效益是企业领导人的首要考虑问题，因此，安全问题极易被忽视，同时部分建筑行业中，企业领导方可能会心存侥幸，仅考虑经济效益的影响，未进行全面安全管理。这种安全意识薄弱的情况是当下普遍情况，极易埋下安全隐患。从基层员工的角度分析可发现，当下，大部分建筑施工人员都是民工，民工流动性强、自身安全意识薄弱、安全知识匮乏。部分建筑项目从缩减人力成本，降低人力资源投入出发，并未进行岗前培训，导致新员工并未了解安全规范后便上岗工作，一定程度上增加了安全事故发生概率。

### （二）安全管理不完善、安全制度不健全

结合工程项目现场调研情况可看出，当下施工现场一般都会设置相应的安全警示牌，但是建筑工人经常出现忘戴安全帽的行为；承载物料的提升机，且将其当作正常行为，无人监管。这一现象的起因，一般在于建筑工程建设项目的安全管理工作岗位缺失导致，此外，部分小型建筑工程项目中还会存在安全员缺失、安全员挂名的情况，危害巨大。

## 三、建筑工程施工现场安全管理

### （一）建立完善的施工现场安全管理体系

施工现场安全管理体系能够对施工现场整体的安全情况进行有效管理，主要是设置安全管理部门，由专业安全管理人员对具体的安全管理措施进行制定，并通过对管

理措施实施效果的分析总结，不断提高安全管理措施的作用和安全管理水平，使安全管理能够更好的满足施工现场的安全需求。在安全管理措施执行的过程中，也会对管理责任进行明确，包括管理职责的划分和管理成效的奖惩等，激励优秀的安全管理人员不断提高，也督促能力不足的管理人员更好的成长。使建筑工程施工现场安全管理形成良好的运作模式，并具有不断成长的管理基础，避免其他因素对安全管理造成的不良影响。

### （二）加大安全投入力度，降低安全事故的发生率

一方面应该做好施工现场各种施工设备的管理工作，按照施工要求，设计方案的相关要求，以及机械设备的使用需求，定期对施工现场机械设备进行妥善的保养和管理，并配置机械保养管理的专业费用。另一方面应该做好施工现场安全防护设施、设备、施工现场临时用电系统、机械设备、安全防护系统、高处作业系统、交叉作业防护的准备工作，配置完善的资金。另外还应该确保有充足的资金用于购买应急救援器材设备、维护保养、应急演练、应急培训。定期开展安全风险教育和安全风险评价，开展安全风险评估监管等工作，及时发现安全问题，及时整改。另外要为施工现场的技术人员配备和更新劳动防护用品费用。加强安全施工宣传教育，明确安全操作规程，在施工现场周边设置安全警示标牌、安全警示标语，对现场进行综合性的治理，营造良好的施工环境。

### （三）强化安全教育，提高安全意识

现阶段我国建筑工程施工建造的总体目标是保持安全第一的原则，同时在施工之前做好全面的预防。但某些施工企业和施工单位对安全管理认知不足，对此就需要相关领导和管理者提高重视，加强对相关管理人员的安全管理方面的培训教育。在落实安全培训教育时，应该结合实际情况，实际条件，结合施工现场的实际情况，进行有效的安全隐患预测，针对当前施工所面临的一些不安全行为，加强培训教育，确保管理人员能够提高认识，转变传统理念，采取严格措施，及时纠正不安全的行为，并及时采取措施进行处置。另外还应该做好施工现场技术人员的专业技能培训，每一个批次的技术人员上岗作业之前都应该进行严格的专业培训教育，尤其是应该加强安全防范意识方面的培训教育，确保每一名技术人员都能够树立安全生产责任意识。

### （四）隐患排查管控机制

对于建筑工程来说，隐患排查和有效管控的机制一般是动态性特征较为鲜明的管控机制，多数情况下，相关部门以及对应的工作人员会通过定期检查的方式进行风险隐患的有效排查，同时配合该机制的运用，针对相关部门以及工作人员职责内容加以明确。随后，结合排查出的问题明确责任，分析整改措施、整改成本以及整改期限，同时出台新的应急预案，如果是风险严重的重要隐患，还需要采取挂牌督办形式针对性干预，同时确保督办的作用；最后，对于需要停产停业整改的事故隐患，要保证核

销制度通过，且经过再次走访调查确定隐患消除，才能够恢复常规生产建设工作。

### （五）突发应急预案机制

因为建筑工程的施工过程中风险较为不固定，尤其是上文所提到的相对比较特殊的施工地区，施工过程当中出现安全风险事故突发性以及不确定性都是不容忽视的，也正是这一类事故是最容易出现重大人员伤亡以及经济损失。针对这一情况，必须结合类似工程当中出现过的安全事故先例，整合出针对突发事故的应急培训、应急救援等方面的制度方案，全面提升突发事件的处置能力，保证即便发生突发意外事故，也能够及时做出反馈，并在最大程度上将突发安全事故带来的不必要的人员伤亡以及经济损失降到最低水平。

## 四、建筑施工安全管理的技术构建

### （一）严格按照工程设计开展工作

施工人员根据设计方案，能够有效开展危险系数较高的工作，且施工人员人身安全有保证。在实际的建筑施工工作开展过程中，技术人员和安全管理人员要做好安全管理工作，对施工人员的工作进行监督，发现存在安全隐患的施工环节，技术人员和安全管理人员要进行及时纠正，避免造成较大的损失。另外，建筑企业还应该对技术人员进行编制，将技术人员分为不同等级，合理安排施工工程流水线工作，保证建筑施工工程建设工作的安全开展。

### （二）做好建筑施工项目交底工作

建筑企业开展工程施工工作之前，需要根据建筑施工安全管理要求，为技术人员以及施工班组进行技术交底，交底完成后，双方要进行签字。在建筑工程施工入口、出入通道楼梯口以及临时用电设施等，要放置对应的安全警示标志，规范施工人员的日常工作行为，有效开展建筑工程施工安全管理工作。与此同时，建筑企业领导要根据工程施工现场的地理位置、地质条件、气候特征以及施工要求等，采取适合开展工程建设工作的安全管理措施，保证建筑工程项目的安全建设。在工程建设过程中，如果需要暂停施工工作，此时还需要相关安全管理人员做好施工现场安全防护管理工作，确保施工现场的安全，最大限度提高建筑企业经济效益和社会效益。

### （三）加强机械设备安全预防试验

施工现场工作人员需要定期对机械设备进行试验，检查设备是否还能支持施工工作的开展。另外，施工单位购买相关设备的时候，需要对设备的质量以及安全性能进行检查，避免采购不符合施工要求的设备，会对建筑施工造成严重影响。同时，购买人员要检查设备的安全许可证以及产品许可证，做好机械设备全面检查工作，保证机械设备符合施工要求。

总而言之，在建筑工程中，安全管理意义重大。因此相关工作人员要重视建筑施工安全安管理工作，管控好每一个施工环节，将先进的安全管理方法和管理技术应用到建筑施工过程中，有效减少建筑施工安全事故及人员伤亡，提高建筑工程整体建设效率，最大限度提高建筑工程后期经济效益和社会效益。

# 第三节　高处作业安全防护

随着国民生活水平的不断提高，我国的基础建设蒸蒸日上，建设工程也呈规模化、高端化发展，国内建筑行业从业人员逐年递增，建筑行业正逐步成长为我国国民经济的支柱产业。然而，建筑行业的劳动密集、施工过程的不确定性、施工作业的高危性导致安全生产事故频发，连年居高不下，高处坠落事故更是占建筑安全生产事故的49%左右，高居建筑安全生产事故的榜首。笔者特从高空作业的特点出发，简介高空作业安全防护措施的制订，以减少高空作业安全生产事故的发生。

## 一、高处作业概述

### （一）定义

凡在坠落高度基准面2m以上（含2m）有可能发生坠落的高处进行的作业均属于高处作业。高处作业既包括在作业场地的作业，又包括作业时的上下攀登过程。

### （二）类型

建筑施工中的高处作业主要包括临边、洞口、攀登、悬空、交叉等五种基本类型，这些类型的高处作业均容易发生人员高处坠落或高空坠物伤人事故。

1.临边作业

施工现场中，工作面边沿无围护设施或围护设施高度低于80cm的高处作业均属于临边作业，如基坑周边，无防护的平台、料台与挑台。无防护楼层、楼面周边，无防护的楼梯口和梯段口，井架、施工电梯和脚手架等的通道两侧，各种垂直运输卸料平台的周边等。

2.洞口作业

孔、洞口旁边的高处作业均属于洞口作业，如施工现场及通道旁深度在2m及2m以上的桩孔、沟槽与管道孔洞等边沿作业，构、建筑物的楼梯口、电梯口及设备安装预留洞口等（在未安装正式栏杆、门窗等围护结构时）；施工预留的上料口、通道口和施工口等。

3.攀登作业

借助建筑结构、脚手架、梯子或其他登高设施在攀登条件下进行的高处作业属于攀登作业。如在建筑物周围搭拆脚手架、张挂安全网，装拆塔机、龙门架、井字架、施工电梯、桩架，登高安装钢结构构件等。

4.悬空作业

悬空作业是指在周边临空状态下进行高处作业。其特点是作业人员在缺少立足点或立足点不牢靠的条件下进行高处作业，危险性很大。如建筑施工中的构件吊装，利用吊篮进行外装修、悬挑或悬空梁板、雨棚等；特殊部位支拆模板、扎筋、浇砼，脚手架搭拆等。

5.交叉作业

交叉作业是指在施工现场的上下不同层次，于空间贯通状态下同时进行的作业。如现场施工上部搭设脚手架、吊运物料，地面上的人员搬运材料、制作钢筋，外墙装修下面打底抹灰，上面进行面层装饰等。

## 二、高处作业危险性分析

### （一）人的不安全行为

人的不安全行为是人表现出来的、与人的心理特征相违背的非正常行为。例如，在没有排除故障的情况下操作，没有做好防护或提出警告；在不安全的速度下操作，使用不安全的设备或不安全地使用设备，处于不安全的位置或不安全的操作姿势，工作在运行中或有危险的设备上，忽视安全警告，违反操作规程，不遵守规章制度；以及工人的知识水平不够、技能不熟练、操作失误、性格不适合等。

### （二）物的不安全状态

物的不安全状态包括机械、设备、用电线路老化不良，材料质量不合格，安全防护设施缺乏或有缺陷，个人安全防护用品缺少或有缺陷，以及工作环境存在安全隐患等。

### （三）安全管理的缺陷

建筑安全管理缺陷包括技术缺陷、劳动组织不合理、防范措施不当、管理责任不明确等。目前部分建筑企业负责人对安全生产重视不够，粗放的经验型和事后型管理，造成安全管理工作时紧时松，治标不治本。加之有的施工企业安全管理制度不健全，劳动纪律松懈，使安全事故有了"可乘之机"。有些企业对安全生产重视程度不够，借口工程造价低、资金不到位等原因，丘缩安全支出，致使施工现场安全生产缺乏必要的资金投入，施工现场安全管理制度形同虚设，安全生产责任制和奖惩制度没有得到具体落实。有些建筑企业在改制过程中为减少部门和人员，盲目撤并安全管理部门，致使安全管理工作上下断档，缺乏对施工人员的安全管理教育培训。有些企业为追求效益，工程层层分包，责任不明确，以包代管，甚至雇佣一些缺乏必要的操作技能和安全技能知识的人员，缺乏有效的安全管理。有些企业虽然安全管理体系和安全管理制度健全，但是停留在表面，不抓落实。上述情况造成企业安全生产意识比较淡薄，安全检查和防护措施流于形式，不能及时发现和消除事故隐患，职工安全教育跟不上，导致企业职工安全知识缺乏，安全意识淡薄，自我防护能力差，给建筑施工安全埋下巨大的隐患。

## 三、建筑施工高处作业安全防护措施

### （一）交叉作业的安全防护

施工现场常会有上下立体交叉的作业；因此，凡在不同层次中，处空间贯通状态下同时进行的高处作业，属于交叉作业。在交叉作业中，不得在同一垂直方向上同时进行支模、砌墙、抹灰等各工种操作；下层作业的位置，必须处于以上层高度确定的可能坠落范围半径之外；不符合此条件，中间应设置安全防护层。结构施工自二层起，凡人员进出的通道口，均应搭设安全防护棚；高层建筑高度超过24m的层次上的交叉作业，应设双层防护设施。由于上方施工可能坠落物体，以及处于起重机把杆回转范围以内的通道，其受影响的范围内，必须搭设顶部能止穿透的双层防护廊或防护棚。

### （二）临边作业的安全防护

1.对临边高处作业，必须设置防护措施

基坑周边，尚未安装栏杆或栏板的阳台、料台与挑平台周边，雨蓬与挑檐边，无外脚手的层面与楼层及水箱与水塔周边等处，以及无外脚手的高度超过3.2m的楼层周边，必须在外围架设安全平网一道；分层施工的楼梯口和梯段边，必须安装临时护栏，顶层要口应随工程结构进度安装工程结构进度安装正式防护栏杆；井架与施工用电梯和脚手架等与建筑物通道的两侧边，必须设防护栏杆。地面通道上部应装设安全防护棚。各种垂直运输接料平台。除两侧设防护栏外，平台口还应设置安全门或活动防护栏杆。

2.临边防护栏杆杆件的规格及连接要求

毛竹横杆小头有效直径不应小于70mm，栏杆柱小头直径不应小于80mm，并须用不小于16号的镀锌钢丝绑扎，不应少于3圈，并无沔滑；原木横杆上杆梢不应小于70mm，下杆梢径不应小于60mm，栏杆柱梢径不应小于75mm，并须用相应长度的圆钉钉紧，或用不小于12号的镀锌钢比绑扎，要求表面平顺和稳固无动摇；钢筋横杆上杆直径不应小于16mm，下杆直径应小于14mm，栏杆直径不应小于18mm，采用电焊或镀锌钢丝绑扎固定；钢管横杆及栏杆柱均采用Φ48*（2.75～3.5）mm的管材，以扣件或电焊固定；以其他钢材如角钢等做防护栏杆杆件时，应选用强度相当的规格，以电焊固定。

3.搭设临边防护栏杆

防护栏杆应由上、下两道横杆及栏杆柱组成，上杆离地高度为1.0～1.2m，下杆离高度为0.5～0.6m。坡度大于1：2.2的层面，防护栏杆应高1.5，并加挂安全立网。除经设计计算外，横杆长充大于2m时，必须加设栏杆柱。

栏杆的固定应符合下列要求：基坑四周固定时，可采钢管并打入地面50～70cm

深。钢管离边口的距离，不应小于50cm。当基坑周边采用板桩时，可用预埋件与钢管或钢筋焊牢。采用竹、木栏杆时，可预埋件上焊接30cm长的L50*5角钢，其上下各钻一孔，然后用10mm螺栓与竹、木杆件栓牢；当在砖或砌体上固定时，可预先砌入规格相适应的80*6弯转扁钢作预埋铁的混凝土块，然后用上项方法固定；栏杆的固定及其与横杆的连接，其整体构造应使防扯职栏杆在杆任何处，能经受任何方向的1000N外力。当栏杆所处位置有发生人群拥挤、车辆冲击或物件碰撞等可能时，应加大横杆截面或加密柱距；防护栏必须自上而下用安全立网封闭，或在栏杆下边设置严密固定的高度不低于18cm的挡脚板或40cm的挡脚笆。挡脚版与挡脚笆上如有孔眼，不应大于25mm。板与笆下边距离底面的空隙不应大于10cm；接料平台两侧的栏杆，必须自上而下加挂安全立网或满扎竹笆；外侧面临街道时，除防护栏杆外，敞口立面必须采取满挂安全网或其他可靠措施做全封闭处理。

**（三）洞口作业的安全防护**

1.进行洞口作业及在工程和工序需要而产生的，使人与物有附落危险或危及人身安全的其他洞口进行高处作业时，必须按下列规定设置防护措施；板与墙的洞口，必须设置牢的盖板、防撤职栏杆、安全网或其他防坠落的防护措施；电梯井口必须设防护栏杆或固定栅门；电梯井内应每隔两层并最多隔10m设一道安全网；钢管桩、钻孔桩等桩孔上口，杯形、条形基础上口，未填土的坑槽，以及人孔、天窗、地板门等处，均应按洞口防护设施与安全标志外，夜间还应设红灯示警。

2.洞口根据具体情况采取设施防护栏杆、加盖件、张挂安全网与装栅门等措施时，必须符合下列要求：楼板、屋面和平台等面上短边尺寸小屋25cm但大于2.5cm的孔口，必须用坚实的盖板盖没。盖板应能防止挪动移位；楼板兔等处边长25～50cm的洞口、安装预制构件时的洞口以及缺件临时形成的洞口，可用竹、木等做盖板，盖住洞口。盖板须能保持四周搁置均衡，并有固定器位置的措施；边长为50～150cm的洞口，必须设置以扣件扣接钢管而成的网格，并在其上铺满竹笆或脚手板。也可用采用贯穿于混凝土板内钢筋构成防护网，钢筋网格间距不得大于20cm；边长150cm以上的洞口，四周设防护栏杆，洞口下设安全平网；垃圾进口道和烟道，应随楼层的砌筑或安装而消除洞口，或参照预留洞口做防护。管道井施工时，除按上款办理外，还应加设明显的标志。如有临时性拆移，需经施工负责人批准，工作完毕后必须恢复防护措施；位于车辆行驶道旁的洞口、深沟与管道坑、槽，所加盖板应能承受不小于当地额定卡车后轮有效承载力2倍的荷载；墙面等处的竖向洞口，凡落地的洞口应加装开关式、工具式或固定式的防护门，门栅网格的间距不应大于15cm，也可采用防护栏杆，下设挡脚板（笆）；下边沿至楼板或底面低于80cm的窗台等竖向洞口，如侧边落差大于2m时，应加设1.2m高的临时护栏；对邻近的人与物有坠落危险性的其他竖向的孔、洞口，均应予以盖没或加以防护，并有固定器位置的措施。

### （四）悬空作业的安全措施

1.模板支撑和拆卸时的悬空作业

支模应按规定的作业程序进行，模板未固定前不得进行下一道工序。严禁在连接件和支撑上攀登上下，并严禁在上下同一垂直面上装、拆模板。结构复杂的模板，装、拆应严格按照施工组织设计的措施进行；支设高度在3m以上的柱模板，四周应设斜撑，并应设操作平台。低于3m的可使马凳操作；支设悬挑式模板时，应有固定的立足点。支设临空构筑物模板时，应搭设支架或脚手架。模板上有预留洞时，应在安装后将洞盖没。

2.钢筋绑扎时的悬空作业

绑扎钢筋或安装钢骨架时，必须搭设脚手架或马道；绑扎圈梁、挑梁、挑檐、外墙和边柱时，应搭设操作平台架和张挂安全网。悬空大梁钢筋的绑扎，必须在满铺脚手板的支架或操作平台上操作；绑扎立柱和墙体的钢筋时，不得站在钢筋架上或攀登骨架上下。3m以内的柱钢筋，可在地面或楼面上绑扎，整体竖立。绑扎3m以上的柱钢筋，必须搭设操作平台。

3.悬空进行门窗作业

安装门窗、油漆及安装玻璃时，严禁操作人员站在阳台栏板上操作。门、窗临时固定，封填材料未达到强度，以及电焊时，严禁手拉门、窗进行攀登；在高处外墙安装门、窗无脚手架时，应张挂安全网。无安全网时，操作人员应系好安全带，其保险钩应挂在操作人员上方的可靠物件上，进行各项窗口作业时，操作人员的重心应位于室内，不得在窗台上站立，必要时应系好安全带。

总之，高空作业安全隐患是建筑施工过程中危害最大的安全隐患之一，只有提高全员安全意识，做到齐抓共管，防治结合，才能有效消减、降低高处作业安全风险，确保现场施工作业的安全。

# 第四节　建筑工程安全监控

在我国建筑工程的实施过程中，安全生产是国家最基本的国策之一，它为劳动者生产和生活提供最重要的保障，是现代社会文明和进步的重要标志，同时也是构建社会主义和谐社会的重要组成部分。因此，在建筑工程实际施工过程中，为了确保施工人员的作业安全，降低安全事件的发生率，监理单位应加强建筑工程施工安全监控。

## 一、建筑工程施工安全监控的重要性

建筑工程是一项施工周期较长、涉及专业众多，危险系数大等作业，所以在实际施工过程中，经常会出现一些质量和安全事故。因此，在建筑工程施工过程中，需要加强建筑工程安全管理。如不断完善建筑施工安全监理制度；加强施工人员的安全培训教育，提升他们的安全作业意识，同时，还应该加强施工人员的安全监理。此外，在资金的投入上，加大安全生产方面投资的比例，在施工现场中，应加强安全监理工作。此外，由于建筑施工涉及多个部门，还需要对各个部门加强安全检查，这样才能促进建筑企业可持续发展。由此可见，在建筑工程施工中，加强安全监理至关重要。

## 二、建筑工程施工过程安全监控

### （一）施工前的安全监控

在建筑工程施工前，必须加强前期预防工作。首先，要结合工程的实际情况，合理地确定常见风险发生阶段与其产生的原因，以编制出合理的安全监控方案，以降低工程的安全风险的发生率。另外，监理人员要加强图纸会审，掌握好图纸设计意图、施工要点和技术操作要点，并结合图纸对施工中存在的施工风险进行预测，以保证在建筑工程施工过程中，能够及时安全监理工作。与此同时，如果建筑工程结构较为复杂，难以提前作出预测，故需要制定紧急应对预案，以便在安全事故发生后，及时启动预案，将事故的影响程度降到最低。

### （二）地基基础施工安全监控

在地基基础施工的过程中，必须加强地基施工监理工作。首先，需要做好土方、围栏等支护设施的施工和拆除工作，以确保地基施工的正常进行。其次，在地基施工过程中，应采取一些地基基础的加固措施，确保建筑结构的稳定性。另外，由于地基基础施工是一项危险性极高的作业，因此需要严格按照施工安全规范进行施工，做好安全防护措施，如设置安全护栏和安全防护网等。

### （三）施工阶段安全监控

1.外脚手架监控

（1）搭设方案审核

以某建筑施工为例，其脚手架搭设主要采用Φ48钢管进行搭设，标准层层高2.9m，5层、13层、21层、29层均为悬挑层，脚手架悬挑高度24.0m，工字钢长度4000mm、间距1500mm，锚固长度2800mm，立杆纵距1500mm，通过对搭设方案的审核，监理单位提出了以下优化措施：悬挑分为四次进行，每次悬挑高度24.0m；脚手架悬挑梁采用16#以上的工字钢，避免将脚手架直接搁置于悬挑结构上，并采用斜拉钢丝绳来固定脚手架的卸荷措施；另外，要加强立杆横距控制，如果立杆横距小于800mm应增设置搭设平台。

（2）加强人员和材料检查

当施工人员进场后，需要对搭设人员的资格进行审核，同时要对入场的钢管、扣件等材料进行检查，看是否具备出厂合格证。

（3）做好脚手架搭设和使用过程监控

在脚手架搭设前，应严格按照相关的标准和规范进行搭设，严格检查脚手架基、纵横向水平杆、安全网等，看是否满足施工要求。如在某外墙装修过程中，部分连墙杆已拆除，外架较为摇晃，故存在较大的安全隐患，故监理要求停止施工，要求施工单位进行整改，对于不能恢复的连墙杆，应把连墙杆伸入窗洞内，再对窗洞两侧的钢管采用横顶进行加固；待全部整改完以后，并经验收合格后方可继续施工。

2.土方施工监控

在建筑深基坑工程施工过程中，应根据工程的实际情况，对于有条件的地基基础，应采取放坡开挖，而对于紧临店面及道路的基坑，由于不具备放坡开挖条件，应按照相关规范要求进行基坑边坡支护。如果基坑土方施工方案中缺乏基坑边坡支护方案，及应及时向建设及施工单位说明情况，重新设计支护方案，并进行论证分析，采用合理的支护方案进行施工，确保支护设计方案的可行性，以确保基坑施工安全。

3.模板支架检查

（1）加强模板施工方案审核。在模板施工前，应严格审核编制的施工方案，对方案编制不合理之处，要求施工方进行整改。

（2）在模板验收时，需要按照规范要求进行检查，主要检查模板安装质量和支撑立杆的间距，看是否符合施工要求。如拉杆是否漏设，对接、扣件是否满足施工要求等，如存在问题应要求施工单位进行整改。

（3）在每层模板支架安装结束后，经验收合格后才有进入下一道工序施工，同时，在砼浇灌过程中，需要派专人进行护模作业，在施工中若发现问题，应及时向相关部门上报。

## 三、重大危险源的安全监控

根据国家相关标准及行业规定，建筑工程施工中重大安全源分12类，分别是防护设备类、消防器材类、行政卫生类、环境保护类、材料建设类、基坑支护类、工程模板类、用电施工类、机械设备类、脚手架类、吊装起重类以及其它的类别。

在现代建筑工程的实施过程中，对重大危险源的识别是实现现代企业安全生产和运行的基础和重点工作，它是预防和防止重大安全事故发生的最有效的步骤和方法。在现代建筑工程的施工过程中主要识别重大危险源的风险评估方法有：危险初步分析法、工作的危害性分析、作业条件的危险性分析法、故障模式分析法等。将那些级别较高的属于特别危险和高度危险的物质确定为重大危险源，同时要将其报给企业，请企业的安全部门实施统一的管理和安排控制；将显著和一般危险的，分配给部门的项目部控制；略有危险性的可分作业班组的专人进行看管。

### （一）重大危险源的管理程序

1.重大危险源管理制度的建立

建筑工程单位的管理人员必须在对本企业重大危险源进行分析的基础上，积极的建立有关各种重大危险源的管理制度。其内容主要包括：生产安全责任制、严格的人员培训制度、交接班制度、安全检查制度、重大危险源的公示和细化制度、以及重大危险源的监控办法、重大危险源的审批流程、重大危险源信息反馈机制以及领导负责制度等各项规定。

2.明确分工，责任到人

在建筑工程的施工过程中必须要确立重大危险源的各个阶层的负责人，明确他们在自己岗位的职责和应该负的责任，尤其要强调的是各个项目部门要对自己所管辖的区域的重大危险源进行不定期的检查和隐患做到明确分工，责任到人，具体的管理措施可参见《危险性较大的分部分项工程安全管理规范》。

3.专项安全施工方案的编制

在建筑工程的施工过程中针对施工中涉及到重大危险源的工程部分时，项目部必须按照相关行业标准制定专项的安全施工方案，该方案的实施必须经过该企业的项目技术负责人以及总监理工程师审批合格后才能执行。在建筑工程过程中碰到重大危险源要按照建设部门关于重大危险源的处理措施进行处理同时要请相关专家对该工程施工的安全性进行论证，在通过论证后进行工程的实施。

4.对施工人员进行培训和交底

在建筑工程的实施过程中，必须要使施工人员经过一定程度的安全教育，使他们懂得岗位安全操作流程，在特殊行业作业的人员必须经过特种行业的考核同时考取相应的资格证才能进行上岗工作。在建筑工程的施工前，施工方案编制人员必须对施工人员进行技术交底工作，施工员要掌握建筑工程中的重大危险源，并在施工中向班长和施工人员进行交底，在交底过程中，施工员必须用通俗易懂的词语和实例进行讲解，使施工人员更容易理解建筑工程中的专业术语。在交底工作结束时要使施工人员明白施工的具体知识和操作规范，同时使施工人员注意重大安全源防护措施的实施，同时制定严格的书面手续，并放在指定地点，以备各级部门检查。

5.严格验收施工现场的设施、工具以及设备

建设过程中对存在重大危险源的分项目进行施工前，相关人员必须对施工人员在施工中遇到的各种机械设备进行严密的检查和验收，在验收合格后才可以将其投入使用。在建设过程中使用到的起重类机械设备必须要经过相关部门检测合格后，在主管部门办理相关手续进行备案，到此时才可进行投产。对施工中用到的各种防护设施、模板支撑系统以及脚手架等在进场之后需进行抽样检测，在检测符合标准后才能投入使用，在与重大危险源场地相关电信设备的使用过程中，必须要保证这些设备处于安全使用期内。

6.提供良好的施工环境

在建筑工程的实施过程中，施工人员施工环境的建设要远离重大危险源，施工人员的食堂、卫生间、浴室、宿舍等的建立必须符合《建筑施工现场环境与卫生标准》

以及《建筑施工现场消防安全技术规范》的相关标准，给相关施工人员提供安全，舒适和卫生的住宿环境和工作场所。同时注意将施工现场的材料摆放整齐并标全标牌，防止施工人员错误使用材料。在施工过程中要注意远离重大危险源，同时做到工完料清，为下一道工序的实施提供方便；将施工地点周边的环境清理干净同时将引起重大危险事故发生的源头消灭于萌芽状态。

### （二）重大危险源的安全监控措施

1.安全控制中心的建立

在建筑工程的施工过程中采用传统的方法和经验对重大危险源进行管理已经不能满足现代建筑工程安全生产的需要。做好建筑工程中的安全施工工作，必须坚持科学的决策和正确的施工，只有良好的施工过程才能产生良好的施工结果。所以，在对重大危险源的管理中，必须做好施工中的安全监控工作，确保每个环节都受到控制。

在安全中心的建立过程中，首先，要经过合理的规划和设计制定一套科学标准化的建设方案；其次，在施工过程中要请专业人员进行中心各项工作的处理；最后在安全中心建设工作结束之后，请专家或者监理进行检验和评估，然后才能投入使用。

（1）安全中心的构成

影响重大危险源安全状况的因子主要必须从技术和管理两个角度进行分析，按照预防和防止重大安全事故发生的要求以及具体的建筑工程中的风险管理状况，必须对建筑工程中重大危险源的产生的关键参数进行全面的监控和管理，对与重大危险源的相关环境进行视频监控，同时设置应急预案和现场急救系统进行积极的衔接，实现对重大事故灾害发生的有效预防和充分控制。

对建筑工程中重大危险源安全中心的构成主要有重要参数控制中心、视频监控控制中心以及预警控制中心和环境监测控制中心、现场应急控制中心、重大危险源信息管理中心。这五部分既相互独立又有紧密的联系，构成一个统一的整体。在安全中心的工作过程中环境监测控制中心、预警控制中心、现场应急控制中心以及重要参数控制中心的工作均在重大危险源安全监控中心实现，而视频监控控制中心的工作则需要在视频监控控制平台上实现。

（2）安全中心功能模块的建立

1）视频监控中心的建立

在建筑工程的一些重要位置安装摄像头，将收集到的不同信号和数据上传到视频监控中心，使监控人员能够详细的在监控中心观察到施工场地工作人员的情况以及建筑工程的各个情况比如温度影响重大危险源的因素等。

2）重大危险源与预警监控中心的建立

根据国家对《重大危险源辨识》的辨识，发现存在于建筑工程中的重大危险源在深基坑工程中的土方坍塌、模板工程及其支撑体系中的模板坍塌、在起重吊装及安装拆卸工程中的高处坠落和机械伤害、脚手架工程中的高处坠落、拆除爆破工程中随时可能出现的爆炸、电路系统工程中的触电，甚至可能引起火灾等。所以，在建筑工程预警监控系统的设置过程中必须将这些工程中的重大危险源作为监控的重点对象，该中心的正常工作能够及时的对施工场所中的各种情况进行汇报，以便积极的采取现场的应急系统和预案系统。

3）现场施工环境的检测和报警中心的建立

在建筑工程的实施过程中很容易产生大量的废气、废渣和废液，这些有害物质的泄露很容易给现场的施工人员带来一定程度的伤害，所以必须加强对施工环境中这些物质的监控和管理。根据相关需要在有害废气、废渣和废液出现的位置要安装具有检测功能的报警设备，报警仪器将采集的数据通过一定的传送渠道存储到计算机的数据库中，由动态化设备完成对数据的监控。

在监控中心中确定每个监控点的上下限值，同时比较实时数据与预警设置值之间的差距，在显示的数值超过预警值时，系统会发出报警声，与此同时显示屏的画面会自动的转换到预警点，监控点位置的颜色发生改变并闪烁。当然在建筑工程的具体施工过程中可根据具体情况设置不同级别的报警模式。在险情结束之后，请相关管理人员将报警信号排除，同时保留系统的记录，数据将以表格或者图形的形式保存。在以后的工作过程中可以通过已有的数据列表对建筑工程中出现的有毒、有害和易燃、易爆物质进行检查。

4）现场应急控制中心的建立

建筑工程中现场应急控制中心的建立主要依靠智能化应急处理预案的设置，它可以针对不同的事故类型设置预案或者指定相关的处理措施和方案。针对挥发性物质或者其它容易引起火灾的事故建立泄露和扩散的数学模型，对泄露和扩散的区域进行一定的预测，同时对火灾或爆炸对周围设备或环境的影响做出估计，并提出相应的解决对策。在施工环境中的报警设备发出警告时，系统认为某一部分的生产处于危险阶段，系统会给出及时的语音提示并自动将页面切换至事故需要的危险地段，同时根据当时的气象和风力情况对该情况进行处理，确定出具体的影响范围。

2.重大危险源信息管理中心

在建筑工程的实施过程中，根据相关行业的要求和规定以及重大危险源的监督管理需要，参考国内外的有关技术和材料，从以下几个方面如重大危险源的基础资料和信息、预估和评价风险、电子地图信息的管理以及应急救援管理等方面重新建立了重大危险源信息管理中心。

（1）构成重大危险源的基础资料和信息

在建筑工程的施工过程中构成重大危险源的基础资料和信息主要是重大危险源在企业中的分布范围，企业的主要预防爆炸区域、防护隔离区域、周围环境信息、施工场地的具体信息、施工场地的气象资料和数据、工程实施过程中的危险性概述、在工程施工中所用到的主要的重大危险源及其主要特征、主要的仪器和设备等的各项技术指标、能量供应中心的各种与安全有关的如电力系统、水源系统、消防系统等以及事故发生的隐患与整改情况等。重大危险源信息管理中心提供这些信息能够在一定程度上方便建筑工程对重大危险源的管理和监控。

（2）预估和评价风险

在重大危险源信息管理中心的设置过程中，建筑工程单位的管理人员可请相关管理人员在重大危险源安全监控的主要平台上对建筑工程中的安全现状进行风险的预估和评价。其主要目的在于通过一定的预估和评价辨识出存在于施工单位中的可能存在的重大危险源，并对重大事故的影响和结果做出预测，同时清除的提出预防、控制以及减少重大安全事故发生的措施。

（3）制定应急管理救援措施

在建筑工程的实施过程中，施工单位必须建立应急管理救援措施，这主要通过两个方面实现：建立企业应急预案的具体信息，主要由企业主要的应急救援机构、主要的事故管理中心、事故的启动程序、应急处理的主要措施、应急救援的队伍构成、应急救援的主要设备、应急联系信息以及预案的附件等构成。应急基本资料库的建立。各种突发应急事件处理方法的基本资料和信息库、有毒有害物质等各类事件的处理办法等。

总之，在建筑工程的实施过程中会出现不同的问题和情况，如何对建筑工程中出现的各种问题进行处理是现在建筑工程实施过程中面临的重要问题之一。所以我们必须转变被动防范事故的发生，积极的转变思想，将重大危险源的工作控制于源头上，进行重大危险源的安全监控工作。积极的开展重大危险源的认识与其它工作，建立有效的安全监控系统，确保建设施工的安全和生产的安全，对国家建设和谐社会具有积极的意义。

# 第九章 施工用电安全监督管理

## 第一节 施工现场用电管理

施工现场离不开用电，工程设备、施工机具、现场照明、电气安装等，都需要电能的支持。随着建设工程项目的科技含量和智能化的加强，施工机械化和自动化程度的不断提高，用电场所更加广泛。每个建筑工程的施工现场都有大量的用电设备，施工现场由于用电设备种类多、电容量大、工作环境不固定、露天作业、临时使用的特点，在电气线路的敷设、电器元件、电缆的选配及电路的设置等方面容易存在短期行为，易使施工临时用电成为施工过程中容易发生安全事故的环节，根据建设部有关资料统计显示，施工现场临时用电导致的触电事故已成为建筑施工现场五大伤害类别之一。建筑施工用电问题包括供配电系统、配电线路和防漏电保护等问题，这也是我们在安全管理中要着重抓好的几个主要环节。

### 一、施工现场用电管理措施

#### （一）供配电系统管理

1.供配电系统的选择

我国施工现场临时用电工程所采用的线电压为380V、相电压为220V、电源（电力变压器）中性点接地的三相四线制系统中，从可选择的接地、接零保护系统分类为TT，TNC和TNS三种系统电力，并对这三种系统作了分析比较。TT系统是指在电源中性点直接接地的电力系统中，将电气设备正常不带电的金属外壳或基座直接接地的保护系统。这种系统在埋置保护接地电阻方面，需要消耗大量钢筋，接地装置的制造和埋设施工量也很大，从经济和技术上来看都是不适宜的。

TN系统是指在电源中性点直接接地的电力系统中，将电气设备正常不带电的金属外壳或基座经过中性线（零线）直接接零的保护系统。在这个系统中，工作零线

（N）与保护零线（PE）合一的系统为TNC系统，工作零线N与保护零线（PE）分开的系统为TN-S系统。分析比较这三种系统，在TN-S接零保护系统中，只要在配电装置中设置漏电保护器，这种系统便可明显地克服TT系统的缺陷，既经济，技术操作上也方便，电气设备的正常不带电的金属外壳或基座在任何情况下都能保持对地零电位水平。按建设部《施工现场临时用电安全技术规范》规定，建筑施工现场用电须实行TN-S系统。

2.架空线路的架设

配电线路在建筑施工现场用电工程中担负着输送和分配电力的任务。配电线路最普遍、最常用的敷设方式是绝缘导线架空线路。因此，严格按规程架设架空线路，是用电安全的首要环节。架空线路由导线、绝缘子、横担及电杆等组成。架空线路必须采用绝缘导线。按《施工现场临时用电安全技术规范》规定。架设架空线路的技术要求如下。

（1）安全距离

架空线路档距不得大于35m，线间距离不得小于0.3m；最大弧垂点与地面的最小垂直高度，在一般场所为4m，在机动车道为6m，在铁路轨道为7.5m。架空线路与邻近线路和其它设施之间必须保持规定的安全距离，并避免穿越起重设备的作业范围。

（2）架空导线最小截面

用作架空线路的铝绞线截面不得小于16mm²；铜线截面不得小于10mm²；跨越铁路、公路、河流的线路，档距内的铝线截面不得小于35mm²，并不得有接头。

（3）架空线相序排列

实行TNS接零保护系统时，采用三相五线制配电，电杆设横担，五个绝缘子分别为A，B，C相线，N线，PE线。

**（二）配电箱与开关箱管理**

配电箱与开关箱是用电设施的关键部件，合理设置和使用配电箱和开关箱，是保障用电系统运行安全可靠的一项最基本的技术要求。

1.配电箱设置的原则

（1）分级设置

整个施工现场设总配电箱，再根据现场施工用电的实际需要设若干分配电箱，每个分配电箱下可设若干开关箱，开关箱连接用电设备。配电箱分级设置的层次是电源总配电箱、分配电箱、开关箱、用电设备。

（2）动力与照明分路设置

为了保障现场照明可靠，防止动力与照明互相干扰，动力配电箱与照明配电箱要分别设置。如动力、照明共用一个配电箱，则必须分路设置。

2.配电箱与开关箱的装设

（1）箱体的选择

箱体应采用厚度不小于1.5mm的铁板制作。铁质箱具有较高的机械强度，能承受一般的机械冲击，可防止箱体腐朽而失去对箱内电器的保护，同时又便于整体保护性接地或接零。

（2）配电箱的安装

总配电箱应装在电源附近，分配电箱装在用电设备相对集中的地方，分配电箱距开关箱不得大于30m，开关箱距固定式用电设备不宜超过3m。开关箱严格实行一机一闸一漏一箱制。配电箱、开关箱体安装高度应便于操作和维修。固定式箱体下底面高度以1.3～1.5m为宜，移动式箱体下底面高度以0.6～1.5m为宜。

（3）配电箱、开关箱导线进出口处的保护措施

配电箱、开关箱体的导线进出口是漏电的多发点，常因带电导线损坏而发生碰壳短路事故，因此，在导线进、出口处加强绝缘并将导线卡固；导线进、出口一律设于箱体底面，以防雨雪和沙尘杂物侵入；进、出线应加护套，分路成束，并做成防水弯，导线不得与箱体进、出口直接接触；进、出口导线不得承受超过导线自重的拉力，以防导线在箱内的接头被拉开。

（4）箱内电器的联接

箱内连接导线一律采用绝缘导线；接头必须牢固保持电气联接，并用绝缘物包扎严密，不得有带电导线裸露；其中保护零线（PE线）应采用绝缘（绿黄双色）铜线。

（5）箱体及金属部件接零

配电箱和开关箱箱体及箱内正常不带电的金属部件应可靠地与保护零线（PE线）作电气联接，并应将PE线和N线严格区分，避免混用。

3.配电箱和开关箱的使用与维修

所有配电箱、开关箱均应编号，做名称、用途、分路标记，并配锁，专人操作和维修。送电的正确操作顺序是总配电箱、分配电箱、开关箱。停电的正确操作顺序则与送电时相反。施工现场电工必须持电工证上岗，该电工证必须是由省建设厅颁发的有效证件。配电箱和开关箱必须定期检查与维修，以保持箱内整洁，保持电器的正常性能。

**（三）漏电保护系统安全技术**

建筑施工用电仅采用TNS接零保护系统是不够的，因为当电气设备的正常带电部分对正常不带电的金属外壳或基座发生漏电时，保护零线只能为漏电电流提供通路和降低电气设备外壳或基座对地电位；当漏电严重，漏电电流值未达到相关线路短路或过载保护装置的动作电流时，保护零线上将会有较大的漏电电流，使与之相接触的人体受到相应的触电伤害。为此，还必须设置专门的漏电保护系统。漏电保护系统是由漏电保护器构成的多级保护系统。建筑施工必须采用两级保护。开关箱必须实行一机一闸一漏一箱。

### （四）现场用电安全技术档案管理

建筑施工现场用电安全技术档案建立应齐全。从施工现场检查的情况看，大部分施工现场临时用电要求检查的项目内容填写简单，不真实，达不到对施工现场临时用电的安全管理。

## 二、安全用电具体管理措施

为了保证人的安全行为及物的安全状态，必须严格遵守建筑施工现场安全用电技术规范。

第一，建立健全施工现场临时用电安全技术档案。该档案包括临时用电施工组织设计及修改资料，安全技术交底资料，临时用电工程检验验收表，电气设备的试、检验凭单和调试记录，接地电阻限额是记录，定期检（复）查表，电工维修工作记录等；临时用电施工组织设计必须符合施工现场的实际情况和《建筑施工现场临时用电安全技术规范》的要求，并且要履行审批手续。

第二，施工现场临时用电的设备必须规范化，必须严格按照《临时用电施工组织设计》要求设置。供电系统必须实行 TN-S 系统。

第三，配电系统实行"二级或二级以上漏电保护系统"，总配电箱（柜）及开关箱内必须设置漏电保护器；开关箱必须遵循"一机一闸一漏电"原则；漏电保护器参数的选择要符合规范要求。

4.导线（或电缆）、开关应根据施工现场实际所需用电负荷的多少来选择；配电箱及开关箱的设置、线路的设置要根据施工现场施工用电设备的地理位置进行科学地、合理地布置；供电系统实行三级配电二级（或三级）漏电保护系统。

5.加强对施工现场临时用电系统的检查和维修。所有配电箱及开关箱应有门、锁，有箱的原理图贴在对应箱的内表面；所有箱、线路至少每月进行检查和维修一次；检修时必须将其前一级相应的电源开关分闸断电，并悬挂停电标志牌，严禁带电作业。

总之，建筑施工用电安全关系到人身安全和建筑工程的顺利进行，应引起建筑单位的高度重视。在减少用电安全隐患，加强防范措施的同时，还要健全建筑施工管理体系，完善配套法规，使得建筑施工用电安全走向正规化、法制化。只有不断发现和有的放矢地解决建筑施工用电安全过程中的各种问题，从切实保护人民群众的生命财产入手，从安全的点点滴滴抓起，确保安全生产，文明生产，才会有建筑施工行业生存与发展的希望和经济效益、社会效益双赢的可能，人身及财产安全才有切实的保障。

# 第二节　施工现场临时用电安全管理

建筑施工现场临时用电安全一直以来都备受关注，随着建筑物数量逐渐增加，在建筑施工现场中所使用的机电设备也日益增多，这使得用电量急剧增加。为了保证建筑施工现场用电安全性，国家也为此制定了一系列相关建筑施工场地用电安全法律法规，在一定情况下提高了建筑施工现场安全生产管理质量，使用电安全达到了一个较高的标准水平，有效降低了建筑施工现场安全以及电气火灾事故发生率。

## 一、建筑施工现场临时用电的分析

### （一）临时用电控制特点

建筑施工现场用电控制特点主要有三大点，分别是临时性、移动性以及复杂性。具体分析来看，首先是临时用电的临时性特点，在其字面意思不难看出，建筑施工现场临时用电的一个非常明显的特点就是临时性，通俗点说就是在施工过程中会不定时使用到电能，而电能在施工中以怎样的形式来应用就要根据建筑施工现场环境以及需求来确定；其次，使临时用电的移动性特点，建筑施工过程自身具有一定的复杂性，且施工中所使用到的电能量较大，而在施工过程中很容易出现施工作业交叉的情况，因此，供电设备以及附属工作物就经常要保持不断移动的状态，这样才能保证施工设备一直处于持续供电以及作业的良好状态，保证施工设备施工效率；最后是临时用电的复杂性特点，这个特点的出现与临时用电移动性有着一定的关系，因为在上述用电移动性特点中已经提及到在施工过程中避免不了会出现较大施工作业交叉进行的现象，所以要想使施工各项工作都可以良好开展，就一定要做好建筑施工现场设备资源分配、管理与施工现场材料之间的关系，在这个过程中就会凸显临时用电的复杂性，同时还会给施工现场管理人员工作带来一定的困难。

### （二）临时用电安全管理的必要性

通常建筑施工现场会使用到数量较多的机械设备，这些机械设备几乎都会用到大量电能，因此对建筑施工现场临时用电安全开展管理工作就显得十分有必要。对建筑施工现场临时用电进行有效管理，首先可以保证施工现场设备使用安全性和高效性，保证施工设备正常运行；其次可以保证施工现场施工人员人身安全，保证施工效率；最后可以在保证上述两点基础之上，使建筑企业经济效益最大化。由此可以看出，临时用电安全管理对保证建筑施工效率和质量的重要性，同时也可以看出对其进行管理是非常有必要的。

### （三）临时用电安全管理的重要性

目前建筑工程正在随着时代不断改变与前进，人们对于建筑物的建设质量也得到了较高程度上的提升。临时用电是建筑施工中较为重要的环节，对建筑工程质量提升有着很大的影响。有效的临时用电安全管理可以在最大限度内高效规避安全事故发生问题的发生，为施工节约大量的施工成本，促进建筑企业经济效率的增加。在一个建筑企业发展的过程中，突出企业信誉方面的体现就在于工程质量，而建筑工程施工质量保证中临时用电又是其中之一的决定性因素，因此必须要做好临时用电安全管理工作，这样才能提升建筑企业的信誉度。由此分析来看，临时用电安全管理对于保证建筑整体质量何其的重要。

## 二、建筑施工现场临时用电安全隐患分析

根据调查发现，一些建筑施工现场临时用电设备本身就存在着一定的不安全性。在实际中，建筑施工单位通常比较愿意使用通用型电气设备，一方面是这种供电设备比较方便，二是不用投入太多的设备成本。但是，由于建筑施工环境并不是一成不变的，因此在施工环境变得极为复杂的情况下通用型电气设备就会出现满足不了现状施工需求的现象，而再加之天气等因素方面的影响，这类设备就会很容易漏电以及故障等问题。另外，还有些建筑施工单位为了节约施工投入成本，使用一些安全性能无法得到有效保障的电气设备，这在很大程度上也为施工埋下了一定的安全隐患。在建筑现场中会用到很多的电线和线路，如果在使用这些线路以及相关设备不标准、不规范时，现场安全隐患问题也会随之出现。在施工现场中，比较常见的线路有电缆线路、架空线路等，这些线路在具体的使用中会有着不同的规格和使用规定，只有结合施工具体情况并选用合适的规格、尺寸才能在施工中被有效的使用。但是，一些建筑施工单位在选择线路时，同样会为了节约成本而选用不达标的线材，致使施工现场临时用电稳定性得不到保障。还有些施工单位在选材方面做得很到位，但对线路设置却给予的重视程度不够，从而在施工场地中就经常会出现电缆裸露、线路混乱等现象，使临时用电的安全性无法得到切实性的保障。除此之外，在建筑施工现场中，临时用电接地以及防雷规范性不够，通常情况下，临时用电的系统都是采用 TN-S 系统，并且要配备零线，在此基础上做到"一机一闸一漏一箱"，同时还需要将施工现场、外电线路设置成一致的接地保护。但在目前看来，一些施工单位并没有做到以上的这些操作，不是做了一部分，就是根本将其忽略掉，因此就会很容易留下安全隐患。

## 三、建筑施工现场临时用电安全管理建议

### （一）强化基础管理，做好临时用电编制工作

1.规范方案编制和审批制度

建筑施工现场临时用电一般是需要相关技术人员根据现场情况进行编制，以此来作为施工现场临时用电指导依据。而要想制定一套完善的临时用电方案，使编制工作有效，那么就需强化相关资料整合，并成立由专业人士组成的编制队伍，在初期编制

方案构架完成后，结合初期编制方案构架对施工现场用电负荷进行计算，对布设用电系统进行全方位的仔细检查，并以此确定保护措施，明确措施实施标准，对编制方案内容大方向给予确定，使其内容可以得到进一步的完善。在规定方案编制工作的同时还要规范方案审批制度，做好方案内容审核，以及相关施工技术交底工作，保证方案制定的有效性、可行性，使管理工作职责明确，保证现场临时用电的整体安全性；

2.综合性施工现场管理，保证现场用电的整体安全

临时用电使用是否有效性，与专业技术人员专业经验和过硬的技术支持有着十分密切的关系，因此，在这样情况下就需要注重培养和引进电力技术人员。同时，还要建立建筑施工现场安全管理档案，并安排综合素质较强的专职人员进行管理，将施工用水、用电等实现有效分离，实现专人专负责，避免较多用电事故的发生。与此同时还要做好临时用电各部门协调配合工作以及电工培训工作，避免出现线路交接出现私接等现象。

### （二）施工线路、设备管理

临时用电设备在使用过程中需要规范，在其规范操作的基础上还应对电路组织进行设计，并做好相关防火措施，避免在施工过程中出现用电不安全问题。在对电路组织进行设计时，对用电规模是有着一定严格要求的，因而就需要所设计实行的方案具有切实的可行性，只有这样科学而又合理的设计才能确保电源设备、相关施工图纸等后续工作规范的实施、操作。对于施工中所使用到的线路和设备来说，施工单位应利用三相五线制对接地零系统进行实时保护，避免串联接地问题的发生。另外，在施工过程中，桩机、吊塔等设备在施工过程中应加以实施防雷保护，避免在雷雨等特殊天气发生施工意外，威胁施工现场安全。对于临时用电中使用到的配电箱、分配箱和开关控制应进行三级配电保护，漏电动作电流控制在三十毫安，时间控制在合理范围内。

### （三）线路科学合理铺设

配电线路铺设必须具备科学性、合理性，且还要做到标准化。对于一些配电线路要采用埋设铺地方式时，在其铺设方位要设立警示标志。对于一些特殊化不能够进行架空或埋地铺设的线路则需做好附近绝缘防护措施，同时也需做好警示标识。对于线缆拖地未达到架空的问题，可以对相关用电设备进行线缆绝缘挂钩、开关箱固定支架，也需悬挂好警示标识。在线路铺设结束后，在施工过程中临时用电时，操作人员一定要具备国家颁发操作证件，在其现场也要做好消防安全工作，备好灭火设备，在两人或两人以上确认下方可进行相关操作。

### （四）做好配电箱配备以及管理工作

基建工程是建筑施工中一项规模较大且使用到的机电设备数量、种类较多的部分，并且在其作业中绝大多数机电设备用电量方面很大，临时性较强，这就给施工现

场临时用电管理增加了较大的任务量和难度。配电箱与开关箱问题是建筑施工现场临时用电管理工作中的难点，同时也是施工现场用电质量保证的评价指标，因此就需要做好配电箱设备以及管理工作，这样才能提升管理质量和水平。那么，要想做到这一点，首先就需要在设备进场初期开始着手，在施工全面正式开展前要做好用电设备进场验收工作，将相关设备出厂、检测报告——检查并做好登记，在正式安装前需专业人士给予再次检验核对，确保准确无误后方可进行安装。在安装前，相关技术人员要合理布置配电箱位置，结合电路集成程度，保证建筑施工现场配电箱数量能够满足施工机电设备使用要求。在配电箱以及各项相关设备安装无误后，还需对现场管理人员以及相关用电人员开展安全用电教育培训，做好安全用电知识传授，明确用电安全标准规范，并制定相应管控机制，提高施工现场用电相关人员工作责任。在一切都准备就绪进入到施工阶段时，在施工中要做好用电巡视检查工作，对于在施工中不规范的用电行为要加以严格纠正。另外，做好上述工作之外，项目部门还要定期或不定期开展施工现场临时用电检查工作，将用电不安全隐患防患于未然，如在其检查过程中发现较多或较大的隐患问题，也应秉公执法开具整改通知单，要求相关负责人员组织内部整改，将所用具备安全隐患的设备以及辅助设备替换为符合国家统一标准，以确保建筑施工现场整体质量与安全。

### （五）建立健全建筑施工现场临时用电安全管理机制

在实际建筑工程建设期间，要想保证建筑施工现场作业井然有序的开展就需要制定一套科学合理且切实可行的管理制度，临时用电是施工现场作业的一部分，自然也需要建立健全相关用电安全监督管理机制，这样才能够进一步提升施工效率，保证施工质量。建立健全建筑施工现场临时用电安全管理机制，首先就需要根据建筑施工实际情况来制定，并结合以往用电安全监督管理体系进行不断的改进、创新；其次，要安排专业管理负责人员检查并维护好所用设备，对于一些不符合相关要求、性能较差的电气设备，一定要在其根源把控好，坚决不能够将其投入到施工场地使用，进而保证施工现场临时用电的安全性和可靠性，促使施工现场作业顺利而有序的进行。

### （六）接地操作和局部等电位联接的操作

上述已经提及到临时用电系统通常选用的是NT-S接零保护系统，因此，施工人员在施工前就需要采用打桩、使用人工接地体等方法完成主体基础接地操作。但在此过程中一定要保证接地的稳定性，特别要重视重复接地工作的展开。原因是重复接地工作的覆盖范围较广，对提升临时用电的安全性方面起着十分有效的作用。在建筑施工中比较典型的例子莫过于配电箱末端位置、开关箱等部位的重复性接地操作。

### （七）合理选配临时用电漏电保护器

漏电保护器是建筑施工现场临时用电中必须要使用到的机器设备，在其用电过程中主要发挥的是保护线路，避免突然发生短路损伤机电设备，同时也避免电线的电流超过漏电开关的额定电流值时对机电设备造成冲击，起到过载保护的作用。合理选配临时用电漏电保护器，主要依据还是要依照施工现场需求而定，且不可盲目理想化安装，使漏电器失去其本身的作用和意义。在根据情况选配漏电保护器后，使其在工作中发挥出该设备的作用，就一定要遵循分级与分段型保护原则，并选择相之匹配的配电柜，精准核算最适宜的额定漏电动作参数，然后再根据此选择适宜、最佳的配电箱和开关箱，使之漏电动作控制在30毫安以内，其时间小于0.1。与此同时，施工技术人员也要正确组装电线管，固定好接线盒等，并还要做好防水、防腐工作，在符合安全条件的前提下正确组装变压器与高压配电柜，以保证电气设备的正常运行。另外，还要分配电箱安装开关箱，保证所有相关设备的连接，在此期间还要确保连接点的安全质量，总配电箱要靠近施工现场负荷集中区域，分配箱要要接近功能区负荷中心，进而通过启动用电设备来保证开关箱平稳的运行。通常分配箱与各分支开关箱之间的距离要控制在30m以上，其开关箱和用电设备之间距离不能够大于3m，但也不是其绝对化，还要根据情况而定。需要注意的是，总配电箱与各分配电箱、以及用电设备的电缆一定要能够满足需要通过负荷的要求，进而保证整个配电系统的安全性。不同线路要根据不同分级管理规则进行有效管理，并遵循分开规则合理规划压缩配电距离，使其互相独立而又互相关联，共同保障建筑施工现场临时用电质量。

综上所述，在建筑施工现场中，保证临时用电安全保障是整个建筑工程项目顺利开展的一项重要部分，只有做好建筑施工现场临时用电安全管理工作，才能切实保证在规定施工期限内保质保量完成施工全部过程。根据近些年来，建筑施工现场临时用电安全事故原因分析来看，做好临时用电安全管理与电气安全设备规范使用才是保证工程顺利完成的根本，因此，相关建筑施工管理人员应将其重视起来，要双管齐下，同时还要配备完善的设备、人员以及安全防护材料，制定符合实际施工现场情况的临时用电安全管理机制，从而有效避免施工过程中安全事故的发生率，保证施工整体安全性，保证建筑施工现场人员生命安全，为建筑企业谋取更多的经济效益，促进建筑企业长久而稳定的发展。

# 第三节　触电事故

在建筑的施工现场里电是主要的动力，可以使各种建筑的机械运行、也可以利用电进行焊接和切割，还可以用于照明、通讯以及测量等等。尽管如此，没有处理好电力方面的问题还是会对人造成威胁的。一旦触电不仅可能会使人员有伤亡的情况，还会将用电设备彻底毁坏甚至是引起火灾的发生。特别是建筑施工的现场，设备都是临时的而且还要在露天和潮湿的环境下进行作业，再加上施工队没有防护意识等这些实际的情况，使得用电的安全问题，在建筑施工的现场更加的突出。加强工程施工现场的用电安全管理工作，对保证建筑施工的用电安全有着极为重大的意义。

## 一、建筑施工现场常见电气安全事故的隐患

### (一) 不到位的施工组织设计

建筑施工的现场，不但是电气技术使用的场所而且还是具有特殊危险性的一个场所。虽然，我国建设部门专门为此制定了《施工现场临时用电安全技术规范》。但是，依然有许多的企业完全没有按照规范去执行，或是对于施工用电问题完全没有重视起来。没有积极认真地按照用电技术的安全管理措施，进行施工。目前，这是所有的施工企业最大的通病。

### (二) 用电缺乏监控

施工用的电绝大多数属于临时用电，所以没有得到相关部门的重视使得管理没有到位。例如，对于用电的安全责任没有具体的落实下来，对于重要危险的作业点是完全没有监控。有时候可以看到施工现场埋地或架空的电力线路，并没有落实安全措施也没有人进行监控，长此以往，不采取防护措施，最终会导致用电安全事故的产生。

### (三) "三相五线制" 没有落实

在《施工现场临时用电安全技术规范》中有明确提出：施工的现场必须运用TN-S接零系统，对工作零线和保护零线进行区分，这样才可以对人身和设备有一定的保障。但在施工现场，施工用电并没有完全实行"三相五线制"，也没有执行"一箱、一机、一漏、一闸"的"四个一"制度。

### (四) 缺乏电气设备的检验

施工现场所有的电气设备和绝缘防护用品等设备，没有进行过国家规定的定期对电气实施的预防性实验

### (五) 电工上岗证不规范

在施工的现场是专业电工的施工人员并没有几个，大部分的电工对于电工的基础知识和电力安全知识没有透彻的了解。在实际的操作中，用电技术和安全管理不到位在所难免。操作人员因对电气设备的操作不够规范，导致电气设备有发生一定的损坏，致使出现触电死亡等重大的安全用电事故。

### (六) 漏电保护器装置的漏洞

根据《施工现场临时用电安全技术规范》的规定：施工的现场须设置"三级配电二级保护"。但是，还是有个别的施工现场并没有按照要求设置"三级配电二级保护"。即使设置了，也没有选择合适的剩余电流和短路保护电流值等参数。

### (七) 施工现场用电管理杂乱无章

在施工的现场所使用的电线都是随意拖和拉，没有被架空也没有采取任何的防护

措施。甚至有电线在水中浸着或被物体碾压着，特别是用电的器具和插座等电器没有任何防护措施。

### （八）带电作业不规范

带电作业进行的很随便，作业人员进行带电操作时防护措施不到位。施工企业对施工现场的用电不重视，作业人员作业的时候麻痹意识严重，为施工人员和人身财产安全带来极大的威胁，漏电和触电的安全事故时有发生。

## 二、建筑施工现场常见电气安全事故的防治措施

### （一）持证上岗

必须实行电工持证上岗的制度，施工现场要经常组织电工去学习相关的用电操作，进一步提高电工个人作业素质。

### （二）安全用电检查制度

制定检查施工现场安全用电的制度，定期或是不定期对施工现场的用电全面的进行检查，对于在检查中发现用电的隐患须及时的整改，并给予监督和复查。

### （三）任何可疑的地方都要进行检查

对于可疑的地方要彻底的检查，一般情况下人都是通过自己的眼睛、耳朵去了解事物的。但实事证明，许多安全用电的事故都属于没有确认的情况下发生的，原因就是看错、听错等。所以对于重要信息要反复的核对，有一丝可疑的地方时，应该详细的去了解直到确认。

### （四）以员工的健康为主

贯彻"健康第一"的准则。避免因为安全用电事故发生和员工的身体情况，施工的企业应使员工的身心保持良好的状态。使员工有充足的睡眠时间，劳动强度要合理的安排。定期给员工进行体检和心理疏导。

### （五）运用生动的海报进行传播

生动的图像胜过文字的精准表达。文字虽然精准但是内容枯燥无趣，使人不容易记住。如果是生动的图像，更容易让人产生很深刻的印象。所以说，施工企业可以运用现代化的手段，让员工用积极的心态吸收并掌握安全用电的知识。

### （六）把交底工作做好

做好安全用电的交底工作。该项目的安全负责人和专业的安全工作人员进行安全用电的交底工作。然后专职的安全员、和操作人等开始逐层的进行交底，一定要做好交底的记录。

### （七）保证安全的用电

在进行施工的过程中，对于那些老化漏电的开关、配电箱等一些配电的设备要定期的进行检查，当发现有老化漏电的现象时要及时的更换，保证在施工中安全的用电。

### （八）找自身原因

多从自身上找原因。安全用电需要我们主动的去努力、一旦发生事故后，有人便用各个原因掩盖自身缺陷，例如人手不够，上面给出的指导不对妥等。所以管理者应该从自己的身上发掘出问题的根本，及时的吸取教训千万不要掩盖自身的缺陷。

### （九）准确的指挥

如果现场指挥发生了错误，那么现场操作人员就会出现错误的作业导致安全事故发生。因此，在现场指挥准确的去传达信息是预防事故发生重要的环节。指挥者应该注意，运用规范的形体语言适时的进行信息的传递。对于强调的信息必须要重复进行表达，并进行确认。出现违章的作业时，立即进行制止。指挥的时候必须要集中思想，发生意外时马上组织人员采取救援措施。

总之，事实证明在建筑施工现场中常见到的问题，应该采取相应的措施，对预防安全用电的事故是相当有效的，对公民的生命以及财产安全有了保障并避免不该有的损失。加强建设工程的用电安全，保障了公民的生命及财产安全，使得建筑业的不断的健康发展。在建筑施工现场作业人员必须绷紧安全用电这根神经，坚决执行"安全第一"的政策方针，也只有这样，才可以使我国建筑事业蓬勃的发展。

# 第十章 文明施工

## 第一节 建筑工程职业健康与环境保护控制

近年来，国家的建筑行业发展势头迅猛，但在建筑工程的建设规模不断扩大的同时，由于建筑企业单位对建筑施工现场缺乏管理力度，导致建筑工程的施工给施工周围的环境带来了极为不利的影响，进而极大地损害了员工与附近居民的身体健康。因此，在建筑工程施工过程中，要对施工现场职业健康安全管理与环境保护的问题给予充分的重视，并提出有效的解决对策有效减少施工对环境、员工和居民带来的不利影响。

### 一、危害建筑工程施工现场职业健康安全与环境的因素

#### （一）粉尘污染

建筑工程在施工过程中，会产生各种粉尘和垃圾。例如，爆破工程、土方工程和一些机械设备作业的过程中，会产生矽尘；水泥在应用的过程中，会产生水泥尘；电焊作业产生电焊尘。还有一些建筑材料在加工的过程中，例如，加工木材与涂粉料的过程，都会产生大量的粉尘。这些粉尘一旦被人体吸入，都会对人的肺部及其他器官造成严重的伤害，长此以往，施工人员及施工现场附近的居民容易患各种呼吸道疾病，给人们的身体健康造成了极大的威胁。

#### （二）化学物污染

建筑工程在施工期间，需要用到一些化学性质的建筑材料，同时，材料之间产生化学反应也会制造出对人体和环境危害极大的化学物。例如，建筑涂料中存在汞、镉、铅等有害物质；一些机械设备仪器在使用的过程中会释放出四氯化碳、汽油、甲苯、甲醛等有毒气体。此外，在进行地下工程施工时，还会释放出一氧化碳等有毒气体，施工人员在施工过程中，极为容易吸入这些有毒气体，从而造成身体健康被严重

破坏，这些气体被排放到空气中，也会对大气造成污染。

### （三）噪声污染及水污染

建筑工程的施工过程能够制造大量的噪声污染，在施工中使用的各种大型机械设备，还有一些施工环节需要进行拆除、修复工作而用到电锯、切割机、混凝土破碎机等，还有在对建筑材料进行加工的过程中使用如混凝土搅拌机、推土机等，在机器作业的过程中，都会制造相当大的噪声。人们长时间处于这种噪声环境中，身心都会受到较大程度的不良影响。建筑施工还会产生许多工业废水。例如：冷却设备产生的冷却废水、用于维护保养机械设备时用到大量的废水，还有人们在日常生活中产生的生活废水等。还有在施工过程中在冲刷卫生间的废水中会含有大量的细菌，施工过程中产生的化学物进入到水中都会对人们的生活水源造成一定程度的污染，还会影响施工现场周边的生态环境，进而影响人的身体健康。

## 二、改善建筑工程施工现场职业健康安全管理与环境保护的措施

### （一）强化劳动保护措施

首先，要落实建筑工程施工人员的劳动保护措施，严格按照相关法律规定和制度规范为职工提供劳动安全保护用品。在建筑工程的施工过程中，大部门职工的工作环境和条件都较为艰苦，由于职业的特殊性，导致他们常年在不利于身体健康的环境中工作，给身体留下了诸多健康隐患，建筑企业要提高对职工提供保护重要性的认识与重视程度，同时加强对他们的保护力度。此外，还要根据国家的相关制度与法律规定，定期为职工安排全身体检，建立职工职业卫生健康档案，如果发现职工的身体素质不适合施工现场的工作，要将其调到其他岗位。若是由于工作性质导致的职业病，企业要给予职工相应的治疗补助津贴，同时定期安排职工进行复诊。

### （二）完善职工安全管理机制

建筑企业要将完善相关安全管理制度的工作列入重点工作中，根据建筑工程与企业的具体情况，建立各项职业病防治的制度、防毒仪器设备管理与维护制度、对职业病的分析和统计以及职业危害项目上报制度，同时做好对工作环境安全卫生的检查工作，定期对职业的危害性进行有效的防治规划，并制定相应的措施将对职业病的防治工作落实到位。其次，要加强对职工的安全教育与培训，提高职工对工程施工中的高发职业病的危害性的认识与重视程度。同时，对施工人员的施工流程和操作进行有效的监督，要求他们严格按照规章制度进行仪器设备的操作，并加强对机械设备定期的维护、检修与保养工作。此外，若发现职工有任何疾病症状，则要立即就医，不可继续工作，有效预防职业病的发生，确保职工的安全和健康。

### （三）加强对施工现场的环境保护

首先，针对粉尘垃圾的有效防治措施，在搅拌砂浆和混凝土时要在特定的场所，

例如，搅拌棚等场地中进行，同时要在施工过程中应用拌和机洒水设备，有效减少粉尘的产生。还可以在施工现场安装洒水系统进行定时洒水，能够有效较少粉尘的发生。其次，对于施工过程产生的建筑垃圾，要及时进行集中有效的处理，采用科学合理的方式，将垃圾共同运送到远离市区和居民区的处理地点，尽量降低垃圾处理时给环境造成的污染。再次，是针对水污染的有效防治。通过安装专门的污水处理设备，设置污水处理池等对施工人员的生活废水和建筑废水进行集中处理。还可以设置沉淀池，确保污水在经过过滤和沉淀处理后才能被排放，有效防止对周边其他的水源造成污染。最后，对于噪声污染的防治，可以通过在施工现场设置专门的用于产生加大噪声的加工操作场所。同时，还可以安装能够减少噪声的设备，减少噪声对周边环境的影响。此外，建筑企业要不断进行新技术、新材料和新设备的引进与应用，通过对机械设备设施的不断升级，有效降低施工噪声。

综上所述，建筑工程施工现场的职业健康安全管理与环境保护问题在很大程度上影响着施工人员和施工附近居民的身体健康，同时也影响着建筑企业的形象和经济效益。因此，建筑企业在发展自身经济、扩大建筑工程的建设规模的同时，要积极引进新材料与新工艺，有效避免建筑工程施工给职业健康安全和环境带来的不利因素，并完善建筑工程施工现场的管理体系，将建筑工程给职业健康及环境造成的危害降到最低。

# 第二节　建筑工程施工现场平面布置

建筑施工现场的平面布置在施工组成设计方面占据了重要的意义，因此在现场平面布置中一定要实现科学、系统的设计以及规划，现场的平面图在主要的施工阶段帮助工程在简易围墙、道理、临时水电、物资存放、机械设备管理中有着重要的价值意义，是建筑施工的后备文件，因此对建筑施工现场的平面布置探析是十分重要的。

## 一、建筑施工现场平面布置原则

由于我国的法律体制不够健全，具体的法律制度不够完善，我国的建筑生产的安全性问题一直得不到有效的法律保障。在建筑工程施工现场，施工单位为了减少开支，控制成本，缺乏对建筑施工现场平面布置的规划，施工平面布置首先需要的就是减少对施工用地的占用，减少施工过程中的不断迁移造成工作的影响，其次是能够借用其他原有建筑物对现场进行有效布置的时候，尽量的减少二次消费的可能。同时整个施工现场平面布置不仅要遵守安全、环保的要求同时要在美观、整洁等方面做到一些规划。对物资的管理一定要严格，特别是对一些仓库防水的管理上一定要合理。最后就是对大型机械设备的布置要注意安全原则，现场的道路要保持通畅、安全；水电消防方面也需要结合专业的要求进行具体的布置。

## 二、建筑施工现场平面布置的意义

在建筑工程施工现场布置进行有效的安全监理，需要投入一定的资金，会消耗一定量的人力、物力，在一定程度上增加了施工成本。从管理者的角度来看，这部分投入不能带来经济效益，属于没有回报的投资。实际中，现场布置安全监理的有效实施，可以确保建筑工程过程中施工人员的安全，在一定程度上减少了安全事故的发生，从而减小了对建筑施工的影响，确保工程在工期内顺利的完成。必要时应该建立现场布置部门，应该加强对建筑施工现场平面布置的安全监理，确保施工现场的安全。

现场平面布置的安全监理部门在施工现场的安全监理中应该做到以下几点：施工前，严格监督现场施工平面布置的设计；施工时，监控施工现场布置的安全管理，确保安全设施完善和到位。加强施工人员的安全培训，提高施工人员对现场布置的有效利用，使施工人员正确认识施工过程中的平面布置的意义，做到有效防护。合理规划现场平面布置工作，对施工现场布置定期巡查，预防安全隐患，及时发现安全隐患，并及时的解除。不断积累现场平面布置的经验，提高平面布置设计的水平，确保施工现场的顺利维护。

## 三、建筑施工现场平面布置的具体分析

在主体施工时，施工作业程序复杂、施工人员多，因此，需要加倍注意。现场平面布置部门应该根据施工进度，对施工现场的各项管理进行跟踪监督、现场抽检，对于关键部位，必须进行日常检查和不定期的抽查检测相结合。在施工单位进行施工前，应该有具体的安全现场布置，并且报与安全监理部门核实、审批，只有审批合格的才能进行施工。

### （一）脚手架的布置要点

脚手架的搭建应该由施工单位的技术人员根据现场情况来做具体的设计。施工方专业的技术人员对脚手架搭建方案进行编制，然后由安全监理部门进行审批，主要审核标准为施工工程的现场特定和具体的施工工艺。主要的审核内容如下。

1.落地式钢管扣件脚手架的搭建

扣件式钢管脚手架的搭建，应该考虑脚手架的结构构件和立杆承载力之间的设计，并且要严格安全施工现场的特点。安全监理人员需要对现场搭建的脚手架和图纸参照，看是够符合方案。主要看脚手架的基础处理、搭设要求等。

2.落地式钢管扣件脚手架满堂作业时的搭建

脚手架满堂作业危险度较高，因此，对有一定风险的脚手架的搭建，应该经过专家的研究、分析和论证。只有经过专家论证过，才能在施工现场搭建使用。主要是脚手架的立杆基础应该有足够的荷载力，在受较大拉力时，立杆底部应该加设垫板。

3.悬挑式钢管扣件脚手架的搭建

悬挑式脚手架的搭建高度一般不能超过20m，如果超过，要经过专家的研究、论证。并且在论证后，还必须依照方案对技术人员进行培训和技术交底。安全监理部门应该加强现场施工时的监督和管理，确保严格按照方案进行。并且要时常对拉索、斜撑等进行检查，以确保安全。

**（二）模板工程的布置要点**

在对模板工程进行安全监理时，需要对施工方案进行审批，对支模架使用的钢管和扣件进行检查，确保搭建的质量。其中施工方案的检查，主要是对荷载力的运算、稳定性能等进行检查，并且要对使用的材料质量进行检测，确保搭建框架的稳定性。在进行安装和拆除时，要严格按照施工程序。此外，应该对搭建模板的钢管和扣件进行不定期的抽样检测，以确保其质量合格。

**（三）塔吊的布置要点**

督促施工单位严格按照塔吊建设标准进行施工设计，对违规操作及时处理。塔吊的基础验收应该按照承保单位审批合格的塔吊专项验收方案。参加塔吊安装、拆卸的人员必须有相关单位颁发的拆装资格证，对具体的塔吊施工方案必须了解，以便安全、合理施工。

**（四）施工电梯的布置要点**

针对施工升降机拆装使用过程中存在的诸多常见通病和安全隐患，除了要对升降机拆装使用过程中的危险源进行识别，明确主控项目（拆装方案、拆装单位资质、验收核查、拆装作业的防护、导轨架的加节）外，还应以相关的法律、法规、规范、标准以及专项安全监理细则为依据，认真做好以下四方面工作：拆装方案的审核、拆装单位资质的审核、验收资料的核查、日常督促监管。

**（五）道路与水电布置要点**

在建筑施工现场中首先要利用之前的道路，如果在无法实现的时候就在施工现场平面布置的过程中一定要注意对施工运输道路的布置，根据实际施工情况施工现场的道路宽度一定不能小于4m，而且要在现场至少有两个出口。在水电布置要点上一定要注意施工生产与生活水电之间的进行区别，同时注意在消防上的实现安全的监管，除此之外一定要在雨季的时候对施工现场排水管道进行合理的设计。

除此之外，对建筑施工现场平面布置的过程中一定要注意分阶段的布置，因为在施工前与施工中的不同阶段一定要根据实际的情况来是保证不同的现场布置，实现不同阶段的现场布置要点，为建筑施工做好基础保障。

## 四、案例分析

### （一）工程概况

该项目为莆田市荔城区左岸蓝湾3#、5#～9#、独立商业街、配电房、物业用房，总建筑面积为121739.87m²，地上建筑高度为2～32层，建筑高度为9.0～93.2m。该项目周围均为空地，建筑功能为住宅和商业建筑。

该项目施工场地较为狭窄，建筑工程相对集中，主要位于中部和东北部，可供利用的场地为西南和东北部分区域。结合该项目施工现场特点，为了合理利用场地，力求平面布置科学，满足各阶段施工要求，实现了施工现场平面布置的精细化管理。

### （二）施工现场平面布置原则

为了促进建筑施工现场平面布置的规范化、标准化、科学化，平面布置必须基于一定的原则，合理布局建筑施工各要素。

1.紧凑合理，避免过度占用施工场地

在施工现场平面布置设计时，应结合建筑施工设计图纸、施工进度要求和资源需求计划等材料，根据现场场地及拟建建筑位置和距离，以满足施工要求和便于组织管理为基本要求，确保平面布置能够满足流水施工需求，避免过度占有施工场地，实现施工现场布局的规范化。

2.满足标准化要求

在建筑施工现场布局设计时，应综合考虑消防安全、施工安全、环保等方面因素，采用装配式施工方法，合理规划各功能区位置及距离，施工原材料、设备应遵循就近布置原则，减少二次搬运。合理规划施工现场道路，确保施工现场道路畅通，提高物料、设备运输效率。

### （三）施工现场平面布置要点

在建筑工程项目中，由于涉及的区域、人员、功能较为繁杂，需要从整体出发，基于标准法施工布置方法，合理布置功能区域和设备设施，提高施工现场平面布置的合理性。因此，根据左岸蓝湾3#、5#～9#、独立商业街、配电房、物业用房工程施工现场实际情况分析施工总平面布置应考虑的重点难点。

1.施工道路布置要点

施工总平面布置前先了解项目周边交通道路情况，充分考虑项目施工过程中常用车辆的最大长度、宽度和车辆转变半径选择大门位置，大门开向应以车辆进入场内道路顺畅为原则，场内道路走向应考虑场地土方开挖后扣除开挖工作面，避免土方开挖对道路造成破坏，影响正常场内交通。在施工过程中，施工道路的布设应优先利用永久性道路或先建设永久性道路，结合建筑工程项目平面布置情况，确定永久性道路走向，进而对路面进行夯实、硬化处理，确保道路路面满足大型施工车辆通行要求。施工道路应沿生产性设施和生活设施进行布置，确保施工现场交通畅通。为了提高现场通行效率，施工道路可设计为环形线路，道路宽度应大于4m，道路两侧应设置排水沟，确保路面无积水，保持路面排水畅通。同时，为了提高车辆通行效率。每隔一段距离应设置一处回车场，施工现场应设置两个及以上的道路出口。该工程中，施工现场道路宽度为4.5～5m，均采用C25混凝土铺设200mm厚，道路按建筑走向设置，与建筑物方位平行交错，有效提高了建筑材料运输效率。

地下室土方开挖前应制定开挖楼栋顺序，充分利用地下室内后开挖场内临时道路，可以提高材料运输效率，促进工程进度。该工程以8#和9#楼为中心线区域，土方开挖顺序先两边后中间，施工过程中充分利用8#和9#楼未开挖土方作为场内临时交通道路，在地下室土方外运和底板混凝土车辆运输起到事半功倍的效果。

2.塔吊平面布置要点

（1）塔吊的布置应结合拟建工程位置、塔吊性能及物料运输重量等因素进行确定，确保工作范围覆盖材料堆放场地和拟建项目，避免存在死角。同时，应考虑塔吊与拟建物的平面位置关系，特别应注意塔吊安装时大臂的朝向也将是塔吊标准节降节的方向。避免塔吊安装时大臂朝向、臂长范围内与拟建物交叉，导致后期塔吊无法自行降节，使塔吊拆卸难度增加。

（2）在塔吊布置时，应综合考虑塔吊附墙位置，避免塔吊附墙距离过长或角度过大或过小。

（3）当塔吊布置位置在建筑凹角内时，应考虑塔吊拆除时机械臂拆除难度。

（4）当塔吊布置位置位于建筑物地下室范围内时，应综合考虑塔吊基础埋深问题，避免塔吊的安装及施工对建筑基础施工造成不利影响

（5）当塔吊布置在建筑物地下室范围以外时，应合理控制塔吊基础埋深。该工程商业楼和9#楼塔吊基础在地下室以外，商业楼塔吊使用高度在安装高度30m范围内，上部无须附着，因此基础承台布置距离建筑物较远约12m，地下室土方开挖可充分考虑放坡面减少土方开挖期间塔吊侧向倾覆隐患，基础标高比原始地面高出0.3m，同时边坡采用9.0m土钉墙+80mmC20混凝土A6@200钢筋网喷锚。

（6）在群塔布置时，应综合考虑塔吊之间的水平安全距离及垂直交叉问题，确保水平、垂直方向安全距离不小于2m。同时，塔吊大臂与相邻建筑物、电线之间的安全距离应大于2m。如不能保证安全距离时，应采取必要的限位装置或限位措施，并加强塔吊操作人员的安全教育与管理，防止塔吊之间发生碰撞而造成安全事故。当塔吊与电线安全距离不能满足要求时，应以竹竿等绝缘材料搭设防护架，防护架与电线之间的距离应大于1m，预留一定的安全空间。

3.施工升降机布置要点

（1）施工升降机的布置应根据场内临时道路走向，结合拟建物周边可供堆置材料的场地空间选择位置，特别是主体装饰装修阶段的砌块和砂石料等应有足够的堆置空

间。同时，在场地允许的情况下尽量选择临近地下室以外的方向，减少车辆进入地下室的可能，避免重车进入地下室顶板造成结构裂缝导致渗漏水。

（2）当建筑物各单元高度存在差异，且高度差异小于2层时，施工升降机应布置在较高的单元或单元高低交界处。如建筑物单元高度差异超过2层时，应设置在较高的单元上，避免导致施工升降机附墙难度加大。

（3）施工升降机的附着位置应尽量设置在建筑物中部阳台、窗口位置，以便于施工升降机上下料运输，减少电梯拆除难度和墙体修补工作量。当无法满足该要求时，应预留相应的孔洞，提高电梯上下料效率。

（4）在建筑施工升降机位置布置时，应充分考虑电梯布置位置对建筑裙楼、雨篷、挑檐等施工的影响，防止因电梯位置不合理而影响施工进度。

（5）当施工升降机与塔吊附墙在建筑同侧时，应综合考虑塔吊材料吊装对施工升降机的影响，避免发生施工安全事故。

（6）当建筑外架采用爬升架时，应考虑施工升降机位置对爬升架的影响，避免因布置位置不合理而影响爬升架升降。

该工程中，各主楼在主体结构施工到6层时安装施工升降机，每栋楼设置一台人货电梯，并设置防护棚，以确保施工人员人身安全。

4.供排水管道布置要点

（1）在供水管道布置时，应优化供水管网设计，以供水管道总长度最短为原则，合理计算管道管径，并结合建筑施工现场实际情况确定管道埋设方式，满足施工现场生活用水和消防用水需求。该工程中，施工现场供水管道沿施工现场围墙及临时道路布置，根据用水需求情况合理布置各取水点、楼层供水及生活用水点，管道用镀锌钢管以丝扣方式连接，便于拆除和安装。建筑项目主供水管道管径为DN100，每层分别设置一个取水点与临时消防栓，临时消防栓管径为DN65，配备25m长水带和19mm水枪。

（2）随着建筑业的日益发展，城市建设过程中，工地安全文明施工标准不断提高，应重视施工现场临时排水的重要性。该项目地处福建省莆田市，属于亚热带季风气候，雨季时间较长，为了应对雨季施工现场地面存水和地下水水位上升的问题，在平面布置时应考虑基坑支护排水和施工临时排水系统有机结合，做到防范未然，不至于雨季来临施工场地泡水严重影响施工进度和施工现场安全文明。现场排水沟沿拟建建筑和临时道路布置，排水沟截面积为300mm×300mm，每隔30m距离以明沟方式设置一个沉砂井，当沉砂井与道路交叉时，采用暗沟方式，雨水经明沟统一排入排水系统。此外，生活区内生活污水经场内化粪池处理后排往污水系统。

5.临时供电系统布置要点

施工现场供电系统布置应综合考虑拟建项目施工机具用电需求，计算出施工用电总量，再合理选择相应的变压器和支路导线截面积，确定供电网形式。供电线路应采用架空敷设方式，并尽量避开运输车辆通行和施工区域，以免造成触电事故。该工程中，经测算，630kVA的变压器能够满足施工机具用电需求，布置在场地西南侧，远离拟建项目。同时，施工现场临时用电均采用TN-S系统和五芯电缆，并采取三级配电和二级防护措施，严格落实"一机一闸一漏"的保护规定，确保临时用电安全。拟建项目楼层临时用电均按高峰用电需求进行设置，主体楼层配电电缆沿竖井引上，每隔3层设置一个分配电箱。

6.功能区布置要点

根据功能的不同，施工现场功能区可分为作业区、辅助作业区、材料堆放区、办公区和生活区。办公区与施工现场作业区应分开设置，并保持一定的安全距离，尽量设置在拟建项目坠落半径外，并与施工作业区设置防护措施，明确区域界限，以免非施工人员误入施工现场。功能区的设置应综合考虑交通、水电、消防、卫生等方面因素，合理规划各功能区位置。该工程中，综合考量垂直升降设备布设情况，确保木工材料堆放区、水电材料堆放区、钢筋加工区在垂直运输设备覆盖范围内，针对运输距离远、需求量大的区域，适当增加材料堆放、加工区域，提高功能区布置的合理性。

总之，建筑施工现场布置是一件极其复杂的工作，不仅需要大量的精力，还需要较高的安全要求。这就增加了施工现场平面布置设计部门的难度，所以，施工现场平面布置设计部门应该不断的提高自己在现场平面布置监督管理水平，了解布置要点以及监理的专业知识，掌握相关的法律法规，并且学习与之有关的技术，做到对施工现场安全隐患的有效预防。同时，需要加强对施工单位的监督管理，确保施工人员安全施工。施工现场平面布置设计部门只有对现场做到了有效的预防和监管，才能控制安全隐患的发生，实现建筑工程的顺利施工。

# 第三节　建筑工程施工临时用水

建筑施工离不开供水，施工过程的众多环节都需要水，因此要做好施工用水工作。在工程建设中，从施工阶段的施工用水，包括施工中的临时供水和施工过程中的排水。施工临时用水主要布置在以下几个方面：施工本身的临水给水，土建混凝土浇注用水，管道试压用水，防水工程隐蔽试水，临时消防供水，施工生活区供水等。在确定用水点之后，首先，秉承就近选择、合理利用、节约能源、安全可靠的原则来合理选择水源；其次，选择适用的给水系统，在施工现场环状布置管网系统，合理高效地供给各个用水点的用水需求。

## 一、水源的选择

施工用水水源的选择直接关系到项目成本，建设单位提供的水源，除了生活用水接驳市政自来水以外，生产用水尽量选择非市政自来水。根据现场实际，生活用水通常的选择如下。

### （一）地下井水

对于高层建筑物来说，通常基坑基底距地下水位1m以内时通常需要进行井点降水，此降水工程出水管线在基坑周边形成环状管网，很多时候都是直接排进市政雨水井，此地下井水是生产用水的首选。如果附近没有井点降水，可以根据工期考虑，在条件允许的情况下，现场打井。

### （二）地表水

临近河湖水是可以利用的地表水。此类地表水取水点必须考虑最低水位线，在取水点位置需往下挖足够深度，保证潜水泵泵体始终在水位线以下。在泵进口部位设置孔径3～5mm的粗过滤网保证大粒径杂质不致堵塞泵体或管道。

### （三）自来水

在没有地下水和地表水可以利用的情况下，只能使用甲供自来水。自来水的品质较好，符合饮用水要求，可以满足生产生活用水需求，缺点是成本较高，整个施工周期需要耗费大量的自来水，成本相对较高。如果采用自来水作为生产用水，必须做好废水回用，经过多级沉淀后可用于混凝土养护及其他方面，这也是绿色施工的重要要求。

由于混凝土对施工用水有严格要求，对于地下井水和地表水，其水质必须符合混凝土用水标准的要求，检测pH值、不溶物、可溶物、$Cl^-$含量、$SO_4^{2-}$含量以及碱含量。对于检测超标的情况，适当采取在储水罐增加化学试剂的方式加以解决。

## 二、供水设备的选择

确定水源后，采用何种供水设备就显得尤为重要。对于水源为地下水或地表水的情况，必须增加一次水源提升设备，优先选用潜水泵。由于潜水泵长时间运转容易造成设备故障，且所需扬程不能满足生产用水必须保证稳压的基本要求，所以在提升泵后必须设置一个二次加压装置，二次加压装置由二次储水罐＋二次加压泵组成，可以通过二次加压泵的选型满足高层建筑生产用水的需要。自来水因为低区供水压力较小，且甲供水源管径较小，不能满足现场用水需求，所以自来水在省去提升泵的情况下必须设置二次加压装置，方能满足现场用水要求。成熟的做法是在二次储水罐设置液位浮球，通过设置浮球液位控制提升泵关停。然后通过二次加压泵实现在施作业面及楼层用水，通过变频控制装置保证管道稳压供水，满足现场生产及消防需要。

## 三、临时施工用水管理过程中的问题

第一，由于临时给排水中，施工单位采用的临时管材与临时用水设备，现没有强制性施工验收规范要求。建议临时给水管道仍须试压检验，排水管道须作蔽水试验，各用水龙头开启灵活，关闭严密，防止施工中跑冒滴漏事故发生，避免造成损失。

第二，在施工现场，南方地区全年雨量充沛，尤其是夏季雨量十分大。如果没有良好的组织方案来处理雨水积水，则很有可能淹没地下室，造成材料及已施工成品的破坏损失。因此需提前做好合理策划，地下室系统合理布置水泵点位，联动排水，及时抽取排放流入地下室的雨水，以减少雨水的堆积从而保障施工环境的良好存在。

第三，临时给排水管道设施随施工工作存在经常变动的情况，这必须要求做好临时设施的工程管理计划和实施工作，及时做好搬迁转移工作，从而保障用水的连续性，不影响各工作面的有序施工。

### 四、临时施工用水责任分配原则

明确责任，是我们施工制度得以良好实施进展的基本方法，在现场临时施工用水的责任划分上，我们主要分为以下四个层面，明确各方责任，实施有效管控，是工作得以良好推进，机制正常运作的基本途径。

#### （一）总包方责任

施工承包责任主体，在临时用水中是最关键重要的角色，必须组织采取有效措施，防止施工临时用水造成损失，对分包单位造成损失具有连带责任。如建立临时用水相关制度、对新来人员的用水知识条例进行教育培训，防止发生施工工序中的漏水污染问题，在施工现场采取有组织的施工水问题，包括临时给水排水管道敷设，施工产生的泥浆水、雨水等排放管理，对楼层孔洞的临时封堵，以及为进场设备防雨等提供的安全环境。

#### （二）分包单位责任

积极配合总包方，严格贯彻执行总包方的临时用水管理制度，认真落实施工过程中用水安全的原则，关于自己，要积极做好成品保护和防雨防水污染工作。

#### （三）监理单位责任

按建设方合同要求，根据合同和相关规范要求，认真开展安全用水检查，设立安全用水规范要求检查制度，明确责任条例及处罚规程，切实展开定期检查，以及时排除安全隐患，保障施工用水的良好供给。

#### （四）建设单位责任

建设方在合同中明确临时施工用水管理，避免在施工期间与总包单位的误解，增加协调工作难度。临时用水管理的工程费用，是施工措施费中的一项重要内容，作为施工现场措施费一并支付。督促施工单位采取有效措施，预防临时用水管理造成相关损失，指导监理并一起检查督促临时用水规范管理工作。

## 五、临时施工用水过程管理规定

为加强施工现场临时用水，切实做好成品保护工作，对施工现场作出如下规定，施工各方对照落实自己相关事项：提倡节约用水，经常检查，及时更换问题阀门，避免漏水损失有效水量；每层的楼板孔洞须做好临时封堵，管道安装完成做好最后封堵工作，并加强平时维护；各层电梯门口、楼梯门口，走廊阳台等露天区域须砌好防水坎；加强施工单位人员用水安全知识培训；保障现场排水沟渠的处于良好畅通状态，定期检查巡视以保无虞；定期检查巡视各个泵组的运行情况，及时排除故障，以保障供水及排水的有效性和及时性；下雨前务必作好各项防雨准备工作，加强雨水的有组织安全排放；各项施工机具务必有防雨雨具，防止有水进入损坏情况发生；下雨期间，设立专人值班制度，具体落实到各施工单位和相关班组，以防止意外情况发生；对施工临时用水管理，各建设相关单位将实行定期检查和不定期检查。

# 第四节　建筑工程施工现场防火

建筑工程在进行施工时，由于需要得到考虑与组织的步骤很多，所以施工现场的工作常常会陷入混乱的局面，如果没有得到施工现场工作人员合理的组织与安排，生产安全就很难得到保障，同时绝大多数施工现场在安全管理过程中存在较大的临时性，所以管理过程中刷不注意就可能导致出现一些突发状况，尤其是施工火灾事故，这个事故的出现轻者会让建筑施工的进程以及建设财产安全受到损害，严重的甚至会给施工后建设人员的生命安全带来重大威胁。虽然在建筑施工过程中有很多的安全规定，但是依然无法阻挡事故的发生，同时国内外在这方面的研究数据也较少，无法及时建设出较为全面的管理体系进行参考。

## 一、施工现场火灾发生的基本特点

### （一）建筑施工现场的火灾事故发生类型

1.焊割火灾事故

施工技术人员在对焊割工作组织执行时，因这项工作本身会涉及到明火，所以在组织安排的过程中首先要对焊接作业使用的设备进行使用功能上的检查，防止因为在执行操作的过程中出现异常状况，点燃施工现场的易燃可燃物。其次，在施工步骤开展之前要对施工操作面周围的易燃物进行清除处理，防止误操作的出现让这些易燃物被直接点燃。最后是对施工技术人员技术要求，施工技术人员在操作方法以及技术水平上一定要达到规范要求，否则就会让引发火灾上的安全指数上升，不仅无法保障操作技术人员自身的生命安全，对其他人来说也是潜在的安群威胁。

2.电气火灾事故

建筑施工现场由于需要同步组织的步骤多、涉及的工具复杂等原因，在对施工步骤进行组织安排时，经常会出现电气设备数量太多，施工现场的插排电荷负荷量过大，进而引起跳闸甚至引发火灾的问题，这些问题的存在，同样是施工工作人员应重点关注的一个火灾易发生点。

### （二）火灾事故的突发性

有许多火灾事故往往是在人们意想不到的情况下发生的，虽然各个单位都有防火措施，火灾也有一定的事故征兆或隐患，但至今相当多的人员，对火灾的规律及其征兆、隐患重视不够，措施执行不力，因而造成火灾的连续发生。

## 二、建筑工程施工现场防火技术

### （一）总平面布局防火

总平面布局防火是在在建工程布局条件基础上，充分考虑临时用房和临时设施在整个建筑施工现场的防火布局要求。防火、灭火及人员安全疏散是施工现场防火工作的主要内容。施工现场临时用房、临时设施的布置满足现场防火、灭火及人员安全疏散的要求是施工现场防火工作的基本条件。需要纳入施工现场总平面布局的临时用房和临时设施主要包括：第一，施工现场的出入口、围墙、围挡。第二，场内临时道路。第三，给水管网或管路和配电线路敷设或架设的走向、高度。第四，施工现场办公用房、宿舍、变配电房、库房等。

### （二）临时建筑防火

建筑火灾是发生在建筑物内的火灾，建筑施工现场临时用房的防火问题是建筑施工消防安全的重要内容。由于施工现场建筑火灾频发，为保护人员生命安全，减少财产损失，临时用房应根据其使用形式及火灾危险性进行防火安全设计，应采取可靠的防火技术措施。

1.居住、办公用房防火

施工现场的宿舍和办公室等临时建筑一般设施简陋，耐火等级低，而工作和生产的人员较多，因此降低建筑材料燃烧性能、控制楼层高度和房间面积，保证安全疏散是重点防火设计内容。

第一，宿舍、办公房宜单独建造，不应与厨房操作间、锅炉房、变配电房等辅助用房组合建造。施工单位不得在尚未竣工的建筑物内设置员工集体宿舍。

第二，建筑构件的燃烧性能等级应为A级。当采用金属夹芯板材时，其芯材的燃烧性能等级应为A级。

第三，建筑层数不应超过3层。每层建筑面积不应大于300m²。宿舍房间的建筑面积不应大于30m²，其他房间的建筑面积不宜大于100m²。隔墙应从楼地面基层隔断至顶板基层底面。

2.辅助用房、库房防火

施工现场的发电机房、变配电房、厨房操作间、锅炉房等辅助用房以及易燃易爆危险品库房，火源多，可燃物多，火灾危险性较大，降低建筑材料燃烧性能，控制规模，合理分隔，有利于火灾风险的控制。

### （三）在建工程防火

1.既有建筑改造的防火

施工现场引发火灾的危险因素较多，在居住、营业、使用期间进行改建、扩建及改造施工时则具有更大的火灾风险，一旦发生火灾，容易造成群死群伤。因此应尽量避免在居住、营业、使用期间进行施工。当确实需要对既有建筑进行扩建、改建施工时，必须明确划分施工区和非施工区。施工区不得营业、使用和居住；非施工区继续营业、使用和居住时，必须采取多种防火技术和管理措施，严防火灾发生。

2.脚手架、支模架与安全网防火

外脚手架是在建工程的外防护架和操作架，而支模架是既支撑混凝土模板又支撑施工人员的操作平台，保护施工人员免受火灾伤害。外脚手架、支模架的架体宜采用不燃或难燃材料搭设。

施工作业产生的火花、火星有引燃可燃安全网，导致火灾事故发生的可能。建筑施工现场的安全网往往将在建建筑整体包裹或封闭其中，安全网一旦燃烧，火势蔓延迅速，难以控制疏散通道，并可能蔓延至室内，危害特别大，阻燃安全网是解决这一问题的有效途径。

## 三、建筑施工现场火灾隐患原因

### （一）施工现场临时建筑物布局不合理

1.建筑物密集且耐火等级低由于施工现场局限性强，人员多，现场内的办公室、员工休息室、职工宿舍、仓库等建筑相互毗邻或者成"一"字型排列，并且这些建筑大多为临时性，而且都是三，四级耐火等级简易结构的建筑物；还有一些职工宿舍与重要仓库和危险品库房相毗连，甚至临时建筑物相互间隔只是用三合板等材料简易隔开；也有的职工宿舍只有一个安全出口，一旦失火，势必造成严重后果。

2.现场易燃物多一些建筑企业雇佣外来民工，吃住在工地，生活中使用的物品多数为可燃的，无形中大幅度增加了施工现场的火灾荷载，尤其是因施工需要，有的施工现场仍然采用木制等可燃性的脚手架和易燃材料的安全防护物，特别是装修现场既堆放有大盆的可燃性装修材料，又存放有油漆等易嫩易爆危险品，一旦发生火灾，势必造成猛烈燃烧，迅速蔓延。

### （二）违规现象突出

近几年来我国飞速的发展，城市的建设水平越来越发达。这些离不开建筑施工人员的辛苦付出。但是在施工过程中，避免不了出现一些违规现象，因为施工的管理人员安全意识淡薄，例如盲目施工、施工操作误差大、技术水平不达标等，建筑的施工人员文化素质低又缺乏管理，因此需要建筑的施工管理人员进行严格的规范处理。往往个别施工管理人员安全素质低，遇见现场施工人员的违规作业却也置之不理。种种原因造成了施工工地的安全隐患高频次出现，从而工地频发的出现重大安全事故，以至于建筑的施工人员生命安全无法保障。

### （三）施工工地缺乏消防安全管理

国家非常重视人民消防安全意识的问题，可以说消防安全意识对于人民的安全保障非常重要，关乎着人民的生命。但是我国很多的建筑施工现场消防安全意识淡薄，相关的施工管理人员管理缺乏。因为大多工地只有临时的消防水源，导致火灾来临之时，不能够正常的进行消防供水。而且有些施工现场消防器材设备不全，施工管理人员缺乏对灭火器的定期检查，导致有些灭火器已经过期失效。还有的施工现场更加严重直接是消防器材设备形成空档，面临火灾根本无法完成扑救火灾的需求。建筑施工现场没有保持消防通道的顺畅，而是随意的建设围棚挖坑建道，从不考虑火灾的消防通道顺畅。在处理施工现场的消防火灾时，消防器材十分重要，避免火灾的产生建筑物之间的防火间距也不能忽视，只有保证建筑物之间的防火间距在安全距离才能避免火灾发生范围不断扩大。但是很多的建筑施工现场占用防火间距进行施工问题普遍存在。建筑的施工现场避免不了会产生一些施工垃圾，现场施工人员随意堆放，这些施工垃圾有些属于易燃品，导致现场极有可能发生火灾。这些易燃物应该单独放在安全区，最大限度避免火灾的发生。

## 四、施工现场避免火灾应采取的措施

### （一）施工现场应合理规划消防布局

建筑的施工现场应该采取相应的措施，尽量减少火灾的发生，避免火灾隐患影响施工人员的生命安全。因此在施工现场应该合理的规划消防安全布局，消防安全布局的合理规划，成为避免火灾隐患的重要措施之一。一方面应该合理的规划施工现场的布局，将每一个作业区都进行合理的规划和划分。最大限度的体现各个作业区的功能和作用。尤其是明火作业区要和其他作业区进行隔离，明火作业区和其他作业区保持在安全的距离之内，避免火灾的发生，因为在一些建筑工地，都会产生易燃或可燃的材料垃圾，这些都是火灾发生的源头，一定要进行严格的处理。因为他们都是导致火灾频发的危险物，避免火灾的发生，就要将这些严重的危险物进行隔离，在具体位置进行明显的标志。

### （二）加强消防管理力度

为了让现场的施工人员远离危险物，应将这些危险物设置在施工现场安全距离以外。在建筑施工时，施工单位应该采取不燃和难燃的建筑施工材料，避免火灾的发生，保证施工人员的生命安全不受侵犯，从而降低施工现场火灾的频发。另一方面，在施工现场应该注重民工宿舍消防管理，因为民工聚集在民工宿舍，应该设为重要消防管理区域，民工宿舍应该必须配置一定数量的消防器材，才能保证民工在建筑施工过程中的安全。而且建筑施工的工地应该设置提前设置消防水池，避免火灾发生时不能在最快的时间内将火灾的燃烧范围进行控制，设置消防通讯和报警装置都是避免火灾频发的安全措施。

### （三）加强现场人员安全防火教育

工地人员流动性比较大，项目部必须经常性地对管理人员和农民工进行消防知识培训，不断提高从业人员的消防安全意识，并定期组织消防演练，要使每一个人都具备必要的防火、灭火基本知识，能利用灭火器材扑救初期火灾。在险要部位进行消防宣传，使职工清醒地认识到工作中哪些能做，哪些不能做，哪些是要在监护的情况下做，出现火情如何处理，灭火器材如何使用等，做到人人注意防火，人人知道如何灭火。

综上所述，降低或避免施工现场的火灾发生，施工管理人员就必须做好防火措施，保证施工现场的安全，适时地对工地的施工人员进行火灾消防的科普知识指导。提高施工人员的安全意识。这些专业且科学的防护措施使用，不仅避免了建筑工地火灾的频发，也能保证施工人员的生命安全。

# 参考文献

［1］孙国荣，鲁强华.工程中土方施工技术的发展与核心技术问题分析［J］.科技创业家，2012.

［2］陈邵璞.建筑深基坑土方开挖施工技术研究［J］.科技经济市场，2017.

［3］赖满华.浅析建筑施工中土方的填筑与压实技术［J］.科技创新与应用，2014.

［4］蒋海龙.试论土方工程施工技术要点及质量控制措施［J］.黑龙江科技信息，2011.

［5］郭桂强.建筑工程地基处理方法与技术探究［J］.城市建设理论研究，2013.

［6］党昱敬.CFG桩复合地基设计的几点认识［J］.建筑结构，2018.

［7］孔伟军.桩基施工中常见质量问题的分析与处理［J］.广东建材，2015.

［8］刘波.砌体工程的材料选择及质量控制分析［J］.住宅与房地产，2016.

［9］陈振雄.建筑施工脚手架安全管理中存在问题及对策研究［J］.城市建筑.2014.

［10］孔令秋，高凤歧，韩鸿，王鑫.建筑施工脚手架安全管理研究［J］.才智.2013.

［11］王利飞，郑立伟.建筑砌体工程施工技术［J］.技术与市场，2011.

［12］于景萍.浅谈建筑砌体工程的冬雨期施工［J］.中国科技投资，2018.

［13］徐铨.高层建筑混凝土结构设计探讨［J］.装饰装修天地，2016.

［14］叶娇娇.建筑工程模板施工技术及控制措施［J］.居舍，2020.

［15］赵文鹏.建筑模板工程的施工技术应用研究［J］.建筑技术开发，2019.

［16］李保刚，刘冬辉，李优，等.钢筋工程中钢筋绑扎施工工艺分析［J］.工程与建设，2021.

［17］孙丙龙.水泥混凝土的施工温度监测与裂缝控制［J］.交通世界，2011.

［18］余惠民．工程后张法预应力混凝土有粘结、无粘结施工技术［J］.民营科

技，2009．

[19] 刘琼，李向民，许清风．预制装配式混凝土结构研究与应用现状［J］.施工技术，2014．

[20] 王清钰.关于房屋建筑工程中屋面防水施工技术的分析［J］.黑龙江科技信息，2016．

[21] 钟致荣.浅谈墙面抹灰施工技术及若干质量通病［J］.建材与装饰，2012．

[22] 郑捷.房屋建筑装饰饰面工程施工工艺的探讨［J］.价值工程，2016（6）.

[23] 周建.浅析建筑安全监督管理工作中存在问题及解决对策［J］.建筑安全，2012．

[24] 程子林.建筑工程现场施工安全管理措施探究［J］.引文版：工程技术，2016．

[25] 肖楠.房建工程监理的安全管理探讨［J］.城市建筑，2014．

[26] 郭溪艳.论临时用电在施工现场安全管理中的重要性［J］.新型工业化，2020．

[27] 甘忠民.建筑施工现场常见电气安全事故的分析及预防［J］.城市建设理论研究（电子版），2011．

[28] 张帆.建筑施工现场安全管理存在的问题及措施［J］.绿色环保建材，2019．

[29] 张凯.建筑施工现场平面布置及BIM技术应用［J］.山西建筑，2017．

[30] 刘韬.建筑工程施工现场防火技术措施［J］.引文版：工程技术，2016．

[31] 马艳.分析建筑工程安全应急管理的防范对策［J］.消防界（电子版），2016．

[32] 杨艳玲.大型工程项目风险预警及应急预案研究［J］.重庆：重庆交通大学硕士学位论文，2009．

[33] 马成文.分析在建筑施工现场常见的电气安全事故以及防治措施［J］.城市建设理论研究（电子版），2012．

[34] 戴小成.探究建筑工程安全生产管理及安全事故预防［J］.建材与装饰，2019．